KB143407

예민해서
힘들 땐
뇌과학

Heal Your Nervous System: The 5–Stage Plan to Reverse Nervous System Dysregulation

First Published in 2024 by Fair Winds Press,
an imprint of The Quarto Group.

이유 없이 우울하고, 피곤하고, 아픈
HSP를 위한 5단계 치유 플랜

린네아 파살러 지음 | **김미정** 옮김

예민해서 힘들 땐 뇌과학

현대지성

인생이 고통인 이유는 무엇인가? 현대 의학의 아버지 히포크라테스는 알았다. 병은 몸으로 찾아오지만 그 고통을 느끼는 것은 뇌라는 것을. 현대사회에는 스트레스와 회복탄력성에 관한 많은 지식과 정보가 퍼져 있지만 실천적으로 이것을 극복할 방안을 논의하는 책은 많지 않다. 나 역시 뇌과학자로서 인생의 고통과 스트레스는 뇌가 만들어내는 신경 신호에 불과하다는 것을 알았지만 그것이 인생에 던져지는 무게를 감당하는 방법이 있다는 데에는 비관적이었다.

린네아 파살러 박사는 뇌가 스스로 스트레스와 고통의 감정을 감당하고 조절할 수 있다는 희망을 이야기한다. 이 책을 넘기다 보면 독서 자체로 위로를 받는다. 챕터마다 인생이 힘들어 고통받는 이들에 대한 애정이 듬뿍 담겨 있기 때문이다. 과학책임에도 따뜻한 위로가 전해지는 이유다. 저자는 일상의 고통을 대충 넘기는 응급 처방의 위험성을 지적할 뿐 아니라, 근본적인 치유에 관해 설명하면서 유연하고 회복탄력성 있는 뇌와 신경계를 만드는 5단계를 구체적으로 제시한다.

이 책에는 우리의 낡은 생각을 바꾸는 힘이 있다. 생각을 바꾸면 행동이 바뀌고 행동이 바뀌면 인생이 바뀐다. 많은 독자가 뇌과학이 말하는 치유의 힘을 빌려 더욱 행복한 삶으로 나아가길 기대한다.

김대수 • KAIST 생명과학대학장, 『뇌 과학이 인생에 필요한 순간』 저자

'매우 예민한 사람Highly Sensitive Person, HSP'은 다른 사람들이 듣지 못하는 것을 듣고, 남들은 쉽게 지나치는 것도 무심코 넘기지 못하는 매우 민감한 신경계를 가지고 있다. 이들은 뇌과학을 통해 신경계를 조절하는 법을 배움으로써 자신이 가진 예민함을 충분히 긍정적으로 활용하고, 타인은 가지지 못한 남다른 능력을 발휘할 수 있다. 하지만 예민함이 지나칠 때 신경계는 외부의 자극을 받아 과민해지고 에너지가 고갈된다. 심한 경우에는 신경계 조절 장애를 겪을 수도 있다.

신경계 조절 장애가 오면 작은 스트레스 요인에도 유연하게 대처하지 못하고 날카로워진다. 장기간 신경계 조절 장애 상태에 머무르면 휴식과 회복으로 돌아올 시간이 부족해지면서 항상 긴장 상태에 처하게 된다. 언제 큰일이 발생할지 몰라 24시간 대기하는 비상 상황이 되는 것이다. 이때 신경계는 지쳐서 스스로 조절하지 못하고 다른 신체 시스템을 손상시키기에 이른다. 이 책은 예민한 신경계로 어려움을 겪는 사람들이 자신의 예민성을 뇌과학으로 이해할 수 있는 실용적인 가이드북이다. 이유 없이 찾아오는 증상들이 버겁게 느껴질 때, 이 책을 따라 신경계를 이완시킴으로써 더욱 편안하고 건강한 삶을 살 수 있을 것이다.

전홍진 • 삼성서울병원 정신건강의학과 교수, 『매우 예민한 사람들을 위한 책』 저자

신경계 조절 장애와 그것이 건강에 미치는 중대한 영향을 사려 깊게 탐구한 책이다. 린네아 파살러 박사는 과학적 연구에 뿌리를 둔 포괄적인 접근법을 제시한다. 몸과 마음에 관한 의학 지식을 더 깊이 이해하고자 하는 사람이라면 반드시 읽어야 할 책이다.

에이미 샤 • 면역학 의사이자 영양 전문가, 『나는 도대체 왜 피곤할까』 저자

치유를 위해 몸과 마음, 사회적 관계 사이의 연관성을 탐구하는 모든 사람을 위해 쓰인 이 책은 과학적이고, 매력적이며, 공감 가는 안내서다.

사라 매케이 • 신경과학자, 『여자, 뇌, 호르몬』 저자

이 책은 몸과 뇌를 위한 세심하고 실용적인 사용 설명서다. 파살러 박사는 스트레스를 더 잘 이해하고 관리하도록 도와줌으로써 자신을 수용하고 원하는 목표를 이루도록 돕는다.

데이비드 슈피겔 • 스탠퍼드대학교 의과대학 교수, 정신의학·행동과학부 부학장

확신이 넘치고 충분한 연구와 효과적인 통찰로 가득하며 읽기 쉽게 쓰인 이 책은 평온함, 명확성, 목적, 관계 그리고 무엇보다 몸과 마음의 통합을 위한 효과적이고 쉬운 도구를 알려준다. 나는 파살러 박사가 잘 조절된 신경계를 가진 열정적이고 뛰어난 전문가라는 사실의 증인이다. 외부 환경에 스트레스를 덜 받는 방법을 찾고 있든, 인생의 핵심 목적을 찾고 있든, 사랑하는 사람들과 더 편안한 관계를 형성하고 싶든, 이 책이 변화의 여정을 시작하도록 도와줄 것이다. 나는 관계와 확장에 관한 부분이 가장 마음에 들었다!

조쉬 코다 • 불교 수행자, *Unsubscribe* 저자

파살러 박사의 책은 만족스러운 삶을 막는 현대사회의 가장 핵심적인 문제를 다루고 있다. 그녀의 책은 독자가 자신의 몸을 이해하는 데 도움이 될 충분한 과학 지식을 제공하면서도 재미있게 읽힌다. 파살러 박사는 누구나 알아야 할 신경계 조절을 세상에 알리는 환상적인 일을 해냈다.

니콜 비놀라 • 신경과학자, *Rewire* 저자

이 책은 신경계 조절에 관한 현장 안내서일 뿐 아니라, 더 행복하고 더 건강한 삶을 위한 사려 깊고 애정 어린 안내서다. 자신의 인생 여정에 관한 진심 어린 성찰과 자상한 의사의 과학적 분석이 균형을 이루고 있는 이 책은 스트레스나 불안에 시달리는 모두를 위한 필독서다. 내 고객 모두에게 추천하고 싶다.

제리 콜로나 • Reboot.io의 CEO, 『리부트』 저자

이 책이 어떤 도움을 줄 수 있는가

몸에서 일어나는 일들 때문에 혼란스러운가? 예민함에서 비롯되는 불안과 피로, 이상 증세에 반복적으로 시달리지만 그 고통에서 어떻게 벗어나야 할지 몰라 답답한가?

당신의 몸이 지금 최상의 상태가 아닌 건 분명하지만, 누구도 당신의 몸에서 실제로 무슨 일이 일어나고 있는지 완벽하게 설명해주지 않았을 것이다. 게다가 당신은 상태가 나아지는 데 정말로 도움이 되는 해결책을 찾지도 못했다.

어느 날 내가 받은 이메일 한 통이 상황을 바꿔줄 때까지 나도 같은 혼란에 빠져 갈피를 잡지 못했다. 생활은 통제 불가능했고 모든 문제를 어떻게 해결해야 할지 막막했다. 몸 상태는 점점 나빠지고 있었다. 첫 번째 경고 신호로 주사피부염이 나타났고 계속 장이 불편하더니 과민대장증후군까지 생겼다.

감정 상태는 더 심각했다. 고기능성 불안high-functioning anxiety(일상생활은 잘 해내지만 속으로는 불안과 걱정에 시달리는 상태 – 옮긴이)으로 속이 뒤틀리는 느낌, 가슴 답답함, 지속적인 두려움 등이 나타났다. 바쁜 구강외과 전문의이자 디지털 헬스케어 스타트업의 CEO이니 그저 업무 스트레스겠거니 넘길 수도 있었다. 하지만 내심 그게 전부가 아니라는 사실을 알고 있었다. 그러던 어느 날 회의에 참석하려고 지하철역에서 나와 인적 드문 육교를 건너고 있었다. 곧 비가 내릴 듯한 잿빛 겨울 오후였다. 나의 내면을 비롯한 모든 것이 칙칙하고 생기가 없었다. 그때 휴대전화 화면을 넘기다가 무심코 읽은 이메일 한 통이 모든 상황을 바꿔놓았다. 코칭 회사 리부트의 공동 창립자인 제리 콜로나Jerry Colonna의 블로그 게시글이었다. 존경받는 고승 밀라레파Milarepa가 악마를 쫓는 대신 마주하는 법을 배웠다는 이야기였다.

밀라레파가 산꼭대기 동굴에 은거하며 수행하던 어느 날, 땔감을 구하러 나갔다가 돌아왔더니 뜻밖에 불쾌한 존재들이 그를 맞이했다. 사납고 무서운 악마들이 그의 거처를 점령하고 있었다. 밀라레파는 분노와 두려움에 휩싸였다. 즉시 악마들을 몰아내려 했지만, 그들은 밀라레파의 말을 귓등으로도 듣지 않았다. 오히려 그들은 동굴에 눌러앉을 기세였다.

밀라레파는 다른 방법을 써보기로 했다. 그는 악마들에게 종교적 가르침을 들려주면 악마들이 떠날지도 모른다고 생각했다. 그래서 큰 바위에 앉아 친절과 연민, 변화무쌍한 인생을 이야기하기 시작했다. 잠시 후 그는 이야기를 멈추고 악마들을 살펴보았다. 악마들은 동굴을 떠나거나 굴복하기는커녕 오히려 그에게 시선을 더욱 고정했다.

이때 밀라레파는 이곳을 떠나지 않는 악마들에게 배워야만 할 무언가가 있을지도 모른다는 사실을 깨달았다. 그는 각 악마의 눈을 지그시 들여다본 뒤 절을 하며 이렇게 말했다. "우리가 같이 지내게 될 것 같군. 내게 가르칠 것이 있다면 나는 뭐든 배울 준비가 되어 있다."

그러자 가장 크고 무서운 한 놈을 제외한 모든 악마가 돌연 사라져 버렸다. 밀라레파는 한술 더 떠 악마에게 서슴없이 몸을 맡겼다. 그는

"원한다면 나를 집어삼켜라"라는 말과 함께 악마의 입에 머리를 집어넣었다. 그 즉시 가장 크고 무시무시한 악마도 그에게 굴복하며 사라졌다.

밀라레파의 삶처럼 내 삶도 내면의 악마들로 가득했다. 내가 맞서 싸울수록 그것들은 더욱 강해졌다. 밀라레파의 이야기를 읽으면서 접근 방식을 바꿀 필요가 있다고 느꼈다. 내면의 악마들을 쫓아내려고 애쓰는 대신 내가 정말 좋아하지도 않고 이해하지도 못하는 나의 예민성을 받아들이는 법을 배워야 했다.

'악마와 싸우는 대신 방어벽을 낮추고 겸허하게 인정한다면 어떨까? 이 악마들이 불안과 번아웃, 신체적 증상을 이해하는 데 도움을 줄 수도 있지 않을까?'라고 생각했다. 그래서 노력했다. 도망치거나 모든 것을 바로잡으려는 노력을 멈추기로 마음먹고, 대신에 내가 두려워했던 부분을 인정하고 받아들이기로 했다. 악마를 제거하려고 애쓰기보다는 악마에게 다가가 "원한다면 나를 집어삼켜"라고 말하기 시작했다. 이런 관점의 변화와 용기 어린 수용은 내가 신경계 조절 장애를 치유하고자 내디딘 첫걸음이었다.

첫걸음을 떼긴 했지만 치유의 여정은 길고도 험난했다. 하지만 시간이 지나면서 건강이 개선되었고 마음이 평온해졌을 뿐 아니라, 비슷한 어려움을 겪고 있는 사람들을 돕겠다는 사명감이 생겼다. 결국 이 새로운 사명감으로 나와 비슷한 여정을 걷는 사람들을 위한 커뮤니티를 만들었다. 그리고 나와 다른 사람들의 치유 여정을 성공적으로 이끌어 준 포괄적인 신경계 접근법의 이름을 따서 커뮤니티의 이름을 '신경계 치유'Heal Your Nervous System라고 지었다.

현재 전 세계의 많은 사람이 우리 커뮤니티에서 자기만의 악마와 용감하게 맞서며 신경계 조절 장애를 치유하고 있다. 그들은 이 접근법이 어떻게 괴로운 증상들을 완화해주는지, 어떻게 더 충만한 삶을 향한 길을 열어주는지 배워가고 있다.

수년간 신경계 조절 장애를 연구한 나는 신경계 치유 커뮤니티 회원 수천 명이 만성적인 불안, 피로, 번아웃, 압도감에서 벗어나 안정적인 평온함, 자신감, 회복력, 활력을 느끼게 되는 과정을 옆에서 지켜봤다. 신경계가 원활하게 조절될 때, 사람들은 자신과 주변 사람들에게 편안함을 느낀다. 그뿐 아니라 삶에 내재한 스트레스 요인에 더 자신 있게 대처할 수 있다. 자발적으로 다른 사람들을 도우려는 동기가 부여되는 경우도 많다. 또한 신경계 조절 장애에서 회복된 사람들은 자가면역질환, 과민대장증후군, 주사피부염, 만성피로와 같은 신체적 증상이 눈에 띄게 줄어들어 더 이상 생활에 큰 지장을 받지 않는다.

우리 커뮤니티를 찾아온 사람들 상당수는 현대 의료 시스템으로 해결되지 않는 고통스러운 증상을 여럿 겪고 있다. 어떤 사람들은 매우 활성화된 상태가 지속되면서 늘 불안감과 근심에 시달리고 어떤 일에 마음 정하기를 어려워한다. 어떤 사람들은 만성적인 에너지 부족으로 삶에 별다른 목적이나 의미가 없는 듯한 무기력감을 자주 느낀다. 또 어떤 사람들은 자가면역질환, 과민대장증후군, 기립성빈맥, 주사피부염 같은 신체 증상을 진단받은 후 우리를 찾아온다.

우리에게 연락하는 계기가 된 구체적인 문제와 진단명은 사람마다 다르지만, 그들 모두에게는 중요한 공통점이 있다. 모든 증상의 근원에는 스트레스 요인에 유연하게 대응하는 능력을 상실하게 만드는 신경계 조절 장애가 있다는 점이다.

이 책은 신경계를 치유해 증상을 완화하고 주체성과 회복력, 활력을 되찾는 데 도움이 될 효과적이고 현실적인 지침을 제공한다. 이 책에

실린 해결책은 과학적 지식에 근거하고 있으며, 정규 치료를 대체하려는 목적이 아니라 정규 치료와 병행하며 시너지 효과를 내도록 고안되었다. 이 책은 신경계 치유 커뮤니티의 실무진이 신경계 조절 장애와 관련된 증상을 효과적으로 개선할 수 있도록 수천 명을 도우며 쌓은 풍부한 경험도 공유한다.

1장부터 4장까지는 신경계 조절 장애가 무엇을 의미하는지 설명하고, 신경계 상태를 어떻게 평가하는지 알려주면서 우리가 앞으로 다룰 영역을 개괄한다. 특별히 이런 문제를 겪기 쉬운 예민한 사람에게 초점을 맞추어 예민성을 강점으로 바꾸는 방법도 알아본다. 이 책에서 제시하는 치유 방식은 당신이 이전에 접했을 방식과는 상당히 다를 뿐 아니라 더 포괄적이다. 신경계 조절 장애의 치유를 위해 왜 그렇게 광범위하고 심층적인 전략이 필요한지 설명한 다음, '신경계 건강을 지탱하는 네 기둥'이라는 포괄적 접근법을 소개할 것이다. 그런 뒤 신경계 조절 장애의 주요 요인과 이를 역전시키기 위해 그 틀을 활용하는 방법을 알아본다. 자신의 고유한 신경계 예민성, 타고난 스트레스 반응, 공포 체계도 살펴본다. 이 부분을 건너뛰고 바로 해결책으로 넘어가고 싶은 충동을 느낄 수 있지만, 신경계를 명확히 이해하는 일은 매우 중요하다. 신경계에 관한 기본 지식을 파악하면 치유 과정의 각 단계를 더 면밀히 이해할 수 있어 치료 효과도 더 커진다.

5장부터 10장까지는 신경계 조절 장애를 치유할 5단계 계획을 소개할 것이다. 신경계에 도움이 되는 방법은 많지만 적절한 시기를 놓치면 오히려 효과가 없거나 효율이 떨어지며, 심지어는 더 해로울 수 있다. 신경계 조절 장애 치유는 아래 순서를 따랐을 때, 더 짧은 시간에 더 효과적인 결과를 나타냈다.

1. 인식 단계: 앞에서 배운 내용을 활용해 시시각각 신경계가 보내는 신호를 알아차린다.
2. 조절 단계: 기분을 좀 더 편안하게 전환하도록 돕는 간단한 신체 활동을 배운다. 이 단계에서 자기 몸과 감정을 통제하는 새로운 힘을 갖게 되면서 편안함과 자유로움을 느낄 수 있다.
3. 회복 단계: 조절 장애 이면에 있는 근본적 원인을 이해하고 해결하는 데 집중한다. 여기서는 신경계 조절에 문제를 불러일으키는 근본적인 패턴을 바꾸는 방법을 다룰 것이다.
4. 관계 단계: 잘 조절된 신경계가 더욱 성장하도록 도와준다. 신경계가 원활하면 타인, 자연, 아름다움, 목적의식과 깊은 관계를 형성하게 된다. 여기서는 여러분이 주변 사람이나 세계와 상호 연결성을 깊이 느낄 수 있는 법을 안내한다.
5. 확장 단계: 조절된 신경계의 기능을 활용하는 방법을 안내한다. 경외감을 느끼는 경험과 함께 스트레스를 의도적으로 활용함으로써 강인함과 활력을 높이는 방법을 보여준다.

마지막으로 12장과 13장에서는 모든 내용을 통합하고 정리한다. 나는 이 책의 활용도를 높이기 위해 최선을 다했다. 내가 치유 여정을 걷고 있을 때 알았더라면 좋았을 명확하고 구체적인 지침, 우리 커뮤니티 안팎의 수많은 사람이 매일 의지할 수 있는 지침을 제공하고자 했다. 이 책이 당신에게도 소중한 도움을 줄 수 있기를 진심으로 바란다.

차례

추천의 글 ······ 6

들어가며 이 책이 어떤 도움을 줄 수 있는가 ······ 10

1장 신경계가 제대로 조절되지 않으면 ······ 18

2장 신경계 건강을 지탱하는 네 가지 기둥 ······ 39

3장 '매우 예민한 사람'의 신경계는 무엇이 다를까 ······ 61

4장 스트레스와 공포는 잘못이 없다 ······ 82

5장 유연하고 탄력적인 신경계를 만드는 5단계 계획 ······ 109

6장 신경계를 지원하는 기본 루틴 ······ 131

7장 1단계 '인식' 신경계가 보내는 신호 알아차리기 ······ 169

8장 2단계 '조절' 당신에게는 감정을 조절할 능력이 있다 ······ 196

9장 3단계 '회복' 신경계의 회복탄력성 되찾기 ······ 233

10장 4단계 '관계' 관계는 신경계를 튼튼하게 만든다 ······ 280

11장 5단계 '확장' 더 큰 도전을 위한 역량 키우기 ······ 327

12장 치유의 여정은 거대한 서사다 ······ 359

13장 다른 사람에게 영감을 불어넣어라 ······ 387

나가며 **예민성을 찬양하라** ······ 398

감사의 글 ······ 402

참고 문헌 ······ 408

신경계가
제대로
조절되지 않으면

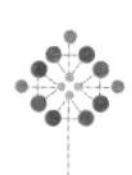

우리가 좋아하는 인스타그램 인플루언서나 전문의가 알려주는 치료법은 대부분 고통을 유발하는 근원적인 문제에 포괄적으로 접근하지 못한다. 현대 의료 시스템을 이용해본 사람이라면 그 시스템이 얼마나 세분화되어 있는지 알 것이다. 이비인후과 전문의, 구강 전문의, 소화기 전문의, 정신과 전문의가 따로 있다. 이렇게 전문화된 접근법에도 분명 장점이 있다. 하지만 이런 시스템에서는 감정이나 행동, 특정 신체 부위에 나타나는 많은 증상에 공통된 원인이 있다는 사실이 간과된다. 마치 정원의 잡초를 뿌리째 뽑지 않고 이파리만 뜯어내면 잡초가 곧 다시 올라오는 것처럼, 각 증상을 개별적으로만 다루다가 더 큰 문제를 놓칠 수 있다. 당신은 다음과 같은 문제를 겪고 있을지 모른다.

- 불안(질병 불안장애, 고기능성 불안장애, 사회불안 등)
- 자가면역질환
- 번아웃
- 만성피로증후군과 섬유근육통증후군
- 만성 통증
- 이인증, 비현실감, 해리
- 극도의 예민성과 감각 과부하
- 기능성 신경계 질환

- 불면증과 수면 불안
- 과민대장증후군
- 식품 또는 화학물질에 대한 원인 미상의 복합적 과민증
- 목과 어깨의 긴장
- 공황 발작, 공포증
- 체위기립빈맥증후군
- 장기간의 COVID 등 바이러스성 질환 후 피로증후군
- 주사, 습진, 두드러기 및 기타 스트레스 관련 피부 질환
- 스트레스와 불안 관련 소화기 질환(메스꺼움, 구토, 변비)
- 스트레스 관련 탈모
- 턱관절 통증과 이 악물기
- 기타 만성 심신 질환

날마다 온몸이 찌뿌둥하고 의욕이 없는 상태에서부터 과민대장증후군과 만성피로에 이르기까지 다양한 증상이 발생하게 된 근본 원인은 신경계의 조절에 문제가 생겼기 때문이다.

신경계 조절 장애란 무엇인가?

신경계란 다른 신체 시스템과 소통하면서 다양한 상황에 대응하는 방법을 알려주는 신경과 세포 사이의 복잡한 네트워크다. 당신이 방금 막 잠에서 깨어 휴대전화를 확인한 뒤, 알람이 울리지 않았다는 사실을 깨달았다고 한번 상상해보자. 가슴이 철렁 내려앉으며 당장 서두르

지 않으면 지각하겠다는 생각이 들 것이다. 신경계는 거의 즉각적으로 이 정보를 통합해 신체 시스템에 대응 방법을 알려준다. 스트레스 호르몬을 장과 면역계로 보내 출근 준비에 에너지를 총동원해야 하므로 다른 일을 전부 멈추라고 지시한다. 심장에는 더 빨리 뛰라는 신호를, 간과 근육에는 더 많은 연료를 소비하라는 신호를 보내 세포가 더 많은 에너지를 써서 빠르게 움직일 수 있도록 한다. 사고 과정에도 신속히 출근 준비를 하는 데 집중하라는 신호를 보낸다. 아마 다시는 이런 일이 발생하지 않도록 알람 문제를 해결하라는 신호도 보낼 것이다. 긴박감을 느끼도록 기분을 바꿔 바쁘다는 사실을 잊고 느닷없이 인스타그램을 확인하거나 어머니에게 전화를 걸어 대화를 나누는 일도 없도록 할 것이다.

출근을 서두르든, 파트너와 휴식하든, 깊은 잠에 빠져 있든 신경계는 주변 환경으로부터 끊임없이 정보를 받아들이면서 다른 신체 시스템과 소통한다. 소화, 호르몬 조절, 면역계 등 모든 신체 시스템이 신경계에 의존하므로 신경계의 균형이 깨지면 곧바로 건강의 여러 측면도 그에 영향을 받는다.

신경계가 전반적인 건강에 매우 중요한 역할을 하는 만큼, 사람들은 스트레스가 많은 상황이 건강에 좋지 않을 것이라고 여긴다. 하지만 스트레스를 주는 상황 자체는 문제가 되지 않으며 오히려 건강에 도움이 되기도 한다. 신경계가 잘 조절되는 상태라면 스트레스를 받는 상황이 와도 큰 영향을 받지 않고 쉽게 대처할 수 있다.

잘 휘는 성질을 가진 양치류처럼 신경계는 스트레스 요인에 유연하게 반응한다. 양치류가 휘었다가 빠르게 되돌아오는 것처럼 잘 조절되는 신경계는 스트레스를 받은 후 비교적 빠르게 평온한 상태로 되돌아온다. 신경계는 이런 유연성 덕분에 스트레스 요인이 발생해도 그것에 압도당하거나 신경계 조절 문제를 겪지 않고 대처할 수 있으며, 다른 시스템들이 원활하게 기능하도록 신체 환경을 유지할 수 있다.

정상적으로 조절되는 신경계는 갑작스러운 소음처럼 소소한 급성 스트레스 요인부터 과하게 할당된 업무와 같은 장기적인 스트레스 요인까지 어디에나 대응할 수 있다. 힘든 이별처럼 감정적 스트레스 요인과 바이러스 같은 신체적 스트레스 요인에도 동일한 유연성을 발휘해 스트레스 요인이 지나갈 때까지 대응 강도를 높였다가 자연스럽고 편안한 상태로 돌아올 수 있다.

반면에 신경계에 '조절 장애'가 있으면 스트레스 요인에 자연스럽고 유연하게 대응하지 못하고, 스트레스에서도 벗어나지 못한다. 장기간 활성화 상태가 지속되면서 휴식과 회복 상태로 돌아올 시간이 부족해진다. 그러면 항상 무언가 문제가 있는 것처럼 완전히 긴장을 풀 수 없고, 늘 불안감을 느끼게 된다. 번아웃 또는 셧다운 상태에 빠져 지치거나 우울해지거나 아무것도 중요하지 않은 것처럼 느낄 수도 있다. 신경계 조절 장애가 있으면 이런 상태를 오가는 경우가 많아서 불안과 피로라는 악순환에 갇혀 있는 느낌이 든다.

신경계 조절 장애는 시간이 지나면서 점점 다른 신체 시스템을 손상시킨다. 정상적으로 조절되는 신경계는 스트레스가 심한 상태에 놓였다가도 스트레스가 적은 이완 상태로 돌아오지만, 조절 장애가 있는 신경계는 심한 스트레스 상태에 빠져 편안한 상태로 돌아오지 못한다. 모든 신체 부위의 건강을 유지하는 데 중요한 작용들은 스트레스가 적은 상태로 돌아왔을 때 이루어진다. 예를 들어, 스트레스 수준이 매우 낮은 숙면 상태에서 손상된 세포가 복구되거나 새로운 세포로 교체된다. 뇌는 노폐물을 씻어내고, 면역계는 박테리아를 색출한다. 하지만 신경계가 잘 조절되지 않고 높은 스트레스 반응 상태에 머물러 있으면 몸이 이런 일을 할 시간이 부족해진다.

이는 집안일을 할 시간이 전혀 없는 상황과 비슷하다. 너무 바쁠 때는 쓰레기를 내다 버리고 청소를 하거나 배관공을 불러 새는 파이프를 교체할 시간이 부족하다. 그럴 때는 당장 시급한 쓰레기만 내놓고, 배관공에게 전화하는 일은 다음 주말까지 미루게 된다. 하지만 이런 패턴이 매주 반복되면 파이프 누수가 심각한 문제로 번지게 된다. 누수가 더 심해져 물이 고이다가 결국 바닥이 썩고 곰팡이가 자란다. 마찬가지로 신경계 조절이 원활하지 않으면 몸을 관리하고 보수할 시간이 줄어들어 결국 질병과 질환이 발생한다.

당신에게는 타고난 회복력이 있다. 그러니 건강을 유지하기 위해 항상 완벽하게 편안한 상태여야 할 필요는 없다. 하지만 신경계 조절 장애가 너무 오래 이어지면 누적된 손상 때문에 결국 불안, 우울, 번아웃 등 만성적 건강 문제들이 나타난다.

이 책에서는 체계적인 5단계 계획으로 신경계 조절 장애를 치유하고, 다시 신경계가 제대로 작동하도록 돕는다. 이 계획을 따르면, 예민했던 신경계가 유연해져 스트레스 요인에 훨씬 쉽고 적절하게 대응할 수 있다. 신경계의 조절 능력을 회복함으로써 마침내 당신의 몸은 편안한 상태에서 모든 신체 시스템에 누적된 손상을 복구하는 데 필요한 시간을 갖게 된다. 이로써 만성적인 문제가 크게 완화되고 기분과 에너지가 고양된다. 그리하여 마침내 당신은 정상적인 신경계 조절 상태로 돌아갈 수 있게 된다.

신경계 조절 장애의 치유가 어떤 질병이나 임상 진단을 치료하기 위한 의사와의 협력을 대신할 수는 없다. 나에게 신경계 조절 장애가 발생했을 때 나타난 주요 신체 증상은 주사피부염이었다. 원인은 신경계 조절 장애였지만, 주사피부염을 치료할 훌륭한 의사도 찾아야만 했다. 피부과 의사의 치료법은 주사피부염의 발적을 통제하는 데 매우 중요했다. 하지만 신경계 조절 장애를 치유하지 않았다면 주사피부염이 다시 생기거나 새로운 증상이 나타났을 것이다. 신경계 조절 장애가 증상의 근본 원인이라면 그것을 해결하지 않고 단순히 증상만 치료해서는 장기적인 치유를 기대할 수 없다.

다음으로 할 일은 신경계 조절 장애가 당신의 건강과 증상에 얼마나 많은 영향을 미치는지 이해하는 것이다. 당연하게 자신의 일부로 여겼던 많은 것이 사실 신경계 조절 장애의 증상이며 더 이상 그로 인한 고통을 겪지 않아도 된다는 사실을 발견하고는 놀랄지도 모르겠다.

• 신경계 조절 장애 자가 진단

과학자들의 검증을 거쳐 표준화된 신경계 조절 장애 진단 도구는 아직 없다. 어떤 검사나 자기 평가도 당신의 모든 성향을 정확히 파악하거나 현재 상황을 완벽하게 묘사하지는 못한다. 그러나 적절한 진단을 받음으로써 당신의 내면에서 무슨 일이 일어나고 있는지 좀 더 명확히 이해할 수 있다. 비록 이 진단이 모든 것을 보여주지 못하고, 당신의 상황은 내일 바로 달라질 수도 있지만, 신경계 자가 진단은 지금 당신에게 일어나는 일을 이해하는 데 대단히 유용하다.

나는 신경계 조절 장애가 생활에 영향을 미치는 정도를 판단하는 자가 진단 도구를 개발했다. 사람들이 신경계 조절 장애 수준을 평가하는 데 도움을 주기 위해서였다. 여러 평가의 검증된 부분들을 결합한 이 자가 진단은 신경계 조절 장애가 어느 정도 수준으로 나타나고 있는지 파악하도록 돕는다. 이를 치유 여정의 시작점인 지금, 신경계 조절 장애 수준을 보여주는 청사진처럼 생각하라.

신경계 조절 장애 자가 진단

종이와 펜을 준비하거나 휴대전화 메모장을 열고 평가를 시작한다. 다음 여섯 항목을 읽고 **당신의 삶에 영향을 미치는 정도**를 1~5점으로 평가하라. 당신의 삶에 전혀 영향을 미치지 않는다면 1, 보통 정도로 영향을 미친다면 3, 큰 영향을 미친다면 5로 표시하면 된다.

1	압도당하는 기분을 느낌	
2	짜증과 화가 나고 쉽게 좌절감을 느낌	
3	잠이 쉽게 들지 않고, 밤중에 깨며, 너무 적게 자거나 너무 많이 자는 등 수면에 문제가 있음	
4	경계심이 늘어나는 것과 불안을 느낌	
5	관계의 단절 또는 감정적 단절을 느낌	
6	지속적이고 만족스러운 관계를 유지하기 어려움	

다음 여덟 항목을 읽고 **예민성 때문에 받는 스트레스 정도**를 1~5로 평가하라. 당신의 삶에 전혀 영향을 미치지 않는다면 1, 보통 정도로 영향을 미친다면 3, 매우 영향을 미친다면 5로 표시하면 된다.

7	소리	
8	냄새	
9	더위와 추위를 쉽게 느낌	
10	특정 음식의 질감	
11	피부에 바르는 크림이나 로션	
12	빛, 명암, 반사	
13	먼지, 접착제 또는 페인트의 접촉	
14	터틀넥 상의, 꼭 끼는 옷이나 벨트, 고무줄 허리 밴드, 옷의 소재나 태그	

다음 일곱 항목의 상태에 **해당하는 정도**를 1~5점으로 평가하라.

15	목과 어깨 부위의 근육통	
16	요통	
17	두통	
18	턱의 긴장, 이 악물기	
19	만성 통증	
20	피부 질환	
21	과민대장증후군, 위장 질환	

이제 점수를 합산하라.

• 점수 해석

경미한 조절 장애: 34점 미만

34점 미만이라면 신경계가 잘 조절되고 있거나 문제가 있어도 경미한 수준이라는 의미다. 경미한 조절 장애가 있으면 하루 동안 에너지 수준이 안정적이지 못하기 때문에 자다가 자주 깨고 깊은 잠에 들기 어려울 수 있다. 사람마다 다르겠지만 때때로 소화가 안 되고, 밤에 이를 악물거나 이를 가는 등의 흔한 신체 증상을 경험한다. 느긋해지려고 해도 마음이 지나치게 분주하고 쉽게 좌절하거나 단절된 느낌이 들 수도 있다. 그래도 당신은 전반적으로 꽤 잘 지낼 것이다. 경미한 조절 장애는 현대사회에서 매우 흔하므로 주변 사람들과 비교했을 때 자신은 아주 평범한 편이라고 느낄 수도 있다.

짧은 기간 경험하는 스트레스는 조절 장애가 아니다. 잘 조절되는 신경계도 종종 스트레스를 받는다. 이는 지극히 자연스러운 일이다. 증상이 며칠이나 몇 주, 드물게는 몇 개월간 지속되었을 뿐이고, 당신이 크게 괴롭지 않았다면 신경계가 일시적으로 스트레스를 많이 받는 상태였을 뿐, 조절 장애는 아닐 가능성이 크다. 스트레스가 심한 기간이 지나면 신경계는 자연스럽게 편안한 상태로 돌아가고 신체는 이 기간에 발생한 단기적인 손상을 복구한다.

그러나 증상이 몇 주 또는 몇 개월 이상 지속된다면 신경계 조절 장애일 가능성이 있다. 지금 당장은 증상을 그럭저럭 관리할 수 있다고 느끼더라도 신경계의 재조절을 위한 개입 없이는 시간이 갈수록 조절 장애가 심해질 것이다. 지금이야말로 이 책을 활용해 증상을 완화하고, 손상을 복구하며, 더 이상의 손상이 누적되는 것을 방지할 때다.

중간 수준의 조절 장애: 34~67점

점수가 34점부터 67점까지라면 중간 수준의 신경계 조절 장애일 가능성이 크다. 신경계 조절 장애 증상은 사람마다 다르게 나타나지만, 중간 정도의 조절 장애가 있는 사람들은 쉽게 잠들지 못하거나 자다가 자주 깨서 낮에 피로와 불안을 느끼는 경우가 매우 흔하다. 감정 기복이 너무 심해 감당하기 어려울 수도 있다. 삶의 과업이 버겁게 느껴질 때가 많아서 하루하루를 버티기 위해 혼자만의 시간이나 안정감을 주는 사람과 보내는 시간이 꽤 필요할 수도 있다.

중간 정도의 조절 장애가 있는 사람들은 흔히 뚜렷한 신체 증상을 겪는데, 염증과 긴장이다. 어깨와 허리 등 긴장을 유지하는 부위에 만성 통증이 생기기도 한다. 염증 때문에 류마티스 관절염이나 과민대장증후군, 우울증 같은 질환을 하나 이상 진단받기도 한다. 요란한 소음이나 형광등 불빛 같은 특정 감각 자극에 특히 스트레스를 받거나 불편함을 느끼기도 한다.

중간 정도의 신경계 조절 장애를 가지고 있는 사람에게도 이 책이 도움이 된다. 어떻게 지금 상태에 이르렀는지, 어떻게 예민성을 단점이 아닌 기쁨과 목적의 원천으로 만들 수 있는지 이 책이 가르쳐줄 것이다. 신경계 조절 장애 회복을 위한 5단계 계획은 치유와 평안을 위한 새로운 기준을 찾는 데 유용하다.

심각한 조절 장애: 68점 이상

68점 이상이면 심각한 신경계 조절 장애일 수 있다. 이 사람은 하루하루 생활하기가 힘겹고, 일상적인 일도 이겨내기 어려울 때가 많을 것이다. 병원에서 임상 진단을 하나 이상 받았고 여러 건강 문제를 해결하기 위해 의사나 심리치료사에게 치료를 받고 있을지도 모른다. 양호한 건강 상태를 위해 여러 해, 심지어 평생을 고생했을 것이다.

잠을 깊이 자는 날이 드물거나 아예 없을 수도 있다. 다른 사람들은 힘들어하지 않는 일에도 압도당하고, 그러지 않을 때는 자주 기분이 가라앉거나 무감각해지거나 세상과 단절된 느낌이 들 것이다. 그뿐만 아니라 신경계가 감각 방어sensory defensiveness 태세로 들어간 탓에, 여러 감각적 자극으로 인한 스트레스나 불안감이 커지기도 한다. 특정한 빛, 시끄럽거나 거슬리는 소리, 특정 질감 등은 신경계에 부담을 가중해 기분이 더 저조해진다.

심각한 조절 장애가 있다면 삶이 매우 괴로울 것이다. 나는 이들을 돕기 위해 이 책을 썼다. 이들은 치유 여정 중에도 쉽게 압도당할 수 있으므로 한 번에 한 걸음씩 천천히 나아가야 한다. 앞으로 몇 장에 걸쳐 예민한 신경계가 어떻게 작동하는지 설명하고, 예민성이 치유 여정과 삶에서 이들의 편이 될 수 있도록 도울 것이다. 어째서 지금과 같은 상태가 되었는지, 과거에 시도했던 치유 방법이 왜 효과가 없었는지에 대한 과학적 이유를 알려줄 것이다. 가장 중요하게는 신경계 조절 장애에서 회복하기 위한 5단계 계획을 안내한다. 독자들은 이 책을 읽으면서 자신의 몸과 건강에 자신감을 갖고 다른 사람을 도우려는 마음을 갖게 될 것이다.

• 신경계 조절 장애는 어떻게 나타나는가?

방금 했던 신경계 조절 장애 자가 진단은 조절 장애 증상을 느끼기 쉬운 세 영역으로 구성되어 있다. 바로 정서적, 감각적, 신체적 영역이다. 조절 장애 증상은 사람마다 다르게 나타나므로 요소별 점수 추이에 주목하면 당신의 몸이 조절 장애를 어떻게 처리하고 있고, 주로 어느 영역에서 증상이 나타나는지 대략 파악할 수 있다. 어떤 사람은 한두 영역의 점수만 높은 반면, 어떤 사람은 세 영역 점수가 골고루 높다.

'정서적 영역'에 나타날 수 있는 증상에는 압도당하는 기분, 세상과 단절된 느낌, 여유를 가지려 해도 생각이 질주하고 멈추지 않는 느낌 등이 있다. 정서적 조절 장애는 예민성의 한 측면인 '높은 반응성'high reactivity과 관련 있다. 선천적으로 남들보다 감정을 격렬하게 느낄 때가 많다면 정서적 영역에서 조절 장애가 나타날 가능성이 있다.

특정 소리, 냄새, 더위와 추위, 빛, 질감 같은 감각 자극에 대한 스트레스 반응을 포함하는 '감각적 영역'은 감각 방어sensory defensiveness(대다수가 해롭거나 자극적이지 않다고 생각하는 감각에 부정적으로 반응하는 감각 조절 장애 유형 – 옮긴이)와 연관이 있다. 3장에서 어째서 다른 사람보다 감각적으로 예민할 수 있으며, 신경계가 잘 조절되면 그런 예민성이 어떻게 이점으로 바뀔 수 있는지 보여줄 것이다. 그러나 신경계 조절에 이상이 있으면 타고난 예민성 때문에 신경계가 방어 태세에 들어가 광범위한 자극에 부정적으로 반응할 수 있다.

만성 통증, 어깨와 목의 긴장, 과민대장증후군, 잦은 두통 등을 포함한 '신체적 영역'은 흔히 염증이나 신체 부위의 계속된 긴장과 관련 있다. 신체적 요소의 조절 장애가 있으면 어깨가 심하게 결리거나 이를 앙다물고 있는 증상이 나타난다. 염증으로 인한 소화기 문제나 피부 질환이 나타날 수도 있다. 심지어 자가면역질환이나 기타 다양한 신체 증상으로 이어질 때도 있다.

특정 증상이 어떤 식으로 나타나고 어떤 영역의 증상을 가장 완화할 필요가 있는지에 따라 치유 여정이 달라지겠지만, 모든 증상은 완화될 수 있다. 당신에게는 조절 장애가 어떤 식으로 나타나는지 염두에 두면서 책을 읽어나가자.

• 신경계 조절 장애의 과학적 이해

우리 몸에는 신경계 조절 장애를 유발하는 여러 요인이 있다. 아직 과학계에서도 조절 장애를 완전히 이해하지 못하고 있지만, 가장 중요하게 작용하는 다음 몇 가지 요인을 밝혀냈다.

- 세포가 얼마나 효율적으로 에너지를 생산하고 사용하는가
- 신경계가 입력된 다양한 유형의 자극에 얼마나 예민한가
- 뇌가 과거에 겪었던 힘들거나 불안한 경험을 어떤 정보로 저장해두었는가

미토콘드리아: 세포 내 에너지 생산 기관

최근 연구들은 각 세포 내에서의 에너지 생산이 신경계 조절에 중요한 역할을 한다는 사실을 밝혀냈다. 에너지 생산을 담당하는 세포 소기관은 '미토콘드리아'다. 미토콘드리아가 원활하게 기능하면 세포들은 적절한 때에 필요한 에너지를 충분히 공급받는다. 하지만 세포 내에 노폐물이나 '활성 산소'free radical가 너무 많이 쌓여 미토콘드리아 기능에 이상이 생기면 세포에 필요한 에너지를 충분히 생산하지 못한다. 세포에 충분한 에너지가 제공되지 않으면 기분에서 호르몬, 면역계에 이르

기까지 건강에 두루 영향을 미친다.

신경계 예민성: 자극에 대한 신체의 반응 방식

예민성sensitivity은 신경계 조절 장애와 그로 인한 특정 증상의 발현에 영향을 미치는 또 다른 중요한 요소다. 신경계 예민성에 관한 연구에 따르면, 신경계 예민성은 연속 변수로서 사람마다 자극과 감각에 대한 예민성 수준이 제각각이다. 다른 성향과 마찬가지로 높은 예민성은 장점이 되기도 하고 단점이 되기도 한다. 매우 예민한 사람highly sensitive person은 다른 사람들의 감정에 맞춰주거나 미술, 음악, 글의 미묘한 미적 차이를 감지하는 일을 잘한다. 이런 장점 덕분에 좋은 관계를 잘 맺고 예술 같은 창작 분야에서 일하기도 한다. 하지만 예민성이 높은 편일수록 신경계 조절 장애에 더 취약하다는 단점도 있다.

자신의 신경계 예민성을 알아보는 것만으로도 예민성의 장점을 늘리고 단점을 줄이는 중요한 첫걸음이 된다. 예민성에 관해서는 3장에서 자세히 알아본다.

스트레스를 처리할 때 뇌 회로의 연결 방식

신경계 조절 장애에서 중요한 또 다른 요소는 신경계가 스트레스 상황을 처리할 때 연결되는 방식이다. 누구나 살면서 극도로 괴로운 경험을 할 수 있고, 이 때문에 스트레스에 유연하게 대응하는 신경계의 능력이 떨어지기도 한다. 어렸을 때 신경계가 스트레스 상황에 유연하게 대응한 후 편안한 상태로 쉽게 돌아오는 방법을 훈련받지 못했을지도 모른다. 이 두 가지 상황 모두 조절 장애로 이어질 수 있다.

하지만 신경계에는 스트레스 요인에 따른 손상으로부터 스스로를 재구성하고 치유하는 놀라운 힘이 있다. 사실 신경계는 신경계를 구성하는 세포인 뉴런들을 끊임없이 연결하고 재구성하는 중이다. 이런 과정을 '신경가소성'neuroplasticity이라고 부른다. 예전 뇌과학자들은 아동의 뇌만 신경가소성을 지니고 있다고 생각했지만, 지금 뇌과학자들은 사람들이 일평생 신경가소성을 지닌다는 데 동의한다. 즉, 아동기에 어떤 경험을 했든, 성인기에 외상성 스트레스 요인으로 신경계 조절 장애가 생겼든 상관없이 신경계가 원활히 조절되도록 다시 연결할 수 있다는 것이다.

이해를 돕기 위해 신경계를 찰흙 덩어리라고 생각해보라. 당신은 덩어리의 모양을 잡고, 모양을 바꾸고, 다시 연결해 붙일 힘이 있다. 물론 신경계를 형성하는 능력에는 한계가 있다. 외상이나 뇌졸중 등에 의한 뇌 손상으로 손실된 뉴런은 대체될 수 없다. 하지만 신경계는 조절 장애를 유발하는 신경 경로를 다시 연결해 스트레스 대응 능력을 회복할 준비가 되어 있다. 신경계 조절 장애 회복을 위한 5단계 계획은 신경계를 재구성하고 유연성과 조절 능력을 회복하는 데 필요한 모든 도구를 제공한다.

• 핀볼 효과

이제 당신은 신경계가 무엇인지 이해하게 되었고, 자신의 신경계 기능 상태도 진단해보았다. 다음으로는 신경계가 어떻게 이런 상태가 되었는지 파악하고 치유를 시작해야 한다. 신경계 조절 장애가 단순히 박테리아 감염 같은 문제라면 항생제만 복용하면 된다. 하지만 안타깝게도 신경계 조절 장애는 그렇게 간단한 문제가 아니다.

미토콘드리아, 뇌 회로, 예민성은 여러 피드백 루프들로 이루어진 복잡한 네트워크를 통해 작동한다. 즉, 어떤 원인이 결과를 초래하는데, 그 결과는 또 다른 원인으로 이어진다.

이 복잡한 시스템은 핀볼 기계와 유사하다. 미토콘드리아와 뇌 회로는 우리 몸으로 신호를 유도하는 '플리퍼'flipper 역할을 한다. 이 둘이 조화롭게 작동할 때, 마치 핀볼 전문가가 플리퍼를 사용해 공을 이리저리 튕겨 점수를 올리듯이 뇌와 신체가 최적의 기능을 수행하도록 돕는 피드백 루프가 만들어진다.

하지만 플리퍼 중 하나의 작동이 늦거나 범퍼가 공을 튕겨내는 힘이 약해지는 등 기계에 문제가 생기면 타격은 빗나가버린다. 플리퍼의 결함으로 인한 작은 차이로도 공이 완전히 다른 경로로 굴러가다 도랑에 빠질 수 있다.

신체 시스템의 한 구성 요소에 문제가 생기면 머지않아 면역계, 장, 피부 등 다른 구성 요소들도 영향을 받아 염증 또는 감정과 신체 기능의 조절 장애 같은 증상들이 연이어 나타난다. 이 경우에는 진단이나 치료를 받기도 부담스러울 수 있다.

나는 핀볼 게임을 할 때처럼 어떤 원인이 어떤 결과를 낳고 그 결과가 또 다른 원인이 되는 일이 반복되면서 인과관계가 복잡해지는 경우를 '핀볼 효과'pinball effect라고 부른다. 많은 사람이 자기 몸에 무슨 일이 일어나고, 어떻게 치료해야 하는지 알아내느라 고생하는 이유도 여기에 있다. 원인과 결과가 얽히고설켜 어디에서 시작하고 어떻게 풀어야 할지 알기 힘든 것이다.

신체 시스템 내 원인과 결과에 관한 정확한 메커니즘이 여전히 미스터리에 싸여 있음에도 한 가지는 분명하다. 미토콘드리아 기능을 향상하고, 예민성을 완화하며, 스트레스 요인에 더 잘 대응하도록 뇌 회로를 수정하는 방법을 꾸준히 활용하면 조절 장애의 순환 고리를 끊을 수 있다.

때로는 증상과 특정 문제의 연관성을 찾아 간단하고 효과적인 개입으로 문제를 해결할 수 있다. 예를 들어 의사가 체내에 특정 비타민이 부족하다는 사실을 알아낸 경우, 그 비타민을 보충함으로써 증상을 치유하고 신경계 조절을 회복할 수 있다.

하지만 대부분의 경우, 문제를 찾고 해결하는 과정은 훨씬 더 복잡하다. 이 책에서 소개하는 방법들은 미토콘드리아 기능 장애, 예민성, 뇌 회로 등 신경계 조절 장애에 중요한 역할을 하는 생물학적 요인을 구체적으로 다루고자 한다. 신경계 조절 장애를 치유하고 타고난 회복력과 성장 능력을 재발견하려면 더욱 포괄적인 해결책이 필요하다.

다음 장에서는 원활한 신경계에 필요한 정신 건강과 신체 건강의 필수 요소 네 가지를 모두 포함하는 새로운 틀인 '신경계 건강을 지탱하는 네 기둥'을 소개한다.

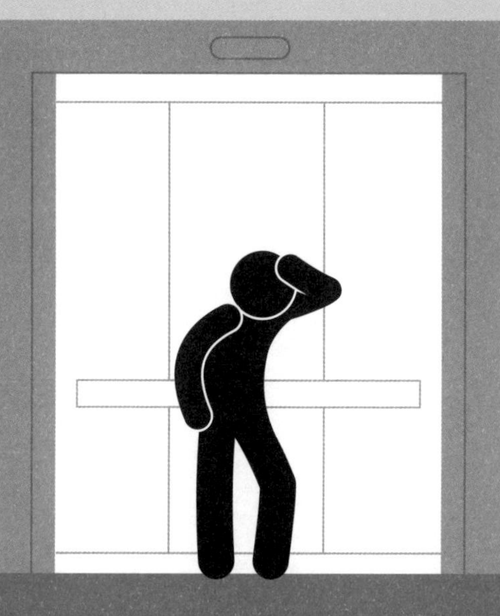

신경계 건강을 지탱하는 네 가지 기둥

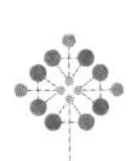

이 장에서는 '응급조치'quick-fix cycle와 그로 인해 악순환에 갇히는 이유를 알아보고, 어떻게 몸과 마음, 관계, 영성이라는 신경계 건강의 네 기둥을 새로운 모델로 삼아 그 악순환을 깰 수 있는지 배울 것이다. '응급조치'와 달리 이 새 모델은 증상을 실질적으로, 지속적으로 완화해 준다. 또한 수년간 여러 미봉책을 거치며 심화된 신경계 조절 장애가 초래한 손상을 점진적으로 회복시킨다.

응급조치의 악순환

우리는 종종 눈앞의 증상을 다스리려고 하다가 더 큰 악순환에 빠지고 만다. 증상을 빠르게 잠재울 해결책을 써봐도 효과는 오래가지 않는다. 이런 해결책들은 일시적이어서, 결국 좌절감과 실망감을 안겨줄 뿐이다.

당신도 이런 문제를 경험한 적이 있을 것이다. 응급조치의 악순환은 이런 식으로 전개된다. 당신은 몇 년간 부담이 큰 일 처리하기, 가정 꾸리기, 생계를 위한 여러 직업 병행하기, 사랑하는 사람 돌보기처럼 스트레스가 많은 환경에서 지내게 된다. 어쩌면 힘든 어린 시절이나 복잡한 인간관계, 심신을 쇠약하게 만드는 질병, 참담한 이별 등으로 특별히

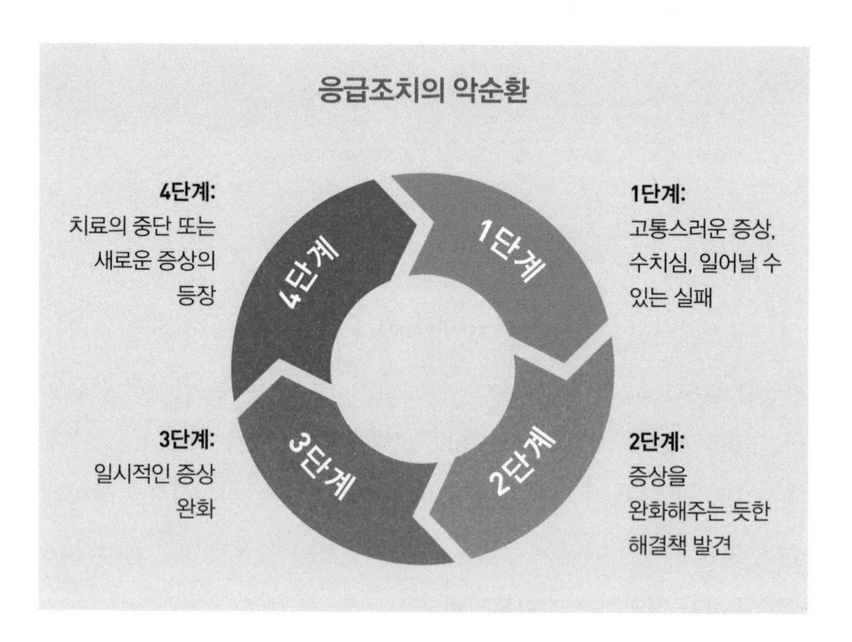

힘든 시기를 겪었을 수도 있다. 또는 안전하다고 느끼지 못했거나 정서적 욕구가 충족되지 않아 힘든 어린 시절을 보냈을지도 모른다. 몸에 스트레스가 누적되면서 현재는 극심한 피로와 몸살, 소화 장애, 불안 증세를 달고 산다.

갖은 어려움을 겪은 탓에 이런 증상으로 고생하고 있다는 사실이 특히 불공평하게 느껴지거나 가혹하게 느껴지지만, 당신은 그 증상들을 없애려고 최선을 다한다. 최신 치료법을 조사하고 해결책을 찾기 위해 인터넷을 뒤진다. 에너지를 내기 위해 새로운 식단을 시도하기도 하고, 불안감과 피로감의 증가를 막기 위해 생활 방식을 바꾸기도 한다. 가정의학과 의사에게는 피로에 관해, 소화기내과 전문의에게는 복부 팽만감에 관해, 정신과 의사에게는 불안에 관해 상담했을 수도 있다. 수년간 대화 치료talk therapy를 해왔거나 침술사나 대체 의학 의료진도 여럿 만났을지 모른다. 당신은 얼마간이라도 증상을 완화해줄 해결책을 필사적으로 찾는다.

당신이 찾은 많은 해결책은 증상을 얼마간 완화해주고, 일부 증상을 완전히 없애주기도 하지만, 지속적인 효과를 가져오는 것은 없는 듯하다. 오히려 증상이 재발하면서 더 악화되거나 새로운 증상이 나타난다. 몇 개월 또는 몇 년에 걸쳐 이 주기가 반복되면, 자신을 의심하게 된다. 새로운 시도를 했다가 실패할 때마다 스스로 치유할 수 있다는 자신감이 줄어든다. 그때쯤이면 많은 사람이 자신에게 뭔가 문제가 있다고 생각하기 시작한다. 내면이 망가진 느낌이 드는 것이다.

겉으로는 여전히 모든 것을 통제하고 있는 것처럼 보일 수 있다. 하지만 속으로는 이미 갈 길을 잃은 상태다.

증상이 심해지면 퇴근하고 집에 와서도 느긋이 쉬기 어렵고, 수면은 불가능한 일로 느껴지며, 자주 무너진다. 사람들에게 쉽게 짜증을 내고, 사람 스트레스를 줄이려고 사람들과의 교류를 줄인다. 증상이 개선될지 조바심이 나고 증상의 호전이 더디게만 느껴져 분노나 좌절, 절망이 일어난다. 모든 것이 속수무책이다.

지속적으로 불안, 번아웃, 압도감을 낮춰줄 방법을 찾을 때 많은 사람이 직면하는 문제들은 뻔히 예측되는 답답한 패턴을 보인다. 나는 이 패턴을 '응급조치의 악순환'이라 부른다.

1. 원인이 명확하고 치료가 가능한 증상 외의 정신적 증상 또는 신체적 증상을 경험한다.
2. 해결책을 찾기 시작하고 다양한 방법과 치료법을 시도한다. 하지만 증상의 근본 원인과 해결 방법을 제대로 이해하지 못한다.

3. 몸 상태가 나아지고 증상이 누그러진다.
4. 근본 원인을 해결하지 않은 채 자연스럽게 해결책의 실행에 소홀해지거나 아예 중단할 때 증상이 더 심하게 나타난다. 기껏 열심히 없앤 증상 대신 다른 증상이 나타나기도 한다. 원점으로 돌아온 당신은 이전보다 훨씬 낙담한다. 당신의 노력을 응원하고 당신이 치유되었다고 생각하는 사랑하는 사람들 앞에서 당혹감이나 수치스러움을 느끼기도 한다.

이런 주기가 반복되면 시간이 흐르면서 증상이 치유되기는커녕 신경계에 부담만 가중되어 문제가 더더욱 악화된다. 점점 늘어나는 증상과 그 증상으로 인한 고통 때문에 몸을 두려워하거나 불편하게 여기게 될 수 있다. '응급조치의 악순환'은 당신이 통제력을 상실했고 어떤 조치도 치유에 도움이 되지 않을 거라는 끔찍한 느낌을 강화한다.

그러면 당신은 문제를 해결하기 위해 더 자신을 밀어붙이게 되고, 증상 완화를 위해 치료법을 강박적으로 바꿔가며 자신을 지키려 한다. 또는 자신을 지키기 위해 절망한 채로 마음을 닫고 치유될 가망이 전혀 없다고 믿기 시작한다. '응급조치의 악순환'을 여러 번 반복하다 보면 몸과 심각하게 단절된 자신을 발견하게 된다. 그래서 몸 자체에 치유 능력이 있다는 믿음을 완전히 잃고, (또 다른) 치유 여정에 나서는 것에 거의 가망이 없다고 느낀다.

증상별 응급조치를 되풀이하며 강화된 고통과 무력감은 때때로 자신을 보호하려는 움직임을 불러일으키는데, 나는 이를 자아의 '부분적 분리'disconnected part라고 부른다. 부분적으로 분리된 자아는 자신을 몸과 분리함으로써 실패 경험으로부터 자신을 지킨다.

내 경험으로 보면, 자아의 부분적 분리는 불안과 번아웃, 압박감의 근본 원인을 치유하는 과정에서 만날 수 있는 가장 큰 장애물이다. 당신에게 해를 가하려는 의도로 자아의 부분적 분리가 일어나는 것은 아니다. 오히려 이전의 실패에 깊은 상처를 받았기 때문에 분리되려는 것이다. 그러나 당신을 보호하려는 그 전략이 결국에는 진정한 치유를 막는다. 분리된 자아는 다음과 같은 방법으로 당신을 보호하려고 한다.

○ **항상 잘못된 점을 찾는 등 의심이 많다. 이는 치유와 관련한 선택을 물리고 재고할 이유를 댐으로써 자신을 보호하려는 방법이다.**

○ **인지에 크게 의존하면서 과도하게 분석하고 계획한다. 치유의 진전과 신체, 직관을 포기하면서까지 모든 것을 설명하려고 노력한다.**

○ **매우 비판적이다. 분리된 자아의 관점에서 완벽하지 않은 일은 행할 가치가 없다. 예를 들어, 명상이나 요가를 할 시간이 충분하지 않거나, 어떤 이유로 치료를 잠시 중단해야 할 때, 분리된 자아는 "그 방법은 어차피 소용없었을 거야"라고 말한다.**

○ **조급하고 항상 서두른다. 속도를 늦추는 법이 없고, 결과가 바로 나오지 않으면 이럴 시간이 없고 다른 방법을 시도해야 한다고 자신을 설득한다.**

증상의 근본적인 원인을 치유하려면, 당신은 안전하다고 분리된 자아를 안심시키면서 치유 여정을 계속하게 해줄 새로운 계획이 필요하다. 이 책의 뒷부분에서 소개할 여러 방법은 분리된 자아를 진정시키고 안심시켜 약간 느슨해지게 만듦으로써 치유 여정을 계속할 수 있게 돕는다. 여기에서는 자아의 부분적 분리가 일어난다고 느낄 때 대응하는 간단한 방법을 소개한다.

분리된 자아는 왜곡된 치유법을 부추기는 문화적 서사를 반영한

분리된 자아 안심시키기

무엇보다도 자아의 부분적 분리가 일어날 때 이를 알아차리겠다는 마음가짐이 필요하다. 자아가 분리되면서 당신을 보호하려고 한다는 것을 알아차리면 잠시 멈추고 심호흡한다. 분리된 자아를 설득하거나 그 자아의 사고 흐름을 따라가려고 하는 대신, 오로지 자아의 부분적 분리가 일어날 때 발생하는 신체 감각을 알아차리는 데만 주의를 기울인다. 긴장이나 따끔거림, 조임, 압박감 같은 신체 감각과 그것이 발생한 신체 부위를 일지에 기록할 수도 있다. 그 감각을 볼 수 있다면 어떤 모습일지 묘사해보는 것도 유용하다. 크기는 얼마나 되는가? 어떤 모양인가? 무슨 색인가?

다음으로 따뜻하게 공감하며 분리된 자아를 안심시킨다. 이제 자신을 잘 돌보고, 방치하지 않겠다고 말해준다. 당신을 안전하게 지켜주느라 애써준 데 감사한다.

다. 우리는 더 건강하고, 더 행복하고, 더 성공하기 위해 최신 트렌드를 따르거나, 보충제를 사거나, 최신 명상법을 실천하거나, 최근 유행인 다이어트 비법을 시도하라고 배운다. 하지만 진정한 치유에는 인내와 불완전한 인간성에 대한 깊은 수용이 필요하다. 현대 문화가 지지하는 잘못된 치유 서사를 따라갈 때 우리는 다음 네 가지를 추구하게 된다.

첫째, **즉각적 만족**. 이를 추구하는 사람들은 치유가 신속하고 편리해야 한다고 기대한다. 하지만 즉각적 만족을 추구하는 경향은 건강 문제를 해결할 때 지름길을 선택하고 근본 원인의 해결 대신 증상 완화에 집중하도록 사람들을 부추긴다.

둘째, **성과 향상**. 성과에 대한 강조는 치유가 개인의 완전성을 회복하는 길이 아니라, 사람들을 더 빠르고, 더 생산적이고, 더 강하게 만들어주는 길이라고 본다. 하지만 이것이 서둘러 많은 결과물을 내야 한다는 긴박감을 조성해 결국 더 큰 무력감과 번아웃을 가져온다.

셋째, **더 나은 자신이 되는 방법으로서의 치유**. 이러한 추구는 완벽해지기 위해 항상 애써야 한다고 생각하게 함으로써 자신의 힘을 더 약화한다. 이런 사고는 현재 상태가 충분하지 않거나 문제가 있다고 가정하므로 죄책감과 수치심을 초래한다. 이를 추구하는 사람들은 자신보다 더 성공하거나 '훌륭해' 보이는 사람들과 자신을 비교하는 건강하지 못한 행동을 되풀이함으로써 자기회의와 자신감 부족을 일으킨다. 이는 증상별 응급조치의 악순환을 영속화하고 이런 패턴을 깨기 어렵게 만들 뿐이다.

넷째, **깨우침을 얻게 하는 치유**. 이는 기분을 좋게 해주는 신체의 자연 치유 과정과 자신만의 감각을 무시하도록 부추긴다. 치유가 모종의 '깨우침'을 가져와야 한다는 견해는 신체 스스로 치유할 수 없다는 믿음을 강화해 자신감을 잃게 한다. 또한 치유가 신비한 경험일 것이라는 생각을 고착화해 그것이 당신에게 어떤 의미인지 이해하지 못하게 하면서 혼란과 좌절을 불러일으킨다. 이는 종종 '영적 우회'spiritual bypass(미국의 심리학자 존 웰우드가 『깨달음의 심리학』에서 처음으로 사용한 개념으로 영적인 가르침과 수행을 구실로 기본 욕구, 감정, 발달과제를 회피하거나 조급하게 초월하려는 시도나 경향을 말한다 – 옮긴이)라고도 불리며, 궁극적으로는 조절 장애를 지속시키는 회피의 한 형태다.

치유에 관해 현대 문화가 가진 역기능적 성격을 고려해보면, 더 이상 그것에 의존해서는 안 된다. 신체적·정신적 고통에서 해방되고 싶은 마음, 나아가 인간으로서의 역량까지 확대하고 싶은 마음이 생기는 것은 지극히 정상이다. 나는 이 책 전체에 걸쳐 신경계 조절에 성공한 한 개인의 능력 확장에 관해 설명할 것이다. 그러나 사회가 내세우는 불가능한 수준의 인정 욕구에 집중하는 치유 과정은 문제를 일으킨다. 이는 불안과 자기회의를 부채질하고 자아의 부분적 분리를 강화하고, '응급조치의 악순환'에서 벗어나 지속적으로 증상을 완화해줄 방법을 찾지 못하게 만든다. 치유에 관한 우리 사회의 잘못된 서사는 진정한 신경계 조절과 지속적인 증상 완화를 더욱 어렵게 한다.

• '응급조치의 악순환'을 부추기는 의료 시스템

현대 의료 시스템도 의도치 않게 '응급조치의 악순환'을 부추길까?

나는 그렇다고 믿는다.

현대 의료 교육 체제에서 의사들은 명확한 진단에 들어맞지 않는 복잡한 질병 영역을 탐색하기 어렵다. 모든 의사는 내과나 외과 같은 특정 의료 영역을 공부한다. 피부과 의사는 피부 질환과 문제에만 집중하고, 소화기 의사는 소화기 계통만 치료하며, 안과 의사는 눈만 전문적으로 본다.

이렇게 전문화된 시스템의 장점 한 가지는 의사들이 자기 전문 분야의 증상을 겪는 환자들에게 최고 수준의 치료를 제공할 수 있다는 점이다. 의사들은 자신감을 가지고, 많은 질병을 신속하게 진단하고 효과적인 치료법을 처방할 수 있다. 결과적으로 의사들은 더 효율적으로 변하고, 자기 분야의 최첨단 진료법에 대한 정보를 계속 얻고, 혁신적인 기술과 치료법 개발로 이어지는 전문 연구를 수행한다.

하지만 전문화되고 개별화된 의료 시스템으로 인해 한 신체 부위에 딱 들어맞지 않는 증상이 있는 사람들은 큰 대가를 치른다. 이렇게 단절된 접근으로는 인간의 몸과 마음이 상호연결되어 있다는 사실을 알기 어렵다. 이런 시스템으로는 국소적인 신체적 문제나 기타 명백한 원인에서 비롯되지 않는 질환을 효과적으로 다룰 수 없다.

의사들은 증상을 확인하고, 질병으로 진단하고, 약이나 처치를 처방하는 관행을 엄격히 고수하면서 치유에 대한 접근 방식을 제한한다.

만성 통증, 자가면역질환, 우울, 불안과 같은 질환은 다면적이어서 한 가지 진단이나 치료 계획으로 묶을 수 없는 경우가 많다. 더 큰 문제는 의사들이 개인을 신체 부위의 집합체로 보는 데 익숙해지고, 더 포괄적인 진료를 제공하는 훈련을 충분히 받지 못하는 경우가 많다는 점이다. 그 결과 환자인 당신은 신체적·정서적 고통의 근본 원인을 탐색할 여지가 거의 없는 단편적인 진료만 받게 된다. 의사는 기껏해야 일시적인 증상 완화에만 도움이 될 뿐, 근본적인 원인에는 도움이 안 되는 약을 처방하게 된다.

또 다른 문제는 현재 의료 모델이 공식적인 의학적 진단에 부합되는 고통만 타당하다고 느끼도록 조장한다는 점이다. 공식적인 진단명으로 통증의 원인을 알게 될 때 안도하게 되는 일은 당연하다. 그러나 우리는 진단이 의료 시스템과 과학 연구에는 필수라도 '인간을 규정하지는 않는다'라는 사실을 인식해야 한다.

고통을 이해하기 위해 진단에 의존하는 일은 우리에게 도움이 되지 않는다. 진단에 우리의 고통을 검증할 권한을 넘겨주지 말아야 한다. 당신이 신체적·정서적으로 겪은 고통은 의료 기관이 설계한 외부 시스템으로 측정되든 되지 않든 유효하다. 다행히 지난 50년 동안 수많은 의학 연구는 현대 의학이 질병을 치료하고 인간 경험을 이해하는 포괄적인 해결책이 아니라는 사실을 인정하는 방향으로 패러다임을 전환하기 시작했다.

영국의 뛰어난 일반의이자 감수성 풍부한 시인이며 작가이기도 했던 마샬 마린커Marshall Marinker 박사는 1970년대에 일차 진료를 담당하는 일반의를 재정의할 토대를 마련했다. 그는 1975년 『의료윤리학회지』*Journal of Medical Ethics*에 게재한 유명한 논문 「왜 사람들을 환자로 만드는가?」*Why Make People Patients?*에서 진단의 역할을 재정의해 건강하지 않다는 느낌을 재구성했다.

마린커에 따르면, 건강하지 못한 상태와 느낌은 세 유형으로 나눌 수 있다. 하나는 측정 가능한 생물학, 다른 하나는 내적 경험, 세 번째는 건강 문제가 사회에서 분류되는 방식과 관련된다. 이 중 어느 방식이 다른 방식보다 낫다고 할 수 없고 각각이 유효하며 이들은 각기 다른 목적에 적합하다. 마린커의 모델은 건강하지 못한 상태를 여러 방면에서 더 명확하게 볼 수 있게 해준다.

• 건강하지 못한 상태의 세 가지 유형

질병disease은 의사의 영역이다. 질병은 인체의 구조와 기능이 생물학적 표준과 다른 상태다. 의사들은 임상 검사 같은 객관적인 측정법을 사용해 질병을 확인한 후 치료법과 약을 처방한다. 의학적 관점에서 질병은 생물학적 표준을 회복하기 위해 해결해야 할 주요 문제다.

병illness은 질병으로 인한 아픔이다. 아픔은 사람마다 다르게 느낀다. 병은 환자 개인의 영역이다. 다시 말해, 병은 환자가 자기 내부에서 겪는 경험이다. 병과 질병이 항상 일치하지는 않는다는 사실을 이해하는 것이 중요하다. 예를 들어, 종종 암이나 당뇨병 초기 단계에서 의사는 몇몇 임상 검사로 질병을 찾아내지만, 환자는 아픔을 느끼지 않을 수 있다. 반대로 환자는 아픔을 느끼는데 의사는 어떤 질병인지 밝혀내지 못할 수도 있다.

임상 진단 Clinical diagnosis 또는 마린커가 '병증'sickness이라고 정의한 것은 사회적 영역이다. 이것은 환자가 '아픈' 사람이고 건강할 때와는 다른 대우를 받아야 한다고 사회와 함께 만든 정체성이다. 마린커는 임상 진단을 "사회적 역할, 지위, 세상에서 협의된 위치, 차후 '환자'로 불릴 사람과 그를 인정하고 지지할 준비가 된 사회 사이에 체결되는 거래"라고 했다. 임상 진단을 받으면 자신의 병이 확인되고 검증되었다고 느끼게 된다. 또한 병이나 질병을 앓는 상태에서 사회에서 기능하는 데 필요한 지원을 받을 수 있을 뿐만 아니라 건강을 되찾는 여정을 탐색할 수 있다.

당신이 명확히 규정된 임상 진단을 받으면 다른 사람들은 당신이 아프다는 사실을 인정하고 병이 낫도록 도와준다. 가족은 식사를 가져오거나 집안일을 면제해줄 것이다. 의사는 당신의 상태를 관리하거나 치료해줄 약의 처방전을 써줄 것이다. 당신은 보험금이나 장애 지원금 같은 재정 지원 대상자가 될 수도 있다. 직장이나 학교에서 휴식 시간이나 단축 근무, 좀 더 편안한 환경 같은 편의를 제공받을 수도 있다. 공식적인 진단을 받으면 사회의 지원을 받을 수 있고, 비슷한 병이나 질병을 안고 살아가는 사람들과 교류할 수도 있다. 온라인이든 오프라인이든 지원 단체는 공식 진단을 받은 사람들만 받아들이는 경우가 많다.

• 질병, 병, 진단의 구분

주류 의료 모델에서는 객관적으로 측정할 수 있고 확실한 생물학적 '사실'인 질병만을 중요하게 여긴다. 또한 질병으로 지칭되고 치료 비용을 청구하려면 임상 진단이 이루어져야 하기 때문에 건강하지 못하다는 주관적 경험인 병의 존재는 쉽게 간과된다. 학교, 직장, 보험사, 정부 같은 사회 기관은 임상 진단을 가장 중요한 '사실'로 취급하고 임상 진단을 받기 전까지는 질병이 존재하지 않는 것으로 간주한다. 의료 모델과 마찬가지로 이 기관들도 당신의 경험을 완전히 무시하는 것이다.

하지만 건강은 이러한 관점 중 어느 하나로 축소될 수 없다. 당신의 웰빙well-being에는 객관적으로 측정할 수 있는 생물학적 측면(질병), 사회가 당신의 요구 사항을 명명하고 수용한 측면(임상 진단), 건강하지 못하다는 개인적 경험의 측면(병)이 포함된다. 세 관점 모두 건강하지 않은 상태와 건강을 되찾는 여정을 이해하는 데 유효하고 중요하다.

각 관점이 건강에 관련된 별개 측면임을 이해할 때, 그동안 우리가 자주 이 관점을 혼동했으며, 이 때문에 불필요한 고통을 겪었다는 사실을 알 수 있다. 앞서 말한 대로, 모든 질병이 아프다는 느낌(병)을 가져오지는 않는다. 때로 우리는 뚜렷한 질병 없이도 아프다고 느낀다. '병'과 '질병'의 혼동은 환자와 의사 모두에게 좌절감을 안길 수 있다. 병은 지극히 개인적인 것이다. 병은 환자가 느끼는 것이며, 모든 병이 임상 검사나 의사의 진찰로 드러나지는 않는다.

하지만 질병이나 임상 진단으로 집어내지 못해도 당신의 아픔은 중요하다. 모든 임상 진단이 병이나 질병과 관련 있는 것도 아니다. 예를 들어, 난독증이 있는 사람들은 임상 진단을 얻어 학교에서 특별한 대우를 받지만, 그들에게는 병도 질병도 없다. 건강하지 않은 상태를 규정하는 세 유형 모두를 중시할 때 우리는 건강에 관한 경험과 요구를 더 명확하게 이해할 수 있다.

• 치유란 무엇인가?

건강 이상이 다른 의미로 쓰일 수 있다는 걸 알았으니 이제 치유의 기본 정의를 명확히 할 필요가 있다. 치유는 병을 해결하고 신체적·정서적·관계적·영적 안녕을 회복하는 과정이다. 치유 과정에 질병 치료가 포함될 수는 있지만 그에 국한되지는 않는다. 질병 치료가 포함되는 경우, 치유 대상자는 의사에게 임상 진단을 받고 질병을 치료하거나 관리하는 환자가 된다.

임상 진단을 받지 않았다고 해서 개인의 병 경험이 무효가 되지도 않고, 치유의 필요성이 줄어들지도 않는다는 점이 중요하다. 진정한 치유를 위해서는 의료 전문가와 함께 질병을 치료하고 임상 진단을 진행하는 동시에 환자의 병 경험을 해결하는 것이 중요하다.

앞에서 살펴보았듯이 '응급조치의 악순환'은 실패한 치유 모델이다. 질병의 근본 원인을 해결하지 못하기 때문이다. 마찬가지로, 이상적이고 깨달음을 얻은 자신의 모습에 도달할 때까지 끊임없이 자기 계발을 장려하는 문화적 서사에도 결함이 있다. 질병의 파악과 임상 진단이 주가 되는 현대 의료 시스템과 사회 기관들도 대개 치유와 건강에 결정적인 요소들을 자주 간과한다. 진정으로 다시 건강해지려면 새로운 치유 모델이 필요하다.

• 새로운 치유 모델: 신경계 건강을 지탱하는 네 기둥

우리를 비효율적인 '응급조치의 악순환'에 가둬두는 문제들을 명확하게 확인하고 우리가 함께 지향하고 노력할 수 있는 치유의 정의를 내렸으니 이제 이 결함 있는 시스템을 대체할 수 있는 치유 모델, 즉 신경계 건강의 네 기둥4 Pillars of Nervous System Health에 관해 이야기해보자.

1977년 권위 있는 학술지 『사이언스』에 미국 정신과 의사이자 내과 의사인 조지 엥겔George Engel의 논문이 실렸다. 엥겔은 「새로운 의

료 모델의 필요성: 생의학의 도전」*The Need for a New Medical Model: A Challenge for Biomedicine*이라는 제목의 논문에서 의사들이 질병의 생물학적·신체적 원인에만 집중하고 사람들의 생각이나 감정, 사회적 환경이 어떻게 질환을 초래하는지는 충분히 고려하지 않는다고 주장했다.

엥겔은 이전부터 의료계에서 논의되던 아이디어를 확장해 '생물심리사회 모델'biopsychosocial model이라는 것을 제안했다. 이 모델은 병의 원인이 될 수 있는 다양한 요인을 모두 살펴보고 각 환자에게 가장 중요한 요인이 무엇인지 파악하고자 한다.

엥겔은 의사가 개인의 신체와 정신, 사회적 정보를 이용해 개인의 건강에 관한 완전한 그림을 그려야 한다고 주장했다. 환자가 이야기하는 아픔을 이해하려면 이러한 요소를 전부 살펴봐야 한다. 무슨 상황이 벌어지고 있는지 이해하려면 의사와 환자가 서로 많은 이야기를 나눠야 한다는 뜻이다. 엥겔은 의사들이 이런 접근 방식을 활용할 때 더 세심하면서도 과학적인 의료 서비스를 제공할 수 있다고 주장했다.

최근 40년 동안 보건 교육과 임상 환경에서 생물심리사회 모델은 전통적인 생물의학 모델을 대신할 인기 있는 대안 중 하나가 되었다.

엥겔의 생물심리사회 모델을 토대로 나는 신경계 조절 유지에 필수적인 모든 측면을 고려한 간략하면서도 종합적인 접근법을 만들었다. 나는 이를 신경계 건강의 네 기둥이라고 부른다.

기둥 1, 신체: 이 기둥에는 유전 및 세포 수준에서부터 장기 및 신체 조직에 이르기까지 신경계 조절과 건강에 영향을 미치는 생물학적 요소가 모두 포함된다. 신체적 증상을 치유하지 않는 한, 신경계 조절을 향한 우리의 여정은 반드시 실패할 것이다.

기둥 2, 마음: 이 기둥은 조절 장애의 원인으로 작용하는 심리적 요인을 가리키며, 우리의 생각, 감정, 내적 작동 모델internal working model(애착 이론에서 나온 개념으로 과거의 경험으로 형성된 타인과 자신, 관계에 대한 표상으로 환경을 해석하는 틀이 된다 – 옮긴이), 우리 자신과 주변 현실을 바라보는 방식을 포함한다.

기둥 3, 관계: 우리는 다른 사람들과의 관계 속에서 치유하고 성장한다. 여기에는 친밀한 관계, 공동체, 전반적으로 관계 맺는 방식 등이 포함된다. 관계는 지지, 위로, 기쁨의 원천이며 치유에 매우 중요한 소속감을 제공한다. 예컨대, 갈등이 있을 때 남들 앞에서 신경계를 조절하는 방식뿐 아니라 다른 사람들에게 조절 장애가 있을 때 그들을 도울 수 있는 능력도 관계 기둥에 포함된다.

기둥 4, 영성: 신경계가 원활해지려면 우리 자신보다 더 큰 무언가의 일부라고 느낄 필요가 있다. 영성은 본질적으로 그런 욕구를 충족시

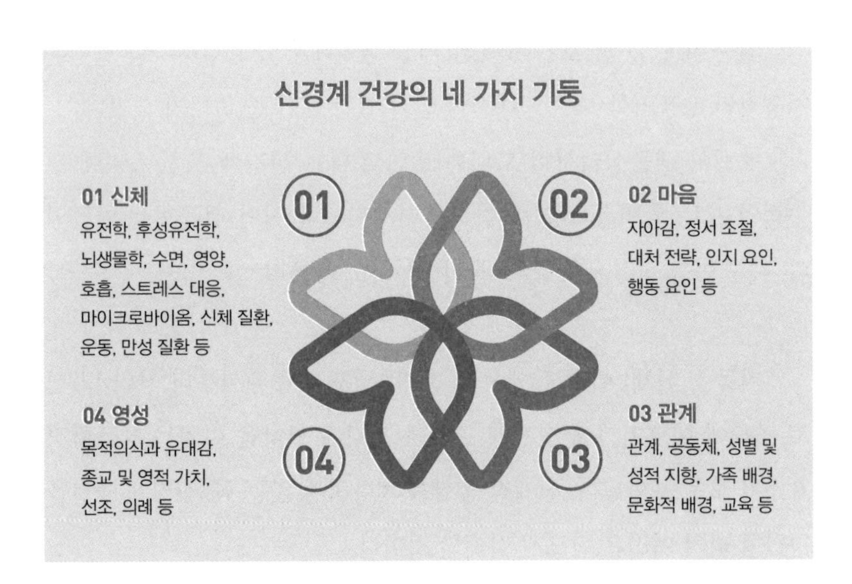

킨다. 누군가에게는 그것이 종교이고, 누군가에게는 자연과의 교감이고, 누군가에게는 더 정의롭고 평등한 세상을 만드는 일이다. 누군가에게는 삶의 난관에 직면했을 때 자신감, 공감력, 적응력을 보이는 정서적으로 유능한 자녀를 키우는 일이 될 수도 있다. 이 기둥은 세상 속 우리의 위치를 이해하고 개인적 관계를 뛰어넘는 유대감과 의미를 느끼는 일의 중요성을 인식하는 것이다.

이 네 기둥은 서로 연결되어 영향을 주고받으며 피드백 루프를 형성한다. 따라서 한 기둥에만 집중해서는 증상이 치유되기를 기대할 수 없다. 지속적인 증상 완화를 위해서는 네 기둥 모두를 강화해야 한다. 각 기둥의 건강을 되찾으면 신경계의 조절이 정상화되면서 만성적인 조절 장애에 빠지지 않고 스트레스 요인을 견딜 수 있게 된다. 또한 각 기둥을 강화할수록 신경계는 많은 고통을 초래한 조절 장애 증상을 없애거나 완화하는 데 필요한 지원을 더 많이 받게 된다. 이 책에서는 각 기둥을 포괄적으로 다루면서 신경계 조절의 통제권을 되찾는 여정을 안내한다.

네 기둥을 완전히 분리할 수는 없지만, 신경계 조절 장애를 회복하기 위한 여정의 각 단계는 다른 기둥보다 특정 기둥에 더 중점을 둔다. 치유 여정의 시작은 24시간 생체 리듬을 재설정하고, 신경계의 여러 부분에 적당한 물리적 자극을 제공하는 루틴을 만드는 등 신경계 조절의 생물학적 측면을 지원하는 기본 루틴을 확립하는 일이다. 이 기본 루틴은 이어지는 치유 여정 내내 신경계를 지원할 것이다.

5단계 계획의 첫 번째인 인식 단계에서는 마음 기둥이 중요하다. 신경계 전반에 무슨 일이 일어나고 있는지 명확히 이해하기 위해 먼저 마음을 여는 방법을 배울 것이다. 두 번째 조절 단계에서는 다시 몸으로 돌아와 호흡이나 근육 같은 신체 활동을 활용해 더 차분하고 편안한 상태로 전환하는 방법을 강조한다. 세 번째 회복 단계에서는 두 기둥을 통합해 조절 장애의 근본 원인을 다루면서 마음과 몸 둘 다에 중점을 둔다. 네 번째 관계 단계에서는 관계 기둥에 초점을 맞춰 타인, 자연, 아름다움, 목적과 연결되는 데 중점을 둔다. 마지막으로 다섯 번째 확장 단계에서는 동시에 네 기둥 모두에 집중하며 정상화된 신경계의 역량을 강화한다. 궁극적으로 네 기둥이 모두 튼튼하고 건강해야 신경계가 원활하게 돌아간다. 지금 어느 기둥이 더 강하든 약하든 상관없이 5단계 계획은 각 기둥을 신경계의 든든한 버팀목으로 만드는 방법을 보여줄 것이다.

• 치유 여정을 주도하는 것은 당신이다

엥겔의 생물심리사회 모델이 주류인 환원주의적 치유 모델의 대안으로 점점 인기를 얻고 있기는 하지만, 현대 의료 체제에 쉽게 접목하기는 힘들다. 다음과 같은 여러 이유로 임상의는 더 포괄적인 틀에서 진료하는 일에 제한을 받는다.

- 환자를 전체적으로 평가하고 치료를 제공하는 데는 많은 시간이 소요된다. 우리 의료 체제의 구조상 의사가 심층적인 생물학적·심리적·사회적 평가에 시간을 할애해도 이에 대한 보상을 받지 못한다.
- 의료진은 진료의 생물학적·심리적·사회적 측면을 배워야 한다. 이런 수준의 포괄적이고 심층적인 이해에 도달하기는 쉽지 않다.

- 생물심리사회 모델이 개별 환자에게 어떻게 적용되는지 이해하기 어려울 수 있다. 여러 심리적·사회적·영적 요소를 고려해야 하기 때문이다.
- 의사들은 보험이 적용되는 검진과 임상 검사에 치중한다. 사회적·정서적 치료와 같이 비용이 지급되지 않는 치료에는 시간을 덜 할애한다.

이는 타당한 우려로 오늘날까지 전통적인 진료 모델이 여전히 의료 관행을 지배하는 이유를 설명하는 데 도움이 된다. 보건 의료 시스템의 개선은 가치 있는 목표지만 목표 달성까지 수십 년이 걸릴 수 있고, 점진적으로 개선될 가능성이 크다. 하지만 당신에게는 지금 당장 필요한 치료를 제공하고, 네 기둥 모두를 다루면서 신경계를 조절해줄 해결책이 필요하다.

답은 당신이 치유 여정을 주도하는 것뿐이다. 당신의 몸은 당신의 말대로 움직인다. 꼭 집어 말할 수 없더라도 몸에 무언가 이상이 있을 때 당신은 알 수 있다. 건강을 나쁘게 만드는 요인과 그것을 개선할 해결책 말이다. 그러므로 당신의 치유 여정을 이끌기에 가장 적합한 사람은 바로 당신이어야 한다. 치유 여정을 스스로 이끌 때 주체 의식과 자율성을 되찾을 수 있다.

당신이 치유 여정에 책임을 지고 스스로 나서려 할 때, 자유로움을 느끼는 동시에 벅차기도 할 것이다. 모든 인간은 보살핌을 받고 다른 사람들이 자신을 도와줄 것이라고 믿고 싶은 타고난 욕구를 지니고 있다. 하지만 치유를 주도한다는 것은 도움을 거부하는 것이 아니다. 의료진과 협력해 포괄적이면서도 당신에게 적합한 건강 계획을 세우는 것이다. 달리 말해, 의사나 간호사의 든든한 보살핌으로 위안을 받거나, 심리치료사와 함께 병에 관한 이해를 높이거나, 코치를 두고 성장을 향한 작은 발걸음을 내디딜 수 있다. 당신은 치유 여정을 시작하면서 자신의 건강을 스스로 통제하게 되고 궁극적으로는 스스로 건강을 직접 책임진다는 사실을 깨닫고 새로운 안정감을 찾을 수 있다. 신경계 건강의 네 기둥이라는 접근법은 '응급조치의 악순환'을 깨뜨린다. 또한 이는 불안과 번아웃, 압도감을 지속적으로 완화하고, 신경계에 누적된 손상을 회복시킬 가장 효과적인 방법이다.

당신의 신경계 치유는 전략과 헌신, 노력이 필요한 힘겨운 작업이다. 하지만 올바른 계획과 지원이 있다면 분명히 성공할 수 있다. 당신은 증상을 줄이고, 스트레스 요인에 대한 유연하고 적절한 대응 능력을 회복하고, 깊은 자기신뢰감을 얻고, 삶과 의미 있는 관계를 발전시킬 수 있을 것이다. 이 체계적인 접근법이 바로 다음 장부터 다룰 내용이다.

하지만 그 전에 당신의 독특한 신경계를 이해하기 위한 또 다른 퍼즐 조각인 예민성부터 살펴봐야 한다. 최근 연구에 따르면 어떤 사람은 다른 사람들보다 신경계가 예민하다. 높은 예민성은 양날의 검이 될 수 있다. 높은 예민성은 주변 환경에 대한 인식을 증폭하고, 이해의 깊이를 더하고, 다른 사람들이 간과하는 미묘한 차이를 인지할 수 있게 해준다. 하지만 다른 감각과 함께 스트레스와 공포감을 강화해 신경계 조절 장애에 더 취약하게 만들기도 한다. 다음 장에서 신경계 예민성에 관한 새로운 과학적 사실들을 살펴보고 이것이 개인의 치유 여정에 미치는 영향을 알아보자.

‘매우 예민한 사람’의 신경계는 무엇이 다를까

어떤 사람들은 스트레스 요인에 더 쉽게 적응하는 반면, 어떤 사람들은 더 빨리 압도당하고 지쳐 결국 신경계 조절 장애가 일어난다. 예민성은 신경계가 경험을 얼마나 깊이 처리하느냐에 따라 달라진다. 신경계가 경험을 더 깊이 처리하면 촉각, 냄새, 빛과 같은 외부 자극뿐 아니라 내부 감각과 신체적 느낌에도 더 예민해진다. 조절 장애를 치유하려할 때 자신의 고유한 예민성이 어떻게 구성되어 있는지를 이해하는 일은 매우 유용하다. 자신의 독특한 예민성을 이해할 때 스트레스 요인을 더 쉽게 관리하는 맞춤형 접근 방식을 활용할 수 있다.

이 장에서는 예민성이란 무엇이며, 왜 예민성이 조절 장애를 치유하는 데 중요한 역할을 하는지 살펴본다. 예민성 프로필로 당신의 예민성 요소들을 분석해 이것이 생활에서 어떻게 나타나는지도 알아본다. 당신의 예민성 요소를 알게 되면 신경계 조절이 훨씬 쉬워질 것이다.

여러 연구에서 '매우 예민한 사람들'Highly Sensitive People, HSP은 예민성에 관해 스스로 알아갈 때 여러 방면으로 성장했다. 당신도 감정과 신체 감각 등 당신의 특정 예민성을 다루는 법을 배울 때 불안감이 줄어들고, 당신의 능력에 대한 믿음이 커지고, 도전에 임하는 회복탄력성이 강화될 것이다. 감각을 처리하는 예민성과 이런 특성을 가장 잘 지원하는 방법을 이해함으로써 단순히 지식을 얻을 뿐 아니라 적극적으로 자신에게 힘을 실어주게 될 것이다.

매우 예민한 사람이라면 먼저 예민성에 대한 오해를 바로잡고 어떻게 치유에 접근해야 하는지 알아볼 필요가 있다.

• 예민성에 대한 고정관념 깨기

우리 사회에는 예민성에 관한 오해가 널리 퍼져 있다. 성격의 다른 측면들처럼 높은 감각 처리 예민성은 상황에 따라 어려움이 될 수도 있고 선물이 될 수도 있다. 그러나 현대 문화는 예민함이 문젯거리이며, 스스로 무뎌지고 '강해지는' 것으로 여기에 맞서야 한다는 메시지를 보낼 때가 많다.

어쩌면 당신이 살면서 겪은 경험들 속에서 이런 신념의 원인을 찾을 수 있을 것이다. 자라면서 "너무 예민하게 굴지 마라" "그냥 극복해라"라는 말을 들었거나 당신은 현대 문화의 빠른 속도에 압도당하는 기분인데 어째서인지 다른 사람들은 아무 문제 없이 지내는 것처럼 보일 수도 있다. 다른 사람들이 그럭저럭 잘 지내는 모습을 계속 보다 보면 자신에게 뭔가 문제가 있다고 느껴지기 시작한다.

예를 들어, 가족 모임에 참석했는데 참석자도 너무 많고, 시끄러운 대화 소리와 어수선함에 불안함을 느끼는 당신을 상상해보자. 주위를 둘러보니 형제자매나 사촌들은 아무 문제 없이 즐기고 있는 듯하다. 왜 당신은 그들과 달리 반응하는지, 왜 당신은 '의연하게' 다른 사람들처럼 행사를 즐길 수 없는지 의문이 들기 시작한다.

또는 직장에서 마감일에 맞춰 일을 끝내야 한다는 부담감에 짓눌리는 상황을 상상해보라. 심장이 빠르게 뛰고, 손바닥에 땀이 나고, 스트레스 때문에 집중도 안 된다. 반면에 동료들은 똑같은 상황에도 딱히 괴로워 보이지 않는다. 당신은 이런 상황에서 그저 "견뎌내야지"라거나 "그냥 밀어붙여"라는 말을 들었을 것이다. 이는 결국 예민성을 죽이고 다른 사람들처럼 반응하라는 말이다.

오늘날의 직장 환경은 '매우 예민한 사람들'에게 특히 어려울 수 있다. 이들은 24시간 연락이 이어지는 디지털 문화에 지치기도 한다. 하지만 그런 문화를 따라가기 버거워할 때도 이들은 돌봐야 할 대상이 아니라 오히려 헌신이 부족한 사람이라고 오해받는다. 현대 직장이 주는 생산성에 대한 강박적인 환경도 이들에게 우호적이지 않다. 당신은 자기가 하는 일의 깊은 의미와 목적에 특히 예민할 수 있는데, 이 때문에 성공하려는 욕구가 부족한 사람으로 오해받을 수 있다. 최상의 능력을 발휘하기 위해 더 조용하고 차분한 환경과 많은 시간이 필요한 사람은 부당하게도 게으르거나 비효율적인 사람으로 비친다.

당신은 이별로 몹시 괴로운 시간을 보냈는데, 전 연인은 당신을 쉽게 잊은 듯했던 때도 기억날 것이다. 친구로부터 "빨리 극복해"라거나 "너무 예민하게 굴지 마"라는 선의의 조언을 들었다면, 예민함이나 감정을 덜 드러내는 것이 치유의 길이라고 생각할 수도 있다. 이러한 사례는 자연스러운 반응과 감정이 틀렸거나 과장된 것처럼 느끼도록 만든다. 사람들과 어울리거나 괜찮아지려면 자신의 감정과 반응을 억눌러 덜 예민해져야 한다는 생각을 심어주는 것이다.

시간이 흐르면서 이런 메시지는 당신의 예민성이 정체성을 이루는 정상적인 일부분이 아닌 결점이라는 왜곡된 견해를 수용하도록 만든다. 자신이 남들과는 근본적으로 다른 사람, 사람들과 어울리지 못하는 사람, 심지어 '망가진' 사람처럼 느껴질 수 있다. 심지어 '예민성'이 나약함을 정중히 표현한 말일 뿐이라고 생각할지도 모른다.

신경계가 예민한 사람들 상당수는 아마 자신도 깨닫지 못한 채 예민성을 억누르거나 무감각하게 만드는 방법을 배워왔을 것이다. 자신의 예민성에 문제가 있다는 믿음을 내면화하면 일시적으로 그것을 없애거나 그 영향을 줄이는 대처법을 배운다. 사교 모임이 너무 부담스러워서 피하거나 자신의 격렬한 반응이 비판받을까 봐 끊임없이 감정을 억누를 때도 있다. 감정을 무디게 만들고 주변 환경에 영향을 덜 받기 위해 술에 의존하기 시작한다. 이런 전략은 일시적인 안도감을 가져오지만, 사실 치료가 필요한 상처에 붕대만 감아두는 행동과 같다.

무감각해진다고 해서 근본적인 문제가 해결되지는 않는다. 일시적으로 불편감을 억누를 뿐이다. 게다가 당신이 지금 무엇을 필요로 하는지, 어떤 한계에 부딪혔는지 알려줄 수 있는 예민성의 풍부한 통찰력을 도외시하게 된다. 사실 계속 예민성을 둔화시키려다 보면 신경계가 높은 각성 상태에 머무르면서 불편함의 근본 원인을 해결하지 못한다.

따라서 예민성을 누그러뜨리려 애쓰지 말고 그냥 포용하라. 당신의 예민성은 결점이 아니라 신경계가 당신과 소통하기 위해 보내는 신호다. 그 신호를 외면하지 말고 신호에 귀를 기울임으로써 당신만의 필요를 이해할 수 있고, 신경계를 더 건강하고 지속 가능한 방식으로 지원하는 방법을 터득할 수 있다.

• 예민성이란 무엇인가?

모든 생명체에는 환경 변화를 감지하고 이에 대응하는 능력이 있다. 어떤 생명체는 다른 생명체보다 더 예민하다. 더 예민한 생명체는 잠재적 기회와 위협을 정확하고 신속하게 파악하는 능력 덕분에 먹이를 찾거나 관계를 맺거나 포식자로부터 자신을 지킬 때 덜 예민한 생명체보다 유리할 때가 많다.

다른 자매들보다 좀 더 예민한 아프리카 사바나의 가젤을 상상해 보라. 이 가젤은 풀 색깔의 미세한 차이를 더 잘 알아차리므로 가장 영양가 있는 풀 무더기를 덜 예민한 무리보다 더 쉽게 발견한다. 풀숲에서 바스락거리는 소리에도 예민해서 사자의 공격에 자매들보다 더 빨리 대응해 목숨을 건진다.

반면에 예민성이 높으면 대사 요구량이 증가한다. 입력되는 정보가 많아 처리할 것이 많고, 그 결과 더 많은 에너지가 소모되기 때문이다. 가령, 예민한 가젤이 풀숲에서 바스락거리는 소리를 듣고 달렸는데 몇 초 후 그 소리가 사자가 낸 소리가 아니라 그저 바람 소리였다는 사실을 알게 된다고 하자. 이 가젤은 덜 예민한 자매들에 비해 풀을 뜯는 데 쓸 수 있었던 귀중한 에너지와 시간을 낭비한 꼴이 된다.

진화의 관점에서 볼 때 생존과 번식에 가장 적합한 예민성 수준이 하나였다면 과학자들은 한 종의 모든 개체에서 그 최적 수준의 예민성만 볼 수 있었을 것이다. 그러나 사실 과학자들은 개체 간 예민성의 차이를 100종이 넘는 동물에서 확인했다. 이는 내향성과 외향성처럼 수많은 연구가 이뤄진 다른 성격 특성들과 마찬가지로, 특정 상황에서는 높은 예민성이 생존과 번식에 더 유리하지만, 또 다른 상황에서는 낮은 예민성이 더 유리할 가능성이 있음을 시사한다.

다른 성격 특성들과 달리 최근에야 연구자들이 개인 간 예민성의 차이를 조사하기 시작했다. '매우 예민한 사람'은 1990년대 일레인 아론Elaine Aron 박사의 연구에서 소개된 용어다. 그녀는 성격심리학의 관점에서 예민성을 탐구하기 시작하면서 신경계 예민성이 높은 사람들을 정의하기 위해 이 용어를 만들었다. 아론의 연구는 감각 처리 예민성이 삶의 다양한 측면에 어떤 영향을 미치느냐는 중요한 질문을 제기하며 예민성 연구의 길을 열었다.

초기에는 연구자들이 소수의 사람만 매우 예민하다고 생각했다. 따라서 사람들을 '매우 예민한 사람'과 그렇지 않은 사람들, 두 집단으로 나눌 수 있다고 주장했다. 하지만 현재 연구자들 대부분은 예민성을 연속 변수로 본다. 예민성은 파란 눈처럼 있거나 없는 특성이 아니라 키처럼 개인마다 정도가 다를 뿐이다. 우리는 모두 예민성 스펙트럼의 어느 지점에 놓여 있다.

예민성 연구 초창기에는 연구자들이 높은 예민성을 취약점으로 여겼다. 그러나 최근 연구에 따르면 이는 동전의 양면 중 한 면일 뿐이다. 예민성 연구는 복잡하고, 지금도 계속 발전하고 있다. 연구자들은 이제야 예민성이 성격 특성, 행동, 생리적 반응 등 삶의 다양한 측면에 어떤 영향을 미치는지 피상적으로나마 이해하기 시작했다. 탐구를 거듭할수록 적절한 양육 환경에서는 높은 예민성이 개인과 공동체에 큰 이익이 된다는 사실이 밝혀지고 있다. 예를 들어 '매우 예민한 사람'은 창의적이고 통찰력 있으며 아이디어를 쉽게 내고, 사랑하는 사람들과 깊은 유대를 형성할 뿐 아니라 아름다움을 더 잘 느낀다.

당신이 '매우 예민한 사람'이라면 다른 사람들이 놓치는 미묘한 세부 사항까지 알아차릴 수 있을 것이다. 그 능력으로 예술가나 음악가, 작가 같은 재능 있는 창작자가 될 가능성도 있다. 또한 주변 환경에서 미세한 사항이나 정서적 뉘앙스를 포착해 독특하고 심오한 통찰이나 아이디어를 얻기도 한다. 사회적 상황에서는 다른 사람들의 감정과 필요를 빠르게 알아차려 공감력이 뛰어난 친구, 사려 깊은 파트너, 통찰력 있는 리더가 될 수 있다. 친구가 속상해하거나 팀원이 소외감을 느낄 때 가장 먼저 알아차리는 사람도 당신일 것이다. 더욱이 예민성이 있으면 아름다움을 깊이 느낀다. '매우 예민한 사람'은 아름다운 석양, 음악, 잘 쓰인 문장에서 엄청난 기쁨을 찾을 수 있는데, 이는 삶의 경험을 매우 풍요롭게 해준다.

예민성을 길러주는 환경에 있거나 스스로 예민성을 기르는 방법을 배울 때 이것은 훌륭한 재능이 된다. 하지만 예민성이 높은 사람은 스트레스를 받기도 쉽다. 적절한 회복 기간 없이 너무 오랫동안 스트레스를 받으면 신경계에 조절 장애가 일어날 수 있다.

예민성과 신경계 조절 장애

신경계 조절 장애와 높은 예민성은 다른 개념이다. 신경계 조절 장애는 신경계가 높은 활성화 상태에 빠져 스트레스 요인에 적절히 대응하는 유연성을 상실할 때 발생한다. 반면에 예민성은 신경계가 자극에 반응하는 방식을 말한다.

조절 장애는 예민성 수준과 상관없이 누구에게나 발생할 수 있지만, 남들보다 예민한 사람에게 더 흔하게 발생한다. 매우 예민한 사람은 조절 장애에 더 취약하고 더 심한 증상을 경험하기 쉽다. 즉, 예민한 사람은 신경계 조절 장애가 발생했을 때 불안, 번아웃, 기타 다양한 심신 질환으로 고통스러운 증상을 경험할 가능성이 더 크다.

연구에 따르면, 자신의 예민성을 이해하는 것만으로도 예민성의 이점은 높이고 단점은 줄일 수 있다. 당신도 그럴 수 있도록 개인의 예민성 유형을 분석해주는 '예민성 평가'를 소개하고자 한다. 예민성 스펙트럼의 상단에 속하는 사람이든 하단에 속하는 사람이든 자신의 예민성을 이해하는 것은 신경계를 효과적으로 돌보기 위한 중요한 발걸음이 된다. 그다음으로는 예민성의 구성 요소들을 세분화하고, 일상생활에서 예민성의 역할을 살펴본 후 이를 돌볼 방법을 소개한다.

• 예민성 평가하기

예민성은 인간 신경계의 복잡한 측면으로 다양한 분야의 연구자들을 사로잡은 특성이다. 지난 30년간 예민성은 심리, 행동, 신체 등 다양한 관점에서 탐구되었다. 각 관점은 고유한 연구 결과로 예민성에 대한 이해를 도왔으며, 이와 함께 각 분야에서는 각 개인이 예민성 스펙트럼의 어느 지점에 속하는지 알려주는 평가를 만들었다.

지금까지 나온 여러 평가가 통찰력을 주기는 하지만, 아직 연구자들은 예민성의 모든 구성 요소를 평가하는 통일된 방법을 개발하지 못했다. 예민성의 모든 요소를 좀 더 종합적으로 평가하는 새로운 평가가 매년 등장하지만, 대개 새로운 평가는 새로운 의문을 불러일으킨다. 포괄적이라고 널리 인정받는 예민성 평가가 아직 없으므로 당신의 예민성을 평가할 가장 좋은 방법은 최신 평가 방식들을 여럿 조합해 사용하는 것이다.

예민성 프로필은 사람마다 독특하다. 이는 신경계가 주변 세계를 어떻게 경험하고 상호작용하는지 이해하도록 도와준다. 예민성 프로필은 다양한 스트레스 요인에 반응하는 방식, 정보를 처리하는 방식, 다양한 감정적·신체적 자극에 반응하는 방식에 영향을 미치는 안경과도 같다. 이런 평가를 통해 당신은 예민성 스펙트럼의 어디에 속하는지 파악해 당신의 예민성을 더 잘 이해하고 인식할 수 있다. 다음 장으로 넘어가기 전에 예민성 자가 진단을 해보기를 강력히 권한다. 자신의 예민성을 이해하기 위한 최신 평가는 healyournervoussystem.com/book에서 확인할 수 있다.

• 예민성 구성 요소의 이해

자신이 예민성 스펙트럼에서 어디에 속하는지 이해하는 데 가장 유용한 방법 한 가지는 꽃에 비유하는 것이다. 2005년 토머스 보이스Thomas Boyce와 브루스 엘리스Bruce Ellis 교수는 예민성을 난초와 민들레에 빗대어 설명했다. 그들은 '매우 예민한 사람들'을 설명할 때 보살피고 돌봐주는 환경에서만 꽃을 피우는 난초를 예로 들었다. 난초처럼 '매우 예민한 사람들'은 특별한 보살핌과 돌봄을 받을 때 아름답게 꽃필 수 있다.

반면에 민들레는 예민성이 덜하고 회복력이 더 강한 강인한 사람을 상징한다. 민들레는 다양한 조건, 심지어 혹독한 조건에서도 성장하고 꽃을 피우는데, 이는 보살핌이 덜한 환경에서도 잘 지내는 능력을 지닌 덜 예민한 사람들과 유사하다.

발달심리학자인 마이클 플루스Michael Pluess와 그의 연구팀은 난초와 민들레에 덧붙여 예민성의 세 번째 스펙트럼에 속한 사람들을 튤립에 비유할 것을 제안했다. 일반적인 튤립이 주변 환경에 중간 정도의 예민도를 보이는 것과 마찬가지로 이 범주는 중간 정도의 예민성을 지닌 사람들을 가리킨다.

현재 데이터에 따르면 25~30퍼센트의 사람들은 가장 높은 수준의 예민성을 가진 난초 유형이다. 민들레 유형은 인구의 30퍼센트를 차지하며, 중간 정도의 예민성을 보이는 튤립 유형은 40퍼센트가량으로 그 수가 가장 많다.

자신이 일반적인 예민성 스펙트럼의 어디에 위치하는지 이해하는 것이 유용할 수 있지만, 예민성은 사람마다 다르게 나타난다. 당신의 예민성 프로필은 다양한 실로 짜인 다채로운 태피스트리와 같고, 각각의 실은 전체 프로필을 구성하는 고유한 요소라고 할 수 있다. 이 구성 요소들은 사람마다 독특한 방식으로 혼합되어 지문처럼 독특한 예민성 프로필을 만든다.

예민한 개인마다 예민성을 구성하는 요소의 조합이 다르지만, 다양한 분야의 연구자들은 예민성 수준이 높은 사람과 낮은 사람을 구별해주는 주요 요소 다섯 가지를 찾아냈다. 바로 확고한 감각 선호도, 미

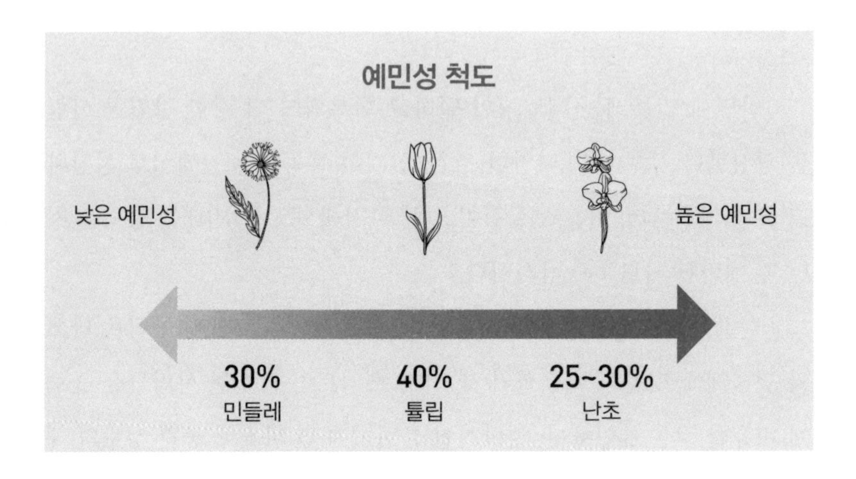

세한 내외부 자극에 대한 예민도, 정서적·신체적 반응도, 사회적·감정적 예민도, 미적 예민도이다.

확고한 감각 선호도

연구자들은 더 예민한 사람들일수록 감각 선호도가 확고한 경향이 있음을 밝혀냈다. 더 예민한 사람의 경우 신경계에 적정한 자극 수준을 찾기 위해 특정 감각을 추구하거나 피하려 할 수 있다. 특정 음식의 질감이나 머리카락을 잡아당길 때 느껴지는 약간의 고통 같은 특정 유형의 자극을 얻으려고 노력하는 것을 '감각 추구'sensory seeking라고 한다. 큰 소음이나 특정 질감과 같이 다른 사람보다 더 스트레스를 받는 특정 유형의 자극을 피하는 것을 '감각 회피'sensory avoidance라고 한다.

이런 선호도를 탐색해 더 이상 특정 자극에 지배당하지 않게 하려면 감각 입력을 처리하는 신경계를 돌볼 구조화된 접근 방식이 필요하다. 6장에서는 그런 구조를 어떻게 구축할 수 있는지 보여주고, 루틴 설정과 감각 친화적인 환경의 조성, 감각 과부하 관리 기법을 통해 그런 구조를 구축하는 일이 얼마나 중요한지 논의한다.

미세한 내외부 자극에 대한 예민도

이는 주변 환경과 자신 내부의 미세한 세부 요소나 변화를 잘 알아차리는 능력을 말한다. 이 요소가 강하다면 정원에서 아주 희미한 꽃향기를 느끼거나, 숲속에서 나뭇잎이 바스락거리는 아주 작은 소리를 듣거나, 실내 온도의 아주 작은 변화를 느낄 수 있다. 내부적으로는 신체 상태의 미세한 변화를 알아차린다. 불안을 느낄 때 심박수가 약간 증가하거나 문제가 생겼을 때 속이 조금 불편한 것도 알아차린다.

연구에 따르면, 예민성의 모든 구성 요소와 마찬가지로 예민한 신경계가 이런 미세한 자극에 어떻게 반응하는지 이해하는 것만으로도 그것이 강점으로 작용할 가능성이 커진다. 하지만 내외부 자극에 대한 예민성을 동맹으로 만드는 데 있어 '이해'는 빙산의 일각에 불과하다. 이 책의 후반부인 7~9장에서는 미세한 자극에 대한 높은 예민도 때문에 균형을 잃지 않도록 인식, 조절, 회복 기법을 알려준다.

정서적·신체적 반응도

이 구성 요소가 강한 사람은 주변 사람보다 격한 반응을 보일 가능성이 크다. 마치 다른 사람들의 감정 세계는 파스텔 색조로 칠해져 있는데 그들의 감정 세계는 선명하고 대담한 색채로 칠해진 듯하다. 동시에 그들의 몸은 이런 감정과 다른 다양한 자극에 예민한 신체 반응으로 대응한다. 아마 불안할 때 심장이 조금 더 빨리 뛰거나 긴장감 넘치는 영화를 보는 동안 아드레날린이 솟구치는 것을 느낄 것이다. 또한 좋아하는 담요의 포근함과 잘 내린 커피의 진한 풍미 같은 편안한 경험에서 더 큰 즐거움을 찾을 수 있다. 이런 강렬한 반응은 삶에 풍부하고 깊이 있는 경험을 가져다준다는 장점이 있다. 이들은 삶을 강렬하게 느낀다. 하지만 적절한 이해와 관리 없이는 이런 강렬함이 감정적 소진이나 만성적 스트레스로 이어질 수 있다. 따라서 강렬한 반응 수준을 인식하고 조절하도록 배우는 일은 치유 여정에 필수적이다.

미세한 내외부 자극에 대한 높은 예민도처럼 높은 정서적·신체적 반응도가 강점이 되려면 신경계가 원활하게 조절되어야 한다. 7~9장에 소개할 방법들은 신경계를 잘 조절되는 상태로 되돌리고 이 요소가 원활하게 작동하도록 도와준다.

사회적·감정적 예민도

이 예민성은 다른 사람의 감정에 동조하고 사회적 상황을 더 깊이 이해하는 능력을 반영한다. 이 예민성 수준이 높은 사람은 친구가 말하지 않더라도 우울하다는 사실을 알아차릴 수 있다. 또는 방에 들어서는 즉시, 긴장된 분위기를 감지한다. 긍정적인 측면에서는 주변에서 감정적으로 무슨 일이 일어나고 있는지 항상 알아차리므로 좋은 친구나 파트너, 동료가 될 수 있다. 자신을 진정으로 이해해주는 이가 필요할 때 의지할 수 있는 사람이 바로 이들이다. 이 능력은 집단 역학을 효과적으로 감지하고 다룰 수 있으므로 팀워크 상황에서도 아주 유용할 수 있다.

하지만 이런 예민성에는 단점도 있다. 예를 들어 다른 사람들의 감정을 마치 자신의 감정인 것처럼 받아들여 지칠 수 있다. 또 습관적으로 다른 사람의 필요를 자신의 필요보다 우선시할 수 있어 주의하지 않으면 번아웃으로 이어지기도 한다.

10장에서는 높은 사회적·감정적 예민도를 효과적으로 관리하는 방법을 알려주고, 건강한 관계의 형성과 경계의 설정, 감정 조절의 관리를 위한 전략을 공유한다. 또한 개인적 관계와 직업적 환경 등 다양한 상황에서 자신의 건강을 해치지 않으면서 예민성을 강점으로 활용할 방안을 논의한다.

미적 예민도

미적 감수성이 높으면 음악, 미술, 문학, 자연 등 다양한 형태의 아름다움을 감상할 줄 아는 특별한 능력이 된다. 매혹적인 선율에 크게 감동하거나 미술관에서 몇 시간이고 감상에 빠질 수 있다. 아름다운 환경을 설계하는 재능이 있거나 자연스럽게 창의적 직업에 끌릴 수도 있다.

미적 감수성이 높은 사람들은 자신의 재능을 사용해 사람들에게 깊은 공감을 불러일으키는 화가, 음악가, 작가, 건축가가 되는 경우가 많다.

높은 수준의 미적 감수성은 '경험에 대한 개방성'openness to experience 이라고 불리는 성격 특성과도 관련이 있다. 이는 새로운 경험을 추구하고 예술이나 자연과 깊이 교감할 가능성이 크다는 뜻이다. 이런 개방성은 자기연민, 수용, 삶에 대한 폭넓은 인식을 불러일으킨다. 미적 감수성은 세상을 탐색하고, 불안을 완화하며, 의미 있는 관계 맺음을 장려하는 도구가 될 수 있다. 11장에서는 미적 감수성을 활용해 신경계의 역량을 확장하는 방법을 소개한다.

예민성의 다양한 측면을 모두 이해하기는 어려울 수 있다. 비교적 새로운 연구 분야라는 점을 고려하면 더욱 그렇다. 이 책에서는 당신이 스스로를 더 잘 이해하는 데 도움이 되는 도구로서 다양한 측면을 소개할 뿐이다. 이것이 당신을 정의하고 가두는 고정된 틀이 될 수는 없다. 당신은 어떤 분류로도 담아낼 수 없는 그 이상의 존재임을 기억하라.

• 감각 추구형과 감각 회피형

어떤 사람들은 감각 자극을 적극적으로 추구하는 '감각 추구형'sensory seeker에 가깝다. 어떤 사람들은 입력되는 감각에 압도되어 그 감각을 피하려고 하는 '감각 회피형'sensory avoider 또는 감각 과민증에 더 가깝다. 사람들 대부분은 이 두 가지 범주 중 어느 하나에만 해당하지 않고 두 가지 성향을 모두 가지고 있다. 당신의 감각 추구와 감각 회피 성향의 조합을 인식하고 이해하는 것은 높은 예민성을 돌보는 중요한 방법 중 하나다.

언뜻 생각하는 것과는 달리, 매우 예민한 사람은 때로 특정 자극을 덜 인식하기 때문에 신경계가 그 입력을 처리하고 조절할 수 있도록 그 자극의 강도를 더 높이기도 한다. 즉, 여전히 강렬한 빛이 부담스럽고 특정 질감은 참을 수 없지만, 스릴 있는 신체 활동을 즐기거나 요란한 음악에 끌린다.

감각 추구는 들어오는 모든 감각 정보를 완전히 인식하지 못하면서도 적정량의 자극을 찾기 위해 적극적으로 감각 입력을 늘리려 할 때 발생한다. 이 경우 감각적 욕구를 충족시키기 위해 신체적으로나 정서적으로 더 강렬한 경험을 추구하려 하므로 과잉 행동hyperactivity이 나타난다. 감각 추구 상태에서는 높은 곳에서 뛰어내리거나 청력이 손상될 정도로 음악을 크게 듣거나 위험한 성행위나 기타 위험한 행동을 하는 등 높은 자극이나 짜릿한 긴장감을 주는 위험한 행동이나 활동을 한다.

감각 회피는 압도감을 느끼는 특정 감각 정보를 적극적으로 피하려는 행동 패턴이다. 즉, 시끄럽고 분주한 환경을 피하거나 소음으로 과도한 자극을 받을 때 귀를 막는 행동이 이런 패턴이다. 페인트 질감, 직물 등과 같은 촉각과 맞닥뜨렸을 때 장갑이나 다른 보호 용품을 착용할 필요성을 느끼기도 한다. 어떤 경우에는 회피 행동이 신체 감각을 넘어 사회적 상황으로 확장되어 특정한 사회적 자극을 피해 신경계가 편안하고 자극이 없는 상태를 유지하려 한다.

감각 선호도는 시간이 흐르면서 변하기 때문에 탐색하기가 더욱 어렵다. 예를 들어 임신 기간과 폐경기에는 호르몬 변동으로 감각 회피 수준이 증가한다. 또한 나이가 들수록 감각 회피가 심해질 수 있다.

당신의 감각 선호도를 더 쉽게 파악하고 탐색하는 법을 배우면 삶이 훨씬 더 즐거워지고 치유를 이어갈 에너지를 확보할 수 있다. 당신을 과도하게 자극하는 것들을 파악하고 조절함으로써 감각 과부하를 방지할 수 있다. 또한 전략적으로 자극을 조절하면 신경계가 정리되어 불편한 자극의 영향을 상쇄하는 데 도움이 된다. 6장에서는 이런 변화를 실행하는 방법을 안내하고, 당신의 고유한 예민성을 돌볼 수 있는 구체적 활동을 소개한다.

• 높은 예민성은 치유 여정에 어떤 도움이 되는가?

당신이 '매우 예민한 사람'이라면 해결할 문제가 더 많다고 느끼거나 치유 여정이 더 길어지리라고 느낄 수 있다. 하지만 남들보다 높은 예민성은 신경계 조절을 위해 노력할 때 사실상 큰 이점이 된다.

'매우 예민한 사람'은 치유에 뚜렷한 차도를 보이며 덜 예민한 사람들보다 조절 장애에서 더 빨리 회복되는 경우가 많다. 적절한 조건이 갖춰지면 꽃을 피우는 난초처럼 예민한 사람들은 적절한 환경에 즉시 반응하는 경향이 있다. 이런 높은 반응성 덕분에 치유 여정을 시작하면 반드시 큰 변화가 일어난다.

선도적인 예민성 연구자 중 한 명인 마이클 플루스는 동료인 제이 벨스키Jay Belsky와 함께 긍정적인 개입과 우호적 환경에 높은 반응을 보이는 사람들을 '유리한 예민성'vantage sensitivity이라는 용어로 설명했다. 2018년 한 논평에서 플루스와 동료 연구자들은 유리한 예민성 가설에 따라 환경에 대한 높은 예민성이 치유 활동에 얼마나 잘 반응하는지를 유의미하게 예측한다는 사실을 알아냈다. 당신이 매우 예민하고 신경계 조절 장애로 인한 신체적·정서적 증상들을 겪고 있다면 올바르게 조치할 때 덜 예민한 사람들보다 치유될 가능성이 크다.

당신은 긍정적이고 지지적인 환경에서 발전하고 조절 장애에서 회복하도록 타고났다. 유리한 예민성을 활용하면 조절 장애를 겪지 않고 창의성과 공감, 인식, 개방성의 증가와 같은 예민성의 이점을 누릴 수 있다.

예민할수록 스트레스 수준을 관리하고 감정을 조절하는 방법을 아는 일이 더욱 중요하다. 이런 기술을 익히면 신체적·정신적 건강에 미치는 부정적 영향은 줄이고 신경계를 손상 이전으로 되돌릴 수 있다. '매우 예민한 사람'은 신경계를 조절하는 법을 배움으로써 덜 예민한 사람과 비슷하거나 심지어 더 나은 신체적·정신적 건강을 경험할 뿐 아니라 자신의 독특한 재능을 활용해 더 행복하고 충만한 삶을 살 수 있다.

예민성은 사람에 따라 미치는 영향이 다른 다면적인 특성이다. 예민성이 삶에 드러나는 양상은 유전, 환경, 삶의 경험 등 복잡한 요인에 따라 달라진다. 이런 요인으로 특징지어지는 삶의 여정이 신경계 조절 장애와 현재 겪고 있는 증상들을 가져왔을지도 모른다. 신경계 조절의 토대를 마련하며 앞으로 나아가려면 어떻게 여기까지 왔는지 이해해야 한다. 다음 장에서는 당신의 예민성, 힘든 삶의 경험, 스트레스 요인이 어떻게 독특하게 결합해 특정 증상을 초래하게 되었는지 설명한다.

자신의 감각적 욕구 이해하기

다음 활동들은 자신의 감각적 욕구를 더 잘 이해하게 해줄 것이다.

1. 신경계를 편안하게 하는 감각 유형과 신경계에 불편한 감각 유형 목록을 만든다. 안도감을 주는 감각과 괴로움을 주는 감각의 유형과 강도를 최대한 구체적으로 적는다.
2. 작성한 목록을 자세히 들여다본다. 선호하는 감각과 혐오하는 감각이 시각, 촉각, 청각, 미각, 후각 등 특정 감각계에만 국한되는지 생각해본다.
3. 패턴이 드러나면 기록한다. 더 필요하거나 덜 필요한 감각은 무엇인가? 정기적으로 하는 특정 활동이나 상황 중에 편안함을 높이거나 예민성을 높이는 것이 있는가?
4. 시간이 지나면서 편안함을 느끼거나 성가신 감각 경험이 새로 발견되면 이 목록에 계속 추가한다. 자신이 선호하는 감각 목록을 작성해두면 체계적이고 효과적인 신경계 루틴을 만드는 데 매우 유용하다. 과거에 일부 감각 선호도 때문에 수치스러웠던 적이 있을 수 있고, 이 목록을 작성하는 동안 몸이 그 수치심을 기억해 괴로울 수 있다. 그래도 최대한 자신에게 솔직해지기를 권한다. 최대한 포괄적으로 목록을 작성하는 편이 자신을 이해하고 자

신의 독특한 신경계를 조절할 준비를 하는 데 도움이 될 것이다. 게다가 당신 외의 누구에게도 이 목록을 보여줄 필요가 없다.

당신 혼자 독특한 감각적 예민성에 대처해야 한다고 느낄 수 있지만, 사실은 그렇지 않다. 다음은 우리 커뮤니티 회원들에게서 들은 감각적 예민성의 몇 가지 예다.

참을 수 없는 감각: 손소독제의 질감과 냄새, 열기 힘든 골판지 상자, 칠판, 입으로 내는 잡음, 손발의 건조감, 손길이나 다른 형태의 신체적 접촉(친밀한 관계에 특히 문제가 될 수 있음), 형광등 불빛, 일부 향수나 향초 냄새, 익힌 양파나 으깬 감자, 오렌지 주스 과육 같은 식품의 질감, 군중 속에 있기

갈망하는 감각: 계속 움직이고 싶은 욕구, 높은 데서 뛰어내리기, 빙빙 돌기, 격렬한 운동, 베이스의 진동이 느껴지는 요란한 음악 소리, 모든 것을 만지고 싶은 욕구, 자극적이고 매운 음식 먹기, 머리카락 잡아당기기, 손톱 물어뜯기, 꼼지락거리기

스트레스와 공포는 잘못이 없다

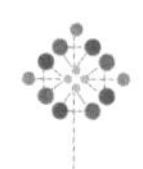

최근 10년 동안 코로나19 팬데믹이 촉매제 역할을 하면서 스트레스와 공포에 관한 연구가 폭발적으로 증가했다. 연구가 급증하면서 연구자들은 스트레스를 받는 순간에 우리 몸이 어떻게 반응하고 대처하는지 이해하게 되었으며, 스트레스 반응과 공포 반응이 신경계 조절 장애에 어떻게 작용하는지 알게 되었다.

최근 스트레스와 공포 연구가 급증하면서 과학계는 우리 신체의 생리적 스트레스 반응이 이전에 생각했던 것보다 훨씬 더 복잡하다는 사실을 깨달았다. 이전의 스트레스와 트라우마 이론은 단순히 한 독립적 과정에만 집중했다. 예를 들어 어떤 이론은 심장 박동과 소화와 같은 불수의不隨意 작용을 담당하는 자율신경계와 스트레스 호르몬인 코르티솔을 분비하는 신체 시스템인 시상하부-뇌하수체-부신 축HPA axis: hypothalamic-pituitary-adrenal axis(이하 HPA 축)에 주로 초점을 맞췄다. 다른 이론은 일부 뇌 영역이나 층에 초점을 맞추었다.

하지만 최근 연구들은 스트레스 반응에 자율신경계와 HPA 축뿐 아니라 뇌 전체의 다양한 뉴런 그룹이 관여한다는 사실을 밝혀냈다. 이 뉴런 그룹들은 뇌의 한 부분이 아니라 여러 영역에 산재해 있다. 우리가 위협이나 도전에 직면했을 때 이 뉴런들이 함께 작동해 스트레스 반응을 조절한다.

최근의 스트레스 연구는 스트레스 반응이 매우 복잡하다는 사실과 함께, 사람마다 스트레스에 독특하고 개별적인 반응을 보인다는 사실을 보여주었다. 크고 작은 스트레스 요인에 대응하는 우리의 반응은 놀라울 정도로 다양하다. 문제가 발생할 듯한 조짐만 있어도 바로 경계심을 높이는 사람도 있지만, 아무리 어려운 상황에도 별로 영향을 받지 않는 것처럼 보이는 사람도 있다.

당신과 다른 사람들의 스트레스 반응이 다른 중요한 요인으로, 타고난 유전자와 예민성 수준 등 생물학적 요인을 들 수 있다. 하지만 스트레스 반응은 생물학적 결과일 뿐 아니라 환경에 의해 형성되는 결과이기도 하다. 이는 과거의 모든 경험이 현재 스트레스 요인에 반응하는 방식에 영향을 미쳤음을 의미한다.

스트레스 반응의 개인차를 이해하고 해결하는 것이 신경계 조절 장애를 치유하는 열쇠다. 유전자 구성과 개인적 경험이 스트레스 반응에 어떤 영향을 미치는지 이해하면, 무엇이 당신의 스트레스 반응을 독특하게 만드는지 파악하는 데 도움이 될 것이다. 이를 이해하고 나면 당신의 독특한 스트레스 반응을 돌볼 실용적이고 개인적인 치유 해결책을 쓸 수 있다. 즉, 당신의 독특한 스트레스 반응을 돌보는 것이 궁극적으로 몸과 마음을 건강하게 하고 신경계가 원활히 조절되도록 하는 출발점이 된다.

이 장에서는 스트레스 반응과 공포 반응 시스템을 살펴볼 것이다. 그런 다음 이 시스템들이 압도되고 조절 장애가 발생하는 과정과 환경적 및 유전적 소인이 신경계의 이런 변화에 어떻게 작용하는지 자세히 알아볼 것이다. 스트레스 반응을 이해하는 일은 치유를 향한 중요한 단계로 건강을 회복하는 데 필수적인 과정이다.

• 스트레스의 이해: 신체 각성 수준 들여다보기

스트레스는 신경계가 도전이나 요구에 대응하는 방식이다. 당신의 몸은 항상 어느 정도 스트레스에 자극을 받는다. 이 책을 읽고 있는 이 순간에도 당신의 몸은 스트레스를 경험하고 있다. 당신은 호흡이 차분하고 몸이 편안한 이완 상태일 수도 있고, 이 장을 얼른 읽고 다음 장으로 넘어가기 위해 정신없이 노력하느라 긴장한 상태일 수도 있다. 다양한 스트레스 각성stress arousal 수준에 대한 정확한 지도가 있다면 현재 스트레스 수준을 인식하고 그것이 이 순간을 어떻게 경험하게 하는지 훨씬 쉽게 파악할 수 있을 것이다.

스트레스 연구자들은 다양한 스트레스 각성 수준에 따라 달라지는 뇌 상태를 기록했다. 캘리포니아대학교 샌프란시스코 캠퍼스의 엘리사 에펠Elissa Epel이 이끄는 연구팀은 뇌 상태에 관한 여러 연구를 요약해 각성 수준을 네 가지로 제시했다. 다른 연구에서는 극심한 스트레스에 대한 다른 생리적 반응 유형인 경직 반응이 수도관주위회색질periaqueductal gray이라는 뇌 부분과 관련이 있는 것으로 밝혀졌다. 신경계 치유 커뮤니티의 연구팀과 나는 이런 자료들을 종합해 조절 장애 치유를 위해 특별히 설계된 새로운 스트레스 경보 모델, 즉 경계 엘리베이터Alertness Elevator 모델로 정리했다.

경계 엘리베이터

스트레스 반응을 삶의 여러 상황에 따라 다양한 각성 수준을 오가는 엘리베이터라고 상상해보라. 대단히 평온한 1층부터 잔뜩 경계하고 있는 최상층까지 각 층은 몸과 마음의 다양한 각성 상태를 나타낸다.

블루 상태: 완전한 휴식과 세포 재생

1층은 완전한 휴식 상태인 블루 상태다. 이 단계에서 당신의 몸과 마음은 완전히 이완된다. 주로 명상이나 숙면 같은 활동 중에 블루 상태가 되며, 이때 몸은 세포를 재생시키고 스스로 회복한다. 이 상태에서는 스트레스 수준이 최소화되고, 부교감신경 활동이 증가하며(신경계의 '휴식 및 소화' 모드), 세포 건강이 향상되고 이완과 회복이 촉진된다.

그린 상태: 편안하고 집중력 있는 상태

엘리베이터를 타고 올라가면 그린 상태로 들어간다. 긴장을 풀고 집중하며 몸이 편안해지는 '몰입' 상태다. 이 상태에서는 이완된 상태를 유지하며 활동에 참여할 수 있다. 스트레스 수준은 집중력을 유지할 만큼 높은 동시에, 편안한 상태를 유지할 만큼 낮다. 심박수와 호흡은 눈앞에 닥친 일에 적극적으로 참여할 수 있도록 도와주고, 주의력도 높아진다. 그린 상태는 활기차게 해주는 교감신경과 편안하게 해주는 부교감신경이 균형을 이룬 상태다.

옐로 상태: 인지 과부하의 러닝머신

엘리베이터가 더 올라가면 몸과 마음이 중간 정도의 스트레스를 경험하는 각성 상태인 옐로 상태에 도착한다. 이 상태에서는 마음이 쉬지 않고 러닝머신 위에서 달리는 것처럼 정신적 부하가 높아진다. 인지 과부하 상태로, 생각이 줄달음치고 걱정이나 자기비판, 수치심에 사로잡힐 때가 많다. 옐로 상태는 일을 완수하기 위해 각별한 정신적 노력을 기울인 결과이며, 이는 흔히 성과 저하와 좌절감 증가로 이어진다. 심장이 더 빨리 뛰고 근육이 긴장되는 것을 느낄 수도 있는데, 이는 신체의 스트레스 반응이 활성화되고 있다는 신호다.

레드 상태: 급성 스트레스 반응과 전면 경계 태세

최상층으로 올라가면 극심한 스트레스 상태인 레드 상태가 된다. 싸우거나 도망갈 준비가 된 전면 경계 상태다. 이는 전면적인 위협에 대한 신체의 반응 메커니즘이다. 레드 상태에서는 심장이 더 빨리 뛰면서 근육과 장기에 더 많은 혈액을 공급하며, 호흡 속도도 빨라져 더 많은 산소를 신체 기관으로 보낸다. 또한 혈당 수치가 높아지고 몸의 에너지가 증가한다. 동시에 장에서 근육으로 더 많은 혈액을 가져와 행동할 준비를 한다.

이 상태에서는 감각이 예민해지고 그 어느 때보다 경계 수준이 높아져 당면한 위협에 신속하고 효과적으로 대응하기 쉬워진다. 이로써 몸은 상황에 대처할 수 있는 최상의 기회를 제공한다.

퍼플 상태: 긴급 경직과 정지

퍼플 상태는 엘리베이터의 비상 정지 버튼이라고 생각하자. 이는 극도의 위험을 감지했을 때 정지 버튼을 누르는 바람에 몸이 얼어붙어 움직일 수 없게 되는 것과 같다. 위협이나 위험 수준이 매우 높아지면 몸은 경직 또는 긴장성 부동화(기절)와 같은 방어 모드로 전환한다. 이 상태에서는 심장이 느리게 뛰고 몸이 움직이지 않는 느낌이 든다. 경직과 긴장성 부동화는 모두 위협에 대한 반응이다. 경직은 '멈추고, 보고, 듣고' 싸우거나 도망칠 준비를 하게 하는 능동적 반응인 반면, 긴장성 부동화는 신체적, 정신적 마비 상태와 흡사한 수동적인 반응이다.

경계 엘리베이터:
몸과 마음 상태에 대한 이해

	몸에 나타나는 느낌	마음에 나타나는 느낌	당신이 바라보는 세상
레드 상태	심장 두근거림, 얕은 호흡, 근육 긴장, 땀	고도의 경계심, 공포에 사로잡힘, 위협에 집중, 과민, 불안, 긴장, 최악의 상황 상상	위협과 혼란으로 가득한 예측할 수 없는 전장
옐로 상태	맥박수의 증가와 가슴 호흡, 근육 긴장, 예민해진 감각	불안과 초조함 증가, 생각의 질주나 반추, 무의식적인 불안감	까다로운 과업, 끊임없는 변화, 끊임없는 적응에 대한 부담감
그린 상태	안정적 맥박, 배까지 닿는 깊은 호흡, 근육 이완	집중, 편안함, 효율적, 몰두, 긍정, 차분함, 조화로움, 개방적	감당할 수 있는 도전 과제와 과업, 기회가 유동적인 기회의 장
블루 상태	차분함, 편안함, 부드러운 심장 박동, 느리고 깊은 호흡	평화로움, 고요함, 재충전, 안전함, 만족감, 편안함, 평온함	안전이 우선시되고 화합이 존재하는 평화로운 안식처

퍼플 상태

몸	움직일 수 없음, 느린 심장 박동과 호흡, 힘없는 근육
마음	무감각하고 무기력하거나 압도됨, 무력감, 얼어붙음
세상	압도적인 혼돈, 감당 불가, 마비

스트레스의 양면성

스트레스는 일반적으로 나쁘다고 평가받지만, 항상 문제가 되는 것은 아니다. 연구에 따르면, 낮은 또는 중간 수준의 스트레스는 회복력을 높여준다. 신경계가 잘 조절될 때는 스트레스가 많은 상황에서 레드나 옐로 상태가 되었다가 스트레스 요인이 사라지면 그린과 블루 상태로 유연하게 돌아온다. 그 정도의 스트레스라면 레드와 옐로 상태일 때 스트레스 반응이 매우 강렬하게 느껴지더라도 문제가 되지 않으며 오히려 건강과 성장에 이로울 수 있다.

신체 방어 기능이 동원되는 레드와 옐로 상태에서의 시간이 너무 길지 않고 적당하면 신체와 뇌는 향후 스트레스를 더 잘 처리하도록 스스로 학습한다. 그리고 스트레스 요인이 제거되고 그린과 블루 상태로 다시 돌아오면 신체는 활력을 되찾고 회복할 기회를 얻는다. 이런 적응 과정의 순환이 회복탄력성 구축의 핵심이다.

하지만 레드와 옐로 상태가 계속 반복되면 이야기가 달라진다. 만성적이고 반복적인 스트레스 요인은 몸과 마음을 상하게 하고 질병에 걸릴 위험을 높인다. 연구에 따르면, 만성적인 스트레스에 시달리는 사람은 스트레스를 주는 사건을 떠올리기만 해도 상당한 스트레스를 받는다. 즉, 스트레스를 주는 사건 자체만 문제를 일으키는 것이 아니라 그에 대한 **예상**도 스트레스 반응을 촉발해 건강상 문제를 초래한다. 만성적인 스트레스는 시간이 지나면서 신경계의 배선을 변화시켜 점점 벗어나기 힘든 악순환을 가져온다.

이 고통스러운 악순환을 끝내려면 '경계 엘리베이터'를 조절하는 방법을 배워 회복의 기준이 되는 그린과 블루 상태로 돌아갈 수 있어야 한다. 힘든 상황에서 레드와 옐로 상태가 되는 것은 문제가 없지만, 몸과 마음이 회복할 수 있는 그린과 블루 상태로 돌아갈 시간을 충분히 주어야 한다. 레드부터 블루까지 여러 경계 상태를 오가는 능력은 스트레스에 맞서 탄력적인 반응을 보이느냐, 쇠약해지느냐의 차이를 가져올 수 있다.

만성 스트레스가 신체에 미치는 영향

장기적인 스트레스는 건강에 대단히 부정적인 영향을 미친다. 그린과 블루 상태에서 회복할 시간을 충분히 갖지 못한 채 레드와 옐로 상태에 너무 오래 머물게 될 때 정상적인 스트레스 반응의 세 부분, 즉 코르티솔, 산화스트레스oxidative stress, 염증 반응에 이상이 생겨 건강에 심각한 문제를 일으킨다. 그 원리는 다음과 같다.

1. **코르티솔:** 옐로와 레드 상태일 때 HPA 축(시상하부, 뇌하수체, 부신)은 코르티솔이라는 스트레스 호르몬을 생성해 온몸으로 보낸다. 코르티솔은 면역계와 간 등 다른 신체 기관에 "스트레스에 대비하라"는 신호를 보낸다. 적당량의 코르티솔은 유익하지만, 몸이 계속해서 다량의 코르티솔을 생성하면 체중 증가부터 면역력 약화 등 다양한 건강 문제가 나타난다.
2. **산화스트레스:** 만성 스트레스는 세포와 조직 손상을 유발하는 산화스트레스로 이어진다. 산화스트레스는 세포 내의 활성산소 또는 활성산소종reactive oxygen species이라는 해로운 노폐물 분자의 생산과, 이 분자들을 해독하고 손상을 복구하는 신체 능력 사이의 균형이 무너진 상태를 말한다. 활성산소 수치가 높으면 체내 세포, 단백질, DNA가 손상된다.

3. **염증:** 만성 스트레스는 지속적인 염증을 초래한다. 염증은 질병이나 부상이 있을 때 신체를 보호하는 정상적인 면역 반응이다. 그러나 만성 스트레스 반응으로 염증이 지속되면 심장병과 관절염을 비롯한 건강 문제로 이어진다.

과도한 코르티솔, 산화스트레스, 염증은 세포 내의 미토콘드리아를 교란해 에너지 생성 능력을 떨어뜨린다. 미토콘드리아는 세포 내의 발전소로 뇌와 신체가 기능하는 데 필요한 막대한 양의 에너지 생산을 담당한다. 만성 스트레스는 시간이 지나면서 미토콘드리아를 손상시켜 제대로 기능하지 못하게 만든다. 모든 세포, 특히 뇌세포는 미토콘드리아가 생산하는 에너지가 있어야 기능할 수 있다. 에너지가 없으면 세포가 제 기능을 하지 못하기 시작한다.

1장에 나왔던 핀볼 효과에 다시 비유해보면, 일련의 원인과 결과가 얽히고설키면서 핀볼 게임에서 패배하게 되는 것과 같다. 미토콘드리아 기능을 방해하고 세포의 에너지 생산을 막는 만성 스트레스는 신경계 조절 장애와 다양한 신체적, 정신적 증상을 유발하는 복잡한 인과관계의 핵심 요소다.

• 공포 반응의 분석: 생물학적 생존 기제

스트레스 반응과 공포 반응은 사촌처럼 서로 밀접하게 연결되어, 서로에게 영향을 미친다. 사실 공포를 경험하고 표현하는 방식은 스트레스 수준에 따라 달라진다.

공포 반응과 스트레스 반응은 둘 다 편도체, 해마, 전전두엽피질, 시상과 같은 주요 뇌 영역이 관여하는 비슷한 뇌 경로를 활성화한다. 이 뇌 영역들은 공포의 맥락에서는 공포 기억을 생성하고, 저장하고, 불러오며, 스트레스 맥락에서는 신체의 스트레스 반응을 관리하도록 돕는다.

신체의 공포 반응은 위험이나 잠재적 위해를 감지하자마자 번개처럼 작동하는 보호 반사protective reflex다. 하지만 이 선천적인 반사에는 어떤 자극에 반응하고 어떤 자극을 무시해야 하는지 알려주는 사용 설명서가 없다. 공포 반응은 환경으로부터 무엇이 위험한지 신속하고 효율적으로 학습하도록 설계되어 있다. 즉, 삶의 경험을 통해 무엇을 무서워해야 하는지 훈련된다.

진화의 관점에서 볼 때, 우리 종은 공포 반응을 활용해 변화하는 환경에서 생존하고 적응할 수 있다는 엄청난 이점을 가진다. 인간은 경험을 통해 해를 입힐 만한 모든 것을 두려워하는 법을 빠르게 학습하는 능력을 갖추었다. 그러나 두려운 대상을 빠르고 쉽게 학습하는 능력은 실제 위협뿐 아니라 낯선 사회적 상황이나 과거의 생각과 기억처럼 덜 위협적인 상황에서도 활성화될 수 있다. 신경계가 두려움을 학습하는 가장 흔한 방법은 무력감이나 압도감을 느끼게 하는 무언가를 경험하는 것이다. 이런 경험을 '외상성 스트레스 요인'traumatic stressor이라고 한다.

심리적 외상 또는 심리적 트라우마 개념은 최근 몇 년간 널리 주목받았다. 하지만 나는 트라우마라는 용어 때문에 신경계에서 실제로 벌어지는 일을 오해하는 경우가 많음을 알게 되었다. 최근에는 트라우마 개념을 이해하는 방식이 신경계에 직접적인 영향을 미칠 수 있다는 연구까지 나왔다.

예를 들어 2022년 하버드대학교의 한 연구에서는 피험자들이 트라우마 개념을 매우 극단적인 사건이라고 믿게 하거나 정서적으로 고통스러운 일을 망라한다고 믿게 만들었다. 트라우마 개념에 거의 모든 괴로운 일이 포함된다고 믿게 된 집단은 정서적으로 괴로운 일을 직접 경험한 후에 부정적인 감정을 더 강렬하게 느꼈다. 이와 같은 연구는 다양한 괴로운 경험에 '트라우마'처럼 모호한 단어를 사용하면 이미 괴로운 경험을 더 괴롭게 만들 수 있음을 시사한다. 괴로운 경험이 신경계에 미치는 영향을 더 상세하고 구체적으로 이해하면 회복탄력성과 신경계 조절력을 높일 수 있다.

괴로운 경험이 신경계에 미치는 영향을 이해하려면 외상성 스트레스 요인과 외상 후 스트레스 장애PTSD, post-traumatic stress disorder를 신중하게 구분할 필요가 있다.

외상성 스트레스 요인

극심한 위험이나 무력감을 느끼게 할 정도로 극도로 고통스럽거나 불안한 사건을 일컫는 '외상성 스트레스 요인'은 사람이 겪을 수 있는 최악의 경험이다. 폭행이나 학대 피해처럼 끔찍한 경험일 수도 있고, 이별이나 여러 사람 앞에서 창피했던 경험, 어린 시절 양육자로부터 방치당한 느낌처럼 흔한 경험도 외상성 스트레스 요인이 될 수 있다. 어떤 상황을 외상성 스트레스 요인으로 만드는 조건은 그 일이 다른 사람의 경험에 비해 얼마나 끔찍한지와 같은 객관적인 측정치가 아니라, 그 일이 당신의 대처 능력을 얼마나 압도하는지와 같은 주관적 경험이다.

이처럼 고통스러운 경험을 한 후에는 보통 신경계에 회복 기간이 필요하다. 단지 몇 분이면 될 때도 있고 몇 주, 심지어 몇 개월이 필요할 때도 있다. 이 기간에는 사건에 관한 기억이 불쑥불쑥 떠오르고 느닷없는 공포심과 무력감이 몸을 덮칠 수 있다. 이렇게 난입하는 기억과 감정 때문에 갑자기 레드 또는 옐로 상태로 돌아갈 수도 있다. 신경계가 외상성 스트레스 요인을 통합하고 치유하기 위해 그 사건의 면면을 돌이켜 보거나 다시 경험하고 있기 때문이다. 회복 기간 내내 레드와 옐로 상태로 보낼 수도 있다. 그래도 아무 문제는 없다. 사실 인간의 신경계에는 가장 끔찍한 경험까지 통합하고 회복할 수 있는 놀라운 능력이 있기 때문이다.

컬럼비아대학교의 트라우마 연구자 조지 보나노George Bonanno에 따르면, 트라우마를 경험한 후에 대부분은 시간이 지남에 따라 몸과 마음이 그 경험을 통합하고 회복하는 과정을 거치며 기억의 침입이 사라진다. 그러나 소수의 경우, 침입 기억이 그대로 유지되거나 시간이 갈수록 심해진다. 시간이 지나도 침입 기억이 사라지지 않으면 외상 후 스트레스 장애로 진단된다.

PTSD: 공포 반응의 실패

외상성 스트레스 요인과 PTSD는 현재 과학 연구에서 뜨거운 주제다. 더 많은 연구로 뇌와 신체의 외상성 스트레스 요인 및 PTSD에 관한 이해가 늘어나면서, 각 개인의 고유한 요구를 이해하고, 그 요구에 가장 효과적으로 대응할 수 있게 되었다. 하지만 보나노의 트라우마와 회복력 연구에 기초해 정상적인 회복 과정(극도로 어려울 수 있음)과 PTSD를 명확히 구분하기만 해도 각자의 경험을 명확히 인식하고 회복하는 데 도움이 된다.

압도적인 경험 후에 스트레스가 심한 상태로 회복과 통합 기간을 거치는 과정은 지극히 정상이며, 이는 매우 힘든 경험 후에도 계속 나아갈 수 있는 놀라운 능력이 우리 몸에 있음을 보여준다. 극심한 외상성 스트레스 요인이라고 해서 반드시 신경계 조절 장애를 가져오지는 않는다. 레드와 옐로 상태인 기간이 길어지고 깊은 고통에 빠질 수 있지만, 괴로운 기억이 희미해짐에 따라 신경계가 그린과 블루 상태인 시간이 점점 길어지면서 사건이 발생했을 때부터 지금까지 누적된 세포 손상으로부터 회복된다.

하지만 PTSD의 경우, 괴로운 기억이 희미해지지 않고 신경계가 높은 경계 태세를 무기한 유지한다. 이로써 신경계 조절 장애가 찾아올 수 있다.

이 구분이 중요한 이유 중 하나는 외상성 스트레스 요인 이후 옐로와 레드 상태인 시간이 길어지고 한동안 괴로운 기억이 무시로 떠오르는 것이 정상이며, 대부분 몸과 마음이 그 경험을 통합하면서 서서히 사라진다는 사실을 알면 치유 과정에 실질적 도움이 되고 회복력이 높아지기 때문이다.

몇 개월이 지나도 여전히 괴로운 기억에 빈번히 시달린다면 전문가의 도움을 받아야 할지도 모른다. 이 책에 소개된 활동들도 PTSD를 해결하는 여정에 도움이 되겠지만, 이런 기억이 일상생활과 기능에 심각한 영향을 미친다면 전문 의료인에게 연락해야 한다.

내장형 알람: 공포 반응의 탈학습

모든 외상성 스트레스 요인이 신경계에 지속적인 영향을 주지는 않는다. 때로는 외상성 스트레스 요인을 경험한 후에 실컷 울거나, 무은 일이 있었는지 회고하면서 화를 내거나 속상해하거나, 사랑하는 사람과 좋은 시간을 보내기만 해도 스트레스를 해소하고 털어버릴 수 있다. 그러나 우리 몸은 공포 반응을 빠르게 학습하도록 적응되어 있어서, 때로는 압도감이나 무력감을 느꼈던 기억만을 신경계에 각인시킨다. 그 기억은 해마라는 뇌 영역에 저장되는데, 해마는 공포 반응에서 중요한 역할을 하는 뇌 영역인 편도체와 밀접하게 연결되어 있다. 덜 강렬한 외상성 스트레스 요인이라도 장기간에 걸쳐 반복되면 해마에 기억으로 각인된다.

기억이 신경계에 각인되면 뇌는 몸이 겪은 경험을 '캡처'하고 이 역시 해마에 저장된다. 뇌는 이 모든 세부 정보를 저장하는 동시에 외상성 스트레스 요인과 유사한 상황에서 더 신속하게 경보를 울리도록 학습한다. 연구에 따르면 비슷한 상황에서 더 쉽게 경보를 울리도록 뉴런이 스스로 재조정되는 시냅스 강화가 실제로 일어난다고 한다. 나는 이를 **내장형 알람**embedded alarm이라고 부른다.

내장형 알람이 반드시 문제가 되는 것은 아니며, 당신의 생명을 구할 수도 있다. 단 한 번의 압도적 경험만으로도 신경계가 몹시 겁을 먹도록 학습하는 방향으로 진화한 이유가 이 때문이다. 당신이 어렸을 때 차에 치일 뻔한 적이 있다고 상상해보라. 그 경험은 외상성 스트레스 요인으로 당신의 신경계는 유사한 상황을 감지할 알람을 내장한다. 성인이 되어 휴대전화를 보면서 길을 걷다가 실수로 차가 오는 쪽으로 방향을 틀었다고 가정해보자. 내장형 알람이 위험을 감지하고는 레드 상태를 발령하고, 문득 두려운 기분이 든 당신은 때맞춰 고개를 들어 달려오는 차를 피해 물러선다. 내장형 알람 덕에 당신은 생명을 구했다.

그러나 실질적 위험이 없는 상황을 떠올려보자. 소리나 냄새, 특정 상황 등 환경이 과거 외상성 스트레스 요인의 일부와 유사하다. 이렇게 새로운 상황을 경험할 때 전혀 위협적인 요소가 없음에도 내장형 알람이 울리면서 신경계는 레드 상태로 전환한다. 외상성 스트레스 요인에 관련된 의식적 기억과 신체 반응이 갑자기 되살아날 수도 있고, 아니면 의식적 기억이 전혀 없을 수도 있다. 때로는 알람이 내장되도록 초래한 경험을 의식적으로 기억하든 않든 상관없이, 그 사건에 대한 신체적 기억이 떠오른다. 예를 들어 해당 공포 반응을 학습했을 당시 원래의 외상성 스트레스 요인으로 다쳤던 신체 부위에 갑자기 통증이나 조이는 느낌이 생길 수 있다.

아주 어려서 압도적인 사건을 겪은 후 신경계에 이런 알람이 내장되었다면 외상성 스트레스 요인에 대한 서사 기억narrative memory은 없어도 뉴런에는 여전히 알람이 존재할 수 있다. 일반적으로 서사 기억은 3세쯤에 형성되기 시작하지만, 두려운 상황에 대한 신체적 기억은 그 이전에 형성될 수 있어서 신체 기억에만 연결된 알람이 신경계에 내장될 수 있다. 그런 경우 실제 위험이 없는 현재 상황에서 갑자기 레드 상태에 놓인 이유가 외부 환경으로 인해 신경계가 내장형 알람을 울렸기 때문이라는 사실조차 깨닫지 못할 수 있다.

안전한 상황에서 내장형 알람이 울린다고 해서 반드시 문제가 되는 건 아니다. 사실 내장형 알람이 울리는 동안 자신이 안전하다는 것을 깨달으면 오히려 그 내장형 알람을 없애는 데 도움이 된다. 그러나 다양한 상황에서 여러 내장형 알람이 울리면 신경계 조절 장애가 발생할 수 있다.

내장형 알람은 1장에서 살펴본 핀볼 효과처럼 조절 장애의 원인인 동시에 결과다. 내장형 알람은 계속해서 당신을 레드 또는 옐로 상태로 몰아넣어 위험을 느끼게 함으로써 조절 장애에 일조한다. 또한 신경계 조절에 이미 이상이 있다면, 더 많은 상황에서 압도감을 느끼고 더 많은 알람을 내장할 가능성이 더 크다는 점에서 내장형 알람은 조절 장애의 결과일 수도 있다. 또한 신경계가 옐로 상태에 갇혀 그린과 블루 상태의 안전감을 되찾지 못한다면 학습되었던 공포를 정상적으로 폐기하고 더 이상 유용하지 않은 알람을 없애는 과정이 방해받을 수 있다.

다행히도 당신은 공포 반응에 무력하지 않다. 사실 신경계가 공포 반응을 학습하는 것과 마찬가지로 **탈학습**unlearn할 수도 있다. 알람이 울릴 때 두려움이 느껴지더라도, 사실은 안전하다는 것을 의식적으로 인식하면 신경계가 내장된 특정 알람을 탈학습한다. 이를 알면 이해되지 않는 공포 반응이 주는 위험을 제거하고 당신의 주도권을 되찾을 수 있다.

앞으로 책을 읽어가며, 서서히 그리고 부드럽게 신경계가 더 안전하다고 느끼게 하는 방법을 배울 것이다. 신경계는 안전하다고 느낄 때 내장형 알람을 더 면밀히 인식하고 신체 경험을 새롭게 규정하면서, 이를 안전과 주체성이라는 새로운 경험으로 대체한다.

• 스트레스와 공포가 사람마다 다른 영향을 주는 이유

사람들이 스트레스와 두려움에 반응하는 방식에는 왜 그토록 큰 차이가 있을까? 왜 어떤 사람들은 역경에 직면해 잘 대처하는 반면, 다른 사람들은 더 쉽게 압도당하고, PTSD까지 앓게 될까? 해답을 얻기 위해서는 당신이 스트레스 요인에 유연하게 대응하는 능력을 잃고 신경계 조절에 이상이 생기기 시작하면서 경계와 두려움이 심한 옐로와 레드 상태에 머물게 되는 시점을 이해해야 한다.

신경계가 스트레스와 공포에 유연하게 대응하기를 멈추고 조절 장애가 되는 임계점은 유전적 요인과 환경적 요인이 함께 작용해 결정된다. 당신의 천성 또는 유전적 구성은 개인적 특성과 고유한 스트레스 반응의 청사진이 된다. 한편 양육 과정, 삶의 경험, 현재 상황 등을 포괄하는 양육 또는 환경적 영향은 유전적 청사진이 발현되는 방식을 정해준다.

구슬과 물이 가득 담긴 컵을 들고 있다고 잠시 상상해보라. 구슬은 공포와 스트레스에 대한 개인 특유의 예민성을 상징한다. 물은 스트레스 반응을 나타낸다. 스트레스 요인을 경험하는 것은 컵에 물이 추가되는 것과 같다. 몸이 휴식하고 회복하는 그린과 블루 상태로 지내는 상황은 컵에서 물을 따라내는 것과 같다. 컵에 물이 넘치지 않는 한, 신경계는 조절 상태를 유지한다. 하지만 물을 따라내지 않고 너무 많은 물을

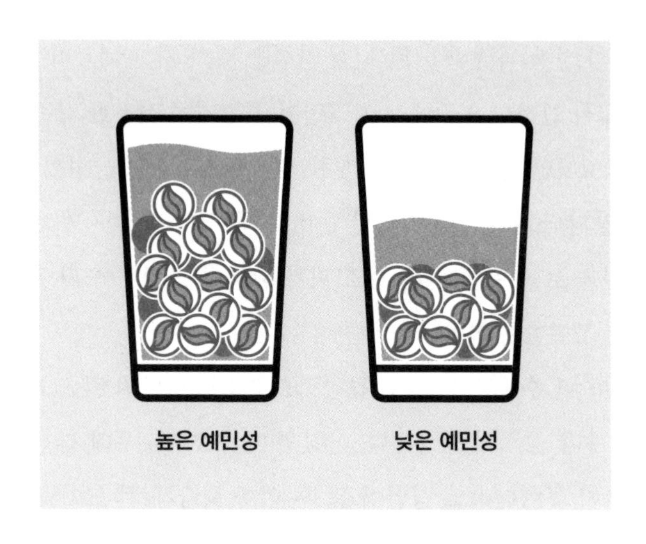

컵에 부으면, 즉 그린과 블루 상태인 시간이 충분하지 않고 레드와 옐로 상태로 너무 많은 시간을 보내면 물이 넘쳐흐르고 신경계는 조절 장애에 빠진다.

컵에 구슬이 더 많으면 스트레스 요인에 더 격하게 반응한다. 앞 장에서 논의했듯이 신경계 예민성이 높다고 반드시 문제가 되지는 않으며, 적절한 조건에서는 아주 큰 장점이 될 수 있다. 높은 예민성은 생각과 감정, 경험을 깊이 처리할 수 있게 해주며, 다른 사람이 놓치는 것들을 심오하게 통찰하고, 감사하고, 이해할 수 있게 해준다. 하지만 높은 예민성은 스트레스 반응을 활성화할 가능성이 더 크다는 뜻이기도 하다.

이제 스트레스 요인을 처리하는 능력을 나타내는 컵 크기를 생각해보자. 다행스럽게도 컵 크기는 고정되어 있지 않고 시간이 지나면서 변한다. 타고난 예민성, 즉 구슬의 개수는 부분적으로나마 유전자에 암호화되어 변하지 않겠지만, 컵 크기, 즉 스트레스 요인을 처리하는 능력은 많은 요인에 따라 달라진다.

당신의 성장 과정과 어린 시절 경험을 컵의 기본 재료라고 상상해보라. 비교적 안전한 환경에서 자라면서 성장기에 건강한 감정 조절 기술을 학습했다면 튼튼하고 큼직한 컵을 가지고 있을 가능성이 크다. 즉, 더 많은 양의 스트레스를 처리할 준비가 되어 있다. 하지만 설령 힘든 어린 시절을 보낸 탓에 원래 컵 크기가 작더라도 성인이 된 후에 얼마든지 이를 조절할 수 있다.

성인이 된 후에도 잘 자고 규칙적으로 운동한다면 컵 크기가 커져 신경계의 수용 능력이 향상된다. 어렸을 때 보호자로부터 감정 조절 전략을 배우지 못했너라도 성인이 된 후 이를 학습해 컵 크기를 바꿀 수 있다. 반대로 스트레스가 심한 생활 방식은 컵을 작게 만들어 스트레스 저항력을 떨어뜨린다. 호르몬의 변화와 노화 역시 컵을 작게 만든다.

스트레스를 다루는 방식과 임계점은 단지 유전적 요인이나 환경으로 좌우되지 않는다. 유전적 청사진에 따라 스트레스에 대한 예민성을 타고날 수 있지만, 성인이 된 후에 하는 선택들과 자기이해, 학습한 기법 등이 컵 크기에 큰 영향을 미친다. 다음 장에서는 이 요인들을 활용해 컵 크기를 키워 조절 장애를 개선하는 방법을 보여줄 것이다.

신경계 조절을 개선하려면 생각, 감정, 신체 감각의 상호작용을 탐색하는 기술을 이해하고 활용해, 옐로와 레드 상태에 주로 머무르는 대신 다양한 각성 수준 사이로 유연하게 오갈 수 있어야 한다. 그렇게 함으로써 스트레스를 관리할 뿐 아니라 처리하는 능력까지 적극적으로 향상하게 된다. 스트레스가 왔을 때 피하는 게 아니라 처리하는 능력을 키우는 데 당신의 진정한 힘이 있다. 그리고 그것이 바로 이 책이 당신에게 주려는 능력이다.

• 어린 시절의 경험이 스트레스 반응에 미치는 영향

어린 시절은 현재의 스트레스 반응을 형성하는 데 중요한 역할을 한다. 어릴 적 경험은 조절 장애로 넘어가기 전에 얼마나 많은 스트레스를 감당할 수 있는지를 나타내는 현재 당신의 컵 크기에 영향을 준다.

어릴 적 경험은 하루 동안 시시각각 다른 스트레스 수준을 오르내리는 엘리베이터의 기능에도 영향을 미친다. 스트레스 요인이 지나가고 나면 편안한 그린 상태로 돌아가도록 스트레스에 유연하게 대처하는 훈련을 어린 시절에 받지 못했다면 성인이 된 지금도 여전히 그렇게 하기 어려울 수 있다.

하지만 이런 요인은 고정되어 있거나 바꿀 수 없는 게 아니다. 수많은 연구는 성인이 되어서도 스트레스 반응과 신경계를 조절하면서 스트레스를 처리하는 능력을 바꿀 수 있다고 시사한다. 어린 시절, 어떤 요인이 현재에 영향을 주었는지 이해하면 도움이 된다. 단순히 무슨 일이 있었는지 이해하는 것만으로도 심리학자들이 '마음의 일관성'coherence of mind이라고 부르는 신경계의 조직화를 강화해 신경계 조절 능력을 극적으로 향상할 수 있다.

유아기 환경

2014년 마르코 델 주디체 박사Marco Del Giudice와 동료들은 일생에 걸쳐 스트레스 반응 수준이 어떻게 발달하는지 설명하는 모델을 제안했다. 그들은 이를 스트레스 반응의 '적응 조정 모델'adaptive calibration model이라고 불렀다. 이 모델에 의하면 신경계는 환경을 얼마나 위험하게 느끼느냐에 따라 주기적으로 스트레스에 대한 예민성을 조정한다.

그 과정은 엄마의 자궁 속에 있는 동안 시작된다. 태어나기도 전부터 신경계는 열량이 얼마나 전달되는지, 엄마가 스트레스 호르몬을 얼마나 보내는지 등의 정보를 사용해 환경이 얼마나 위험한지 예측한다. 그리고 이 위험 수준을 토대로 초기 스트레스 반응 수준을 설정한다.

스트레스 반응도는 아동기 내내 주요한 조정을 거치며 업데이트된다. 뇌가 가장 빠르게 발달하는 어린 시절에는 환경이 신경계의 반응도에 강한 영향을 미친다. 성인이 되어서도 인생의 전환기마다 현재 환경 조건에 가장 적합한 수준으로 스트레스 반응도를 조정한다.

출생, 아동기에서 청소년기로의 전환, 중년기 또는 폐경기로의 전환과 같은 주요 발달 단계마다 신경계는 또다시 스트레스 반응도를 조정할 기회를 가진다. 게다가 스트레스 반응도는 주요 발달 단계에서만 재조정되지 않는다. 인생의 중요한 사건도 스트레스 반응도를 재조정하기에 충분한 원인이 된다. 예를 들어 새로운 일을 시작하고, 학교를 그만두고, 결혼하는 것 모두 스트레스 반응의 재조정을 촉발한다.

당신이 어렸을 때 위험하거나 예측할 수 없거나 방치된 환경에서 자랐다고 가정해보자. 그랬다면, 대체로 안전하고 보살핌을 받는 환경에서 자란 경우보다 스트레스 반응도가 훨씬 예민할 수 있다. 적응 조정 모델은 스트레스에 대한 높은 예민성이 발달 과정에서 있었던 문제의 결과물이 아니라고 주장한다. 사실 예측할 수 없고 위험한 환경에 대한 감각을 내면화한다는 것은 당신의 신경계가 환경에 잘 적응했다는 이야기다. 위험하다는 느낌 덕분에 더욱 경계하고 조심하게 되므로 안전하지 않은 환경에서도 생존할 가능성이 커지기 때문이다.

적응 조정 모델은 스트레스 반응을 네 유형으로 설명한다.

1. 예민형
2. 완충형
3. 경계형
4. 무감정형

예민형: 안전하고 스트레스가 적은 어린 시절을 보냈다면 신경계가 개방적이고 매우 예민하게 반응하게 발달할 가능성이 크다.

완충형: 적당히 스트레스가 있는 환경에 놓인 신경계는 보통 수준

의 스트레스 반응도를 갖게 될 것이다. 실제로 스트레스가 지극히 적은 환경에서 자란 아이들보다 이 유형이 스트레스에 덜 예민하다. 많은 연구자는 기본적으로 안전함을 느끼는 환경에서 스트레스를 적당히 경험한 아이들이 가장 높은 회복탄력성을 갖고 인생을 잘 살 수 있다고 믿는다.

경계형: 안전하지 않거나 예측할 수 없는 환경에서는 위협에 신속하게 대응하고 자신을 보호할 수 있도록 스트레스 예민성이 높아질 가능성이 크다. 이 유형에서 신경계는 경계 상태를 유지한다. 위험한 동네 같은 안전하지 않은 환경에는 잘 적응하지만, 몸과 마음이 금방 지치고 조절 장애가 쉽게 발생한다.

무감정형: 자주 자신의 대처 능력을 압도해오는 심각한 스트레스 환경에서는 신경계가 스트레스 예민성을 아주 낮게 설정해 적응한다. 비극적이게도 트라우마를 초래할 정도의 환경에서 자라는 동안에는 스트레스에 반응하는 것도 도움이 되지 않기 때문에 이 유형은 스트레스에 가장 덜 예민하다. 가능한 한 스트레스를 줄여 열량을 보존하는 것이 최선이기 때문이다.

이 유형 중 하나에 공감할 수 있겠지만, 자신이 정확히 어떤 유형에 해당하는지 알아야만 하는 것은 아니다. 사실 어린 시절을 보내는 동안에도 상황이 때때로 바뀔 수 있으므로 당신은 이 설명 중 하나에만 해당하지 않을 수도 있다. 하지만 적응 조정 모델은 두 가지 중요한 사실을 보여준다. 이 모델은 어떻게 사람마다 어린 시절에 다른 스트레스 수준을 경험할 수 있는지 그리고 그것이 어떻게 유전적 요인과 함께 놀랍도록 다른 스트레스 반응도를 보이는 데 일조할 수 있는지를 생물학적으로 설명한다. 또한 어린 시절 환경이 현재의 스트레스 반응도를 형성하는 데 중요한 역할을 했지만, 스트레스 반응도는 평생 업데이트될 수 있음을 보여준다. 당신은 어린 시절에 발달한 패턴 안에 갇혀 살아야 하는 운명이 아니다. 이는 과학 문헌이 보여주고 있는 명백한 사실이며, 다음 장으로 넘어가기 전에 당신에게 들려주고 싶은 중요한 메시지다.

양육 환경

신경계 환경에서 가장 중요한 요인은 어릴 적 부모 또는 다른 주 양육자와의 관계다. 애착 이론attachment theory 연구에 따르면 어린 시절 아이와 주 양육자와의 관계는 신경계가 스트레스를 처리하도록 훈련하는 데 중요한 역할을 한다.

애착 연구자들은 아이가 스트레스 상황에서 양육자에게 친밀감과 위로를 구하고, 양육자는 아이를 계속 위로해 스트레스 요인이 지나간 후 아이가 다시 놀 수 있게 해준다면 아이와 양육자 사이의 유대감이 '안정적'이라고 간주한다. 아이가 괴로운 상황에서 양육자로부터 친밀감과 위로를 구하지 않거나, 아이가 위로를 구하지만 스트레스 요인이 지나간 후에도 양육자가 아이를 달래지 못하면 아이와 양육자 사이의 유대감이 '불안정'하다고 간주한다.

어린 시절 안정적 애착을 형성한 사람은 감정을 조절하고 스트레스 요인을 처리하기가 더 수월하다. 레드나 옐로 상태가 되었다가도 스트레스 상황이 끝나면 유연하게 그린 상태로 돌아온다. 반면에 애착 상태가 불안정하면 감정을 관리하고 스트레스에 대처하기가 더 어렵다. 스트레스 요인 때문에 오랫동안 옐로 상태에 머물렀다가 다시 그린 상태로 돌아오지 못할 수도 있다.

다행히 어린 시절 신경계 훈련의 일부를 놓친 채 성인이 되었다고 해도 여전히 신경계를 재훈련할 수 있다. 이 책에 소개된 방법들은 스트레스에 유연하게 대처하기 위해 신경계를 재훈련하는 데 도움이 된다. 9장에서는 애착 이론을 다시 살펴보고, 어릴 적 주 양육자가 놓친 신경계 조절 훈련의 공백을 메워줄 구체적인 방법을 보여줄 것이다.

• 정리

이 장에서는 공포와 스트레스가 인체의 정상적이고 중요한 기능임을 보여주었다. 하지만 공포와 스트레스가 만성화되면 조절 장애로 이어질 수 있다. 얼마나 조절 장애가 쉽게 발생할 수 있는가는 유전적 청사진과 삶의 경험이 영향을 미친다. 유전적 청사진은 바꿀 수 없어도 신경계가 스트레스를 처리하는 방식은 스스로 바꿀 수 있으며, 그것만으로도 신경계 조절 장애에서 회복할 수 있다. 학습된 공포 반응을 삭제하고, 어린 시절에 놓쳤던 신경계 조절 훈련을 추가하고, 스트레스를 처리할 수 있는 능력(컵 크기)을 늘려 조절 장애로 넘어가지 않게 할 수 있다.

다음 장에서는 이 모든 요인을 결합하고 올바른 순서로 배치해 신경계가 다시 원활하게 작동하는 데 필요한 조치를 체계적으로 실행하는 법을 보여줄 것이다.

유연하고 탄력적인 신경계를 만드는 5단계 계획

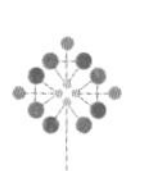

4장까지는 신경계 조절 장애가 발생하는 과정을 설명했다. 나는 몸과 마음에 나타나는 고통스러운 증상의 숨은 원인이 바로 신경계 조절 장애라고 소개했다. 그리고 현재의 예민성 수준부터 타고난 유전적 요인, 몸과 마음에 흔적을 남긴 모든 삶의 경험까지 신경계 조절 장애에 일조하는 복잡한 요인들을 살펴봤다. 이제 이런 이론적 설명을 실전에 적용해 신경계 조절 장애에서 회복될 차례다. 이 장에서는 신경계 조절 장애의 치유를 위한 직접적이고 실용적인 접근법을 알려준다. 나는 이를 5단계 계획이라고 부른다.

5단계 계획 소개

현대 문화에는 2장에서 소개한 '응급조치의 악순환'이 널리 퍼져 있다. 그래서 많은 사람이 치유 여정에서 변화를 보려고 분투하며, 요가와 명상부터 침술과 최면에 이르기까지 전통 의학, 대체 의학, 통합 의학 등 다양한 치료법을 탐색하며 제자리를 맴돈다. 다양한 치유 방식이 잘 맞는 사람은 삶에 변화가 생기기도 하지만, 통합적인 치유 계획이 없는 한 신경계 조절 장애에서 완전하게 회복되지는 못할 것이다. 이런 치유법은 금방 지치게 만들 수 있다. 또 어디서부터 시작해야 할지, 자신의 상황에서는 어디에 우선순위를 두어야 할지 몰라 시작조차 못 하는 사람도 많다.

나는 이 방정식에 신경계 조절 장애를 위한 간단하고 효과적인 전략이 빠져 있다고 생각한다. 나는 신경계 조절을 위해 노력하는 사람들과 실천했던 다양한 활동을 통해, 신경계를 잘 조절하기 위해서는 치유 여정을 몇몇 단계로 나누고 그 순서를 따라야 한다는 것을 알게 되었다. 그래서 현재 신경계 조절 장애 치유 방식에서 부족한 부분을 채워줄 이 5단계 계획을 개발했다.

5단계 계획은 구체적 목표를 지닌 단계별 과정으로 신경계 건강의 네 기둥인 신체, 마음, 관계, 영성을 체계적으로 회복하고, 신경계 조절 장애를 치유한다. 각 단계는 지속적인 치유와 성장을 고취하는 일련의 순서에 따라 각 기둥을 다룬다. 이를 통해 각 기둥을 체계적으로 육성하

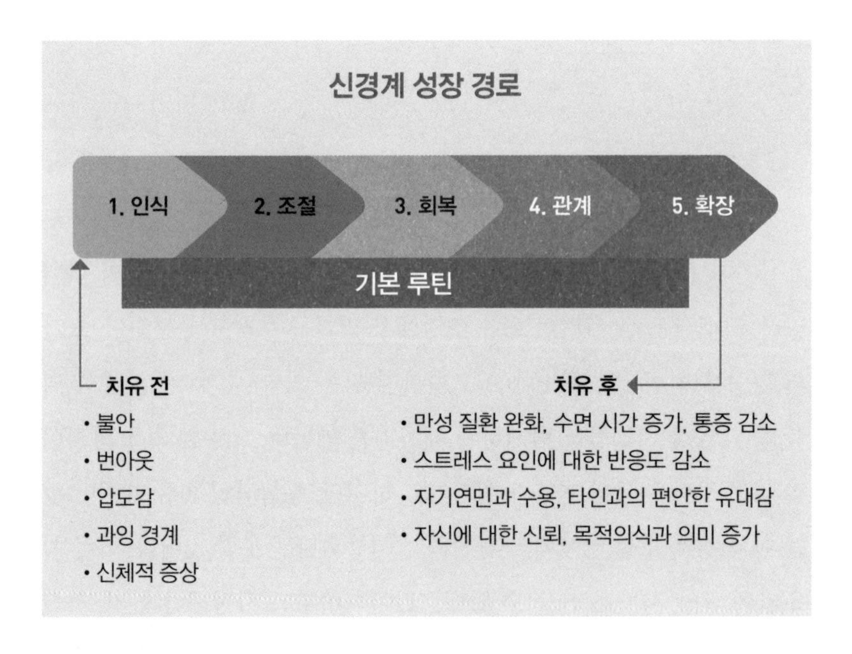

고 보수해 부족했던 부분을 해결함으로써 궁극적으로 신경계가 잘 조절되고 건강해지도록 돕는다. 5단계 계획은 단순히 조절 장애를 극복하기 위한 것이 아니라 회복력을 강화하고 삶의 난제들을 해결하는 역량을 강화하기 위한 것이다.

5단계 계획을 시작하려는 당신은 위 도표 왼쪽에 표시된 증상들인 불안, 번아웃, 압도감, 만성적 신체 질환 등을 겪고 있을 것이다. 신경계 건강의 네 기둥 중 하나 이상이 상대적으로 취약한 상태이기도 하다. 치유 여정은 5단계를 해나가는 동안 당신을 든든하게 받쳐줄 기본 루틴을 다지는 것으로 시작한다. 그런 다음 순차적으로 다섯 단계를 밟게 되는데, 각 단계는 이전 단계를 기반으로 하고, 스트레스 요인에 유연하게 대응할 수 있도록 신경계를 효과적으로 조절하면서 마무리된다. 이를 해나가는 동안 자신감과 자기신뢰가 생기고, 만성 증상이 완화될 뿐 아니라 당신의 네 기둥이 모두 튼튼해질 것이다.

이어지는 장에서는 각 단계를 자세히 설명하고 단계마다 목표 달성에 도움이 되는 구체적 실천 방법을 보여줄 것이다. 이 장에서는 먼저 5단계 계획의 개요와 각 단계의 목표를 설명하겠다. 신경계 조절 장애를 치유하기 위한 5단계는 다음과 같다.

1. 인식
2. 조절
3. 회복
4. 관계
5. 확장

1단계: 인식

인식 단계는 5단계 계획의 시작점이다. 인식 단계에 막 들어선 당신은 압도감과 좌절감을 느끼고 있을 수 있다. 치료를 받고 전문가의 조언을 들었는데도 왜 신체적·정신적 증상이 여전히 사라지지 않는지 혼란스럽기도 하다. 심지어 자신의 예민함 때문에 인생에서 이런 극심한 어려움을 겪는다는 사실에 좌절하거나 상처가 벌어진 것처럼 아프게 느낄 수도 있다. 이런 감정이 들면 자신을 탓하기 쉽다. 특히 고통의 원인이 사고방식이나 감정, 제한된 신념, 정신적 고통, 심지어 자존심 등 '그냥 놓아버릴 수 있어야 하는 것'을 놓지 못한 데 있다는 말을 들었을 때는 더 그렇다.

이 단계의 핵심은 습관적 반응을 **늦추고** 신경계에서 순간순간 무슨 일이 일어나고 있는지 더 명확하게 인식하는 것이다. 즉, 이 단계는 생각, 감정, 신체 감각을 재깍재깍 더 잘 알아차림으로써 신경계 건강의 네 기둥 중 마음 기둥을 강화하는 단계다. 신경계에서 알람이 울릴 때 몸과 마음에 어떤 변화가 생기는지 먼저 알지 않고서는 이 알람을 해제할 수 없기 때문에 이 단계는 치유 여정에서 필수적이다. 앞에서 소개했던 이야기에서 유명한 수도승 밀라레파가 악마에게 절하며 "원한다면 나를 잡아먹어"라고 말하는 법을 배웠듯이 당신도 불편하고 무섭지만 당신의 생각, 감정, 감각에 마음을 열고 호기심을 갖는 법을 배우게 될 것이다.

인식 단계에서는 특정한 순간에 자신의 경계 엘리베이터가 어디쯤 있는지 알아차리는 법을 배운다. 당신이 레드, 옐로, 그린, 블루 상태 중 지금 어디에 있는지 알게 될 것이다. 이 단계는 당신과 신체 내부 감각을 다시 연결해준다는 점에서 특히 중요하다. 당신은 당신의 생각을 알아차리게 될 뿐 아니라 스트레스 요인에 대한 신체적 반응을 인식하고, 그 반응이 정상적이고 건강하며 심지어 유용하다고 인정하게 될 것이다.

2단계: 조절

이 단계의 핵심은 내적 경각심을 놓고 당신과 당신의 몸 사이에 신뢰감을 재확립하는 것이다. 이 단계에서는 안전감을 조성하고 자신감을 키우는 데 도움이 되는 신체적 훈련을 하게 된다. 이로써 신경계 건강의 네 기둥 중 신체 기둥을 강화해 공포와 불안을 덜 느끼며 공포와 불안을 불러일으키는 요인들에 맞서게 될 것이다.

이 단계를 지나면서 공포 반응 같은 감정 조절 능력도 키우게 될 것이다. 감정 조절 능력을 키우다 보면 힘든 상황에서 무의식적으로 위협을 느끼는 대신 호기심과 열린 마음으로 더 자신감 있게 그 상황에 대처하게 된다.

5단계 계획의 조절 단계에서는 **순간순간** 발생하는 스트레스와 불안을 완화하는 방법을 배워 자기 몸과 마음을 원하는 대로 통제할 수 있게 된다. 이렇게 새로운 통제감을 경험할 때 사람들은 대개 몸에 휘둘리는 대신 실제로 몸을 이끄는 자신들의 능력에 깜짝 놀란다. 이는 불안 발작이나 공황 발작 같은 질환을 앓아온 사람들에게는 특히 중대한 변화다. 이런 새로운 안전감을 통해 생각과 감정, 신체 감각에 사로잡히거나 압도당하지 않고 모든 감정을 느낄 수 있다. 마침내 신경계는 새로운 안전감을 느끼며 긴장을 풀고 그동안 계속 유지하던 알람을 해제한다.

3단계: 회복

이 단계는 자신으로 되돌아와 유연하게 도전에 맞서는 단계다. 이

전 단계에서는 순간순간 발생하는 스트레스를 조절하는 법을 배워 신경계를 통제하는 감각을 익혔다. 3단계에서는 다양한 스트레스 요인에 더 유연하게 대처하는 법을 배운다. 여기에 익숙해지면 스트레스 요인이 있어도 일시적으로 레드 또는 옐로 상태에 머무를 뿐 신경계 조절 장애로 이어지지는 않게 될 것이다.

3단계는 조절 장애에 일조하는 더 깊은 상처나 반응 유형을 치유할 수 있는 단계이기도 하다. 이 단계에서는 안정적인 애착 상태로 전환하는 기법을 배우고 역기능적 대처 전략을 버리는 '힘든 작업'을 하게 될 것이다. 3단계는 오래된 외상성 스트레스 요인으로 생긴 내장형 알람을 해제하기 위해 전문가나 커뮤니티와 협력하기에 적절한 시기이기도 하다. 단, 주의할 점이 있다. 이전 두 단계인 인식과 조절을 통해 몸과 마음의 안전감을 키울 때 이 심층 작업의 달성 가능성과 효과가 훨씬 더 커진다.

빠른 결과를 얻기 위해 곧바로 깊은 상처를 들여다보고 싶은 유혹을 느낄 수 있겠지만, 그런 접근법은 역효과를 낳을 때가 많다. 인식과 조절이라는 기반을 마련하지 않은 채 어려운 문제로 직진한다면 오히려 문제에 압도당하고 증상이 심해져서 계획을 포기할 가능성이 크다. 지속적인 변화를 보려면 각 단계를 천천히, 부지런히 진행하면서 증상별 응급조치보다는 건강한 습관들로 새로운 치유 여정을 쌓아가야 한다.

회복 단계의 핵심은 신경계의 유연성을 회복하고 재생하는 것이다. 이 단계에서는 통증, 스트레스, 공포의 스트레스 반응을 유발했던 과거 경험의 부정적인 영향을 없앤다. 신경계 건강의 네 기둥 중 마음 기둥과 몸 기둥을 결합하는 데 주로 초점을 맞추지만, 관계 기둥을 위한 노력도 시작된다. 이때 의사나 멘토, 친구, 가족 등 자신을 지지하는 사람들과 함께하는 것이 매우 중요하다. 신경계 치유 커뮤니티 같은 온라인 포럼이나 명상 수업, 집단 치료와 같은 커뮤니티나 집단 환경의 지원을 받을 수도 있다.

4단계: 관계

이 단계에 이르면 내적 에너지를 안전하고 차분하게 관리할 수 있다는 자신감이 훨씬 더 커진다. 스트레스를 주는 생각이나 감정, 내장형 알람에 더 이상 흔들리지 않게 되면서 스스로 신뢰감이 커지는 것을 느낀다. 따라서 이제 신경계가 목적의식, 타인, 자연, 아름다움 등 주변 세계와 더 깊은 관계를 맺을 때다. 이 단계는 신경계 건강의 네 기둥 중 관계 기둥을 강화하는 데 도움이 된다.

이 단계에서는 다른 사람들이 느끼는 대로 느끼고, 경계 없이 그들의 감정을 감지하던(공감) 상태에서 벗어나 자신의 감정을 통제하고 진정으로 연민을 느끼는 상태로 전환하는 법을 배울 것이다. 자기주장이 더 강해지고, 경계가 더 명확해지고, 더 건강한 관계가 삶에 들어오기 시작할 것이다. 또한 사회적 상황이 더 편하게 느껴지기 시작하고 사람들과 함께한 후에도 지치지 않게 될 것이다.

외로움, 고립감, 주변 세계와 단절된 느낌은 우리 신경계를 무겁게 짓누른다. 자연환경과 특별한 유대감을 형성하고, 타고난 미적 감각과 창의성을 발견하고, 삶의 목적과 연결되면 세상과의 관계를 가장 긍정적으로, 획기적으로 재정의할 수 있다.

특히 자연은 본질적으로 인간의 신경계와 연결되어 있다. 우리 신경계와 자연 세계 사이의 오래된 연관성을 재확립하면 우리가 두려워하는 것처럼 스스로 고립된 존재가 아니라 모든 존재와 상호연결되어 있다는 느낌을 회복할 수 있다. 5단계 계획 중 네 번째 여정인 관계 단계는 깊은 안정감과 통찰을 가져다주고 다른 사람들과 많은 기쁨을 공유하게 한다.

5단계: 확장

5단계 계획의 마지막 단계인 확장은 스트레스 요인을 더 긍정적으로 이해하고, 느끼면서 그에 대처하는 능력을 높이는 단계다. 당신은 스트레스를 위협과 위험의 원천이라고 느꼈던 시절부터 먼 길을 걸어 여기까지 왔다. 이제 스트레스를 아군으로 삼아 신경계의 역량을 키우고, 매일 더 많은 에너지를 만들어내고, 계속 성장하는 법을 배우게 될 것이다. 또한 신경계 건강의 네 번째 기둥인 영성 또는 더 큰 존재와의 연결로 가는 관문 역할을 하는 경외감을 경험하는 능력을 키우는 법도 배우게 될 것이다.

이 단계를 지나면서 일상적인 생각과 감정, 삶에 대한 접근 방식이 바뀌는 것을 느낄 수 있을 것이다. 세상을 바라보는 시각이 바뀌면서 호기심 많고 용감한 태도로 삶을 마주하게 된다. 자연스럽게 풍요로운 느낌과 관대함이 생겨나기 시작해 다른 사람들에게 베풀 게 많다고 느끼게 된다.

확장 단계에서 자신과 자신에게 닥치는 모든 일을 헤쳐 나갈 능력뿐 아니라 삶의 전개 자체를 깊이 신뢰하게 되어 힘든 경험 속에서도 아름다움과 새로운 기회를 발견하게 된다. 더 나아가 목적의식과 삶의 의미를 발견하고 개발하며 자신의 재능을 세상과 나누려는 열망에 이끌린다.

• 신경계 조절 장애의 치유를 위한 네 가지 서약

신경계 치유 커뮤니티를 이끄는 실무진과 나는 신경계 조절을 향한 여정에 오른 수천 명을 지원하는 영광을 누려왔다. 그런데 우리가 지원하는 사람들에게 반복해서 나타나는 어떤 문제가 있었다. 치유에 성공하고 싶다면, 다음 네 가지 서약을 숙고해보라. 당신의 치유 여정에 합당하고 도움이 될 것 같다면, 다음 장으로 넘어가기 전에 아래와 같이 다짐하라. 이 서약은 상황이 어려워질 때도 계속 앞으로 나아가도록 돕는다. 메모장에 적어 컴퓨터 근처에 두거나, 냉장고에 붙이거나, 침대 옆에 두고 아침에 일어났을 때 제일 먼저 떠올릴 수 있게 하라.

서약 1: 나는 작은 행동을 여러 번 반복해 실천할 것이다

신경계 조절은 일상생활 속에서 일어난다. 여전히 학교에 가고, 직장에 다니고, 사랑하는 사람들을 돌보는 등 중요한 일상적 활동이 당신의 하루를 채운다. 신경계를 조절하는 데 도움이 되는 훈련을 하기 위해 매일 긴 시간을 할애할 필요는 없다. 사실 신경계 조절 장애가 있다면 새로운 훈련에 전념할 시간이나 에너지가 없을 것이다. 구슬이 든 당신의 컵은 이미 넘치고 있을 테니 말이다.

신경계를 조절하는 열쇠는 길고 복잡한 훈련을 하는 것이 아니라 단순하고 짧고 간단한 훈련을 **꾸준히** 하는 것이다.

결국 당신은 신경계를 조절하는 기술에 숙달할 것이다. 하지만 어떤 기술이든 통달하는 데는 시간이 걸리며, 신경계 조절 문제는 특히 그렇다. 갑작스럽게 돌파구가 나타나고 능력이 급격히 향상될 것 같은 순간도 분명 있겠지만, 꾸준한 연습이야말로 다른 무엇보다 큰 진전을 가져올 것이다.

5단계 계획 중 각 단계에 있는 훈련을 꾸준히, 짧게 반복하면 신경계를 안정적이고 유연하게 조절하는 새로운 신경 경로가 만들어질 것이다. 때로는 진전이 더딘 것처럼 보일 수 있지만, 훈련을 반복할 때마다 효과가 쌓여 결국 모든 노력이 보상받을 것이다.

서약 실천

사람들이 종종 경험하는 장애물은 실행보다 계획과 분석에 갇히는 것이다.

신경계 조절은 인지의 과정이 아니다. 물론 지금처럼 좋은 계획을 배우고 수립하려면 생각이 필요하기는 하다. 하지만 계획, 전략 수립, 분석 같은 인지 과정만으로는 신경계가 조절되지 않는다. **작은** 행동을 강조하는 이유도 이 때문이다. 매일 한 가지 작은 행동만 실천해도 신경계 역량이 향상되는 결과를 볼 수 있다.

서약 2: 나는 천천히 나아갈 것이다

치유를 처음 시작할 때 사람들이 흔히 저지르는 또 다른 실수는 너무 욕심을 내다가 지쳐버리는 것이다. 5단계 계획에서 배우게 될 방법은 복잡하지 않다. 대부분은 5분에서 15분이면 끝나는 것이어서 한 번에 여러 가지를 연습해 빨리 나아가고 싶을 수 있다. 그런 유혹을 물리치고 느리고 꾸준한 속도로 진행하라.

신경계 조절 장애의 치유는 경주가 아니라 여정이다. 많은 사람이 조급함에 사로잡혀 치유가 빨리 진전되지 않을 때 좌절을 느낀다. 이 때문에 여정을 포기하기도 한다. 물론 원하는 만큼 치유가 잘되지 않을 때는 실망스럽다. 당신도 '나는 왜 아직 여기에 있지? 이 고통은 언제 끝날까?'와 같은 질문을 하게 될 수 있다.

서약 실천

사람들은 흔히 스스로 일정을 제시하고 비현실적인 기대치를 설정하는 경향이 있으며, 이는 실망감, 심지어 죄책감으로 이어질 수 있다. 하지만 5단계 계획의 한 단계에서 다음 단계로 얼마나 빨리 나아가느냐에 따라 성공 가능성이 더 커지는 것은 아니다. 한 번에 너무 많은 연습을 하도록 스스로 밀어붙이거나 5단계를 너무 빨리 진행하는 경우, 불필요한 스트레스와 불안감이 커지고 오히려 진전이 더뎌진다.

5단계 계획의 첫 번째 단계인 인식하기에서는 자기 몸에 귀를 기울이도록 해줄 방법을 배울 것이다. 더 빨리 가고자 하는 욕구는 대개 내면화된 조급함 때문에 발생한다. 몸이 위험에 처해 있으니 빨리 치유해야 한다는 신호를 감지하고 심장이나 장이 움츠러들거나 조이는 느낌이 들 수도 있다. 그런 조급함이 치유 여정을 규정하게 하지 마라. 그 대신 옷장 속의 괴물을 무서워하는 아이에게 하듯 그것이 오래된 내장형 알람임을 알아차리고, 안전하다며 달래도록 하라.

서약 3: 나는 한 번에 한 가지씩 할 것이다

멀티태스킹은 경계 엘리베이터의 옐로 상태와 관련이 있다. 동시에 여러 일을 수행하고 여러 요구를 충족시키려고 작업 기억을 과하게 사용하기 때문이다. 5단계 계획이 옐로 상태로 만드는 또 다른 요인이 되지 않도록 하라.

대신 한 번에 한 단계씩 완료하라. 그리고 각 단계를 진행할 때도 한 번에 한 가지만 선택해 실천하라. 신경계 치유 온라인 커뮤니티에서는 매주 한 가지 실천 사항만 제시해 사람들이 압도당하지 않고 꾸준한 속도를 유지하도록 돕는다. 나는 비슷한 속도를 유지하며 매주 한 가지만 실천할 것을 추천한다. 자신에게 맞는 방법을 찾았다면 속도를 늦추고 원하는 만큼 몇 주 동안 계속 실행해도 좋다. 당신의 가장 예민한 부분이 원하는 속도로 천천히 회복될 수 있도록 하라.

신경계에서 가장 예민한 부분은 가장 쉽게 압도당하는 부분이기도 하다. 직관과는 반대로 천천히 진행할 때 실제로 압도당하는 경향이 감소해 신경계가 더 잘 조절된다.

스스로 주변 세계와 연결되어 있고, 몸이 스트레스에 적절히 반응하고 있음을 깊이 신뢰하는 당신의 모습이 먼 미래 같을 수 있다. 하지만 5단계 계획에 따라 한 번에 한 가지씩 연습해간다면 신경계가 원활하게 조절되는 마지막 확장 단계에 도달하는 것도 놀랍도록 단순하고 간단한 일이 될 수 있다.

서약 실천

이 서약이 막을 수 있는 공통적 장애물 중 하나는 치유 여정에서 만나는 어려움을 피하려고 반짝이는 새 기법들을 쫓아다니는 것이다. 오해하지 마라. 새로운 기법을 시도하는 것은 재미있는 일이고, 때로는 큰 도움이 된다. 신경계 치유를 주제로 하는 책, 강의, 자료가 아주 많으므로, 새로운 해결책은 늘 있다.

하지만 끊임없이 새로운 방법, 요령, 습관을 찾는 것은 결국 신경계를 치유하고 조절하려는 노력을 사실상 피하는 길이 된다. 이것은 2장에서 논의했던 또 다른 '응급조치의 악순환'이니 속지 마라. 반짝이는 새로운 기법을 추구하려는 마음이 생길 때 이를 알아차려라. 이런 마음은 치유 여정에서 만날 수 있는 정상적인 부분이지만, 지금까지 소개한 과학적 방법으로 되돌아오면 더 많은 진전을 이룰 수 있다는 사실을 기억하라.

서약 4: 나는 장애물을 도전으로 받아들일 것이다

제대로 조절되지 않는 신경계를 치유하는 일은 결코 만만치 않으며, 그 과정에서 장애물에 부딪히는 일도 피할 수 없다. 처음에 인식하는 법을 연습하고 긍정적 효과를 경험하기까지 예상보다 많은 시간이 필요할 수도 있다. 신경계가 원활하게 조절되기 시작하면 오히려 더 많은 스트레스를 느낄 수도 있다. 또는 매일 안정감과 현실감을 느끼기 시작할 때쯤 심한 스트레스를 주는 사건이 발생해 안정을 완전히 깨뜨리기도 한다.

스트레스 연구자들은 일반적으로 계획을 방해하는 돌발적 사건과 스트레스 요인에 대응한다는 방식이 두 가지라는 사실을 알아냈다.

- 예상치 못한 새로운 사건을 위협으로 본다: 이 새로운 장애물이 신중하게 세운 계획을 방해할 때 사람들은 분노하거나, 분개하거나, 두려워한다.
- 예상치 못한 새로운 사건을 도전과 성장의 기회로 본다: 연구에 따르면 장애물을 도전으로 보는 사람들은 위협으로 보는 사람들보다 회복탄력성이 훨씬 더 높았다.

이 서약의 첫 부분은 장애물이 있다고 인정한다. 장애물이 무엇일지 예상할 수는 없지만, 장애물이 나타날 때마다 '아, 예상하던 바야'라고 스스로 생각할 수 있다면 그게 무엇이든 그 문제에 압도당할 가능성이 훨씬 작아진다.

두 번째 부분은 불가피한 장애물이 나타났을 때 이를 또 다른 도전, 인식과 조절 기술을 연습할 또 다른 기회로 접근하도록 관점을 재형성한다. 학습은 시도하고, 실패하고, 다시 시도하는 과정이다. 우리는 실수와 장애물에도 불구하고 배우는 것이 아니라 실수와 장애물 **때문에** 배운다. 그리고 장애물을 극복할 때마다 스트레스 요인을 처리하는 신경계의 능력은 향상된다.

서약 실천

이 서약은 이룰 수 없는 이상을 좇거나 비현실적인 기대를 하는 경향과 관련이 있다. 자신의 어떤 부분 때문에 스스로 '잘못'하고 있다고 여겨지는지 확인하라. 완벽주의적 성향에 특히 주의하라. 완벽하지 않으면 할 가치가 없다고 생각하는 함정에 빠지지 마라.

자신을 다른 사람과 비교하기보다 자신과 비교하라. 지금 당신의 신경계는 잘 조절되지 않고 있다. 그것이 당신의 기준선이다. 그 기준선에서 조금만 개선돼도, 가령 그린 상태에 몇 분 더 머물거나 에너지를 회복하는 데 도움이 되는 숙면 시간이 평소보다 몇 분 더 느는 것도 큰 성공이다. 기준선에서 얼마나 나아졌든 축하하고 발전을 인정하자.

• 자주 하는 질문들

다음은 사람들이 신경계 조절 장애에서 회복하기 위한 5단계 계획에 따르면서 흔히 하는 중요한 질문들이다. 질문하기는 5단계 계획의 여정에서 중요한 부분이다. 이런 질문이 생긴다면 건강에 관한 복잡한 문제를 이해하고 씨름할 능력이 길러지고 있다는 신호일 수 있다. 치유 과정 중 언제라도 이 부분으로 돌아와 질문을 다시 살펴보라.

질문: 신경계를 조절하기까지 얼마나 걸릴까?

답변: 수년에 걸쳐 신경계 조절 장애가 발생했으니, 이를 되돌리는 데도 시간이 걸리는 것은 당연하다. 얼마나 걸릴까? 사람마다 다르므로 특정해서 말하기는 어렵지만, 5단계 계획을 따른다면 무작정 신경계를 조절하려는 것보다 시간을 상당히 앞당길 수 있다는 점만은 분명하다. 이를 염두에 두고, 5단계 계획을 따르는 데 일반적으로 걸리는 시간을 안내하면 다음과 같다.

- 평균적으로 인식 및 조절 단계를 실천한 지 4~6주가 지나면 안도감을 느끼고, 더 차분해지고, 조절 장애를 일으키는 요인에 대한 반응이 달라지기 시작한다.
- 4~6개월이 지나면 더 고정적이고 지속적인 결과를 경험하게 된다.
- 내장형 알람, 극심한 번아웃, 애착 문제처럼 더 심각한 문제에는 더 많은 시간이 필요하다. 일부 과학적 연구에 따르면, 1~2년간 매일 짧게 훈련할 때 심각한 문제를 근본적으로 변화시킬 수 있다. 하지만 이는 각자의 상황에 따라 다르다. 시간이 더 오래 걸리더라도 실망하지 마라.

무술 단련과 마찬가지로 신경계 조절에 숙달하려면 자신의 필요를 충족시키는 데 전념하면서, 평생 노력해야 한다. 하지만 한꺼번에 모든 것을 이룰 필요는 없다! 작은 것부터 시작해 학습과 치유에 전념하고 그 여정을 즐겨라. 노력 끝에 새로운 자유와 평화를 평생 누리게 될 것이다.

질문: 5단계 계획이 내가 진단받은 문제나 증상에 효과가 있을까?

답변: 신체적 또는 정서적 문제를 관리할 때 종종 사람들은 무엇이 자신에게 도움이 될지 확신하지 못해 불안해한다. 다음 장에서 살펴볼 것처럼 여러 과학적 연구에서 신경계를 조절하는 방법과 기술이 다양한 건강 상태에 긍정적인 영향을 미친다는 사실이 밝혀졌다. 문제의 근본 원인을 해결하기 위해 신경계를 조절하는 일은 매우 중요하지만, 의사와 상의해 의학적 진단을 받는 일도 중요하다.

질문: 나는 신경계 조절 장애에서 치유될 수 있을까?

답변: 물론이다! 신경계가 만성적인 스트레스 패턴에 갇혀 있을 필요는 없다. 신경계는 스스로 조절 장애에서 회복할 잠재력을 지니고 있다. 이 책에서 소개하는 방법들은 과학적 연구에 기초한 것이다. 신경계 조절 장애에서 회복하기 위해 우리가 사용하는 방법들의 효능과 이점을 뒷받침하는 과학적 증거가 점점 더 늘어나고 있다.

질문: 신체 치료, 대화 치료, CBT(인지행동치료), EMDR(안구운동 둔감화 및 재처리 기법) 같은 다른 방법을 이미 쓰고 있어도 5단계 계획을 따라 할 수 있는가?

답변: 신경계 조절 장애와 같은 복잡한 문제와 씨름할 때는 다양한 방법을 통합해 활용하는 것이 매우 유용하다. 통합적 치료는 5단계 계획의 진행을 강화하고 지원하며, 그 반대도 마찬가지여서 더 강력한 결

합 효과를 가져온다.

하지만 앞에서 설명한 서약에 유의하라. 한 번에 너무 많은 실천법을 과도하게 쓰지 말고, 실제로 시작은 하지 않으면서 어떤 방법을 쓸지 계획하고 전략을 세우는 데만 빠져 있지 마라.

이미 심리치료사에게 CBT, EMDR 또는 대화 치료를 받고 있다면 5단계 계획을 시작하기 전에 심리치료사와 상담하는 것이 좋다. 그들은 새로운 방법을 쓸 때 든든한 동맹군이 되어준다.

때로는 새로운 방법을 추가하기 전에 현재 쓰던 방법을 완료하는 것이 가장 좋다. 외상성 스트레스 요인의 재처리처럼 이미 신경계에 큰 부담을 주는 작업을 하고 있다면 더욱 그렇다. 하지만 여력이 생기는 즉시 기존에 하던 치료법과 함께 5단계 계획을 실천하기 시작하면 시너지 효과를 얻을 수 있다.

질문: 신경계 조절 장애는 정신적 또는 신체적 진단명인가?

답변: 신경계 조절 장애는 정신적 또는 신체적 진단명이 아니다. 이것은 증상을 더 잘 이해하고 개선하기 위한 후속 조치에 도움이 되는 틀이다. 그러므로 5단계 계획에 따른 신경계의 조절이 바이러스, 염증, 당뇨병, 암과 같은 질병의 진단과 치료를 대체할 수는 없다. 의료 전문가와의 협력은 신경계 건강의 네 기둥 중 신체 기둥에 중요하다. 기저 질환이 신경계 조절 장애를 유발하는 요인이 될 수 있으므로, 기저 질환이 있는 경우 신경계 치유의 일환으로 공인된 의료 전문가의 진단을 받아야만 한다.

나는 몸과 마음, 관계, 자신보다 큰 무언가와의 영적 연결에 서로 분리될 수 없는 상호연관성이 있음을 이해시키기 위해 신경계 조절 장애라는 틀을 사용한다. 단순히 각 증상에 대한 개별적 치료를 추구하던 데서 벗어나 생리, 심리, 생활 방식 등 신체의 모든 요소가 서로 어떻게 작용하는지 이해할 때 건강에 영향을 미치는 삶의 모든 면을 개선할 힘을 얻게 된다.

질문: 왜 어떤 영역은 개선되는데 다른 증상들은 심해질까?

답변: 신경계 치유의 초기 단계에서 다양한 증상의 기복이 있는 것은 지극히 정상이다. 이는 세포가 과활성화되면서 에너지 수준을 회복하고 신체를 재조정하는 혼란스러운 상태에서 생기는 현상이다.

증상의 기복을 경험하는 것은 상황이 나아지고 있다는 신호일 때가 많다. 건강 개선을 위한 여정에서 이런 변동과 변화를 목격할 수밖에 없으므로 치유 과정 내내 인내심을 갖고 일관성을 유지하며 자신을 친절히 대해야 한다.

질문: 혼자서 5단계 계획에 따라 신경계를 치유할 수 있을까?

답변: 치유 여정을 주도하는 것은 회복을 위한 중요한 발걸음이지만, 신경계 치유가 전적으로 혼자 씨름할 문제는 아니다. 회복에는 필연적으로 기복이 따르며, 전문가와의 협력이나 온라인 또는 대면 커뮤니티 등 다른 사람들의 도움 없이는 이를 관리하기 힘들다. 적합한 의사를 찾을 수 있고, 비용을 감당할 수 있다면 도움을 받는 것이 좋다. 치유 과정에 관한 훈련을 받은 전문가와 함께하면 책임감과 새로운 통찰력을 얻어 치유를 계속할 수 있고, 자신만의 방식에서 벗어날 수 있다.

하지만 모든 사람이 치유 여정을 안내해줄 전문가의 일대일 지원을 정기적으로 받을 수 있는 것은 아니다. 치유 커뮤니티 사람들과 협력하면 치유 여정을 계속하기에 충분한 도움을 받을 수 있다. 안전한 공간에서 치유 동지들과 각자의 여정에 관해 이야기를 나누는 것은 추진력을 얻고 일관성을 유지하는 데 도움이 된다. 지역 지원 단체를 이용할 수 없더라도 신경계 치유 커뮤니티와 같은 온라인 커뮤니티는 다른 사람들과 연계할 길을 제공한다.

탄탄한 지원 시스템을 활용하면 치유 여정에서 운전대를 직접 잡고 여정의 우여곡절을 헤쳐 나갈 수 있다.

질문: 약을 복용하는 동안에도 신경계를 조절할 수 있는가?

답변: 물론이다. 약은 생명을 구해주며, 많은 사람의 치유 여정에서 중요한 부분을 차지한다. 어떤 사람들은 치유 여정을 계속하기 위해 평생 약을 복용해야 하는 반면, 어떤 사람들은 신경계가 꾸준히 조절되는 상태가 되면 의료 전문가의 지도하에 약을 줄일 수 있다. **약의 조정은 항상 의료 전문가의 감독하에 이루어져야 한다**는 점을 기억하라.

결승선 없는 지속적인 신경계 치유 여정

신경계 조절 장애의 치유가 버겁고 힘든 과업처럼 느껴질 수 있지만, 5단계 계획은 앞으로 나아갈 방향을 명확히 제시한다. 인식, 조절, 회복, 관계, 확장 단계를 하나씩 해결하고 숙달해가는 과정은 마치 복잡한 퍼즐을 맞춰가면서 아름다운 큰 그림을 완성해가는 것과 같다. 순차적 단계들이 처음에는 융통성 없어 보일 수 있지만, 사실 이는 개인적 상황에 맞춰 조정할 수 있을 만큼 유연하다. 치유는 결코 직선적인 과정이 아니므로 자신에게 효과가 있는 방법을 찾는 것이 필수적이다. 하지만 각 단계는 이전 단계를 기반으로 하며, 단계의 순서에는 중요한 목적이 있다는 점을 명심하라.

단계를 순차적으로 따라가다 보면 종료 지점이 없다는 사실을 알게 될 것이다. 치유를 위해 시작한 이 여정은 지속적인 모험이며, 각 단계를 진행할수록 그 모험은 더 깊고 풍성해진다. 충분한 시간을 들여 연습할 때 이 과정은 인생을 바꾸는 경험이 될 것이다. 보람은 덤이다. 인내하고 노력한다면 이 과정에 숙달되어 원활하고 건강한 신경계를 만드는 법을 배울 수 있다.

5단계에 돌입하기 전에 먼저 신경계 건강을 강화해주는 기본 요소들을 구조화하는 것이 중요하다. 나는 이를 신경계를 지원하는 기본 루틴이라고 부르는데, 이것이 다음 장의 주제다. 이 기본 루틴 없이는 5단계에서 제시하는 기법이 그다지 효과가 없을 수 있다. 하지만 이런 일상 습관이 동반되면 치유 여정에서 가장 어려운 부분도 잘 감당할 수 있을 것이다.

신경계를 지원하는 기본 루틴

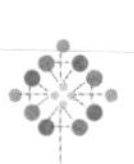

신경계 조절 장애의 회복을 위한 5단계 계획은 치유 여정 내내 신경계를 지원할 기본 루틴을 세우는 데부터 시작한다. 신경계를 구조화하고, 이를 예측할 수 있도록 루틴을 만들면 예민한 신경계가 좀 더 안전하고 편안해진다. 이는 입력되는 다양한 형태의 자극을 정리하는 데 유용하다. 그리고 이 자극들이 신경계 조절을 방해하지 않고 오히려 지원하도록 환경을 만든다. 복잡하거나 어렵게 생각할 필요는 없다. 작은 노력이 우리에게 생각지 못한 큰 보상을 안겨줄 것이다.

이 장에서는 5단계 계획을 실행하는 동안과 그 이후까지 신경계 조절을 지원하는 간단한 루틴을 만드는 방법을 알려준다. 신경계 건강의 네 기둥 중 신체 기둥에 주로 해당하는 이 루틴은 신경계에 가장 중심이 되는 네 영역인 신체 감각, 수면, 영양 섭취, 가정에서의 습관으로 구성된다. 감각 자극과 운동, 수면과 생체 리듬, 혈당 조절과 장내 미생물군gut microbiome, 편안하고 단순한 느낌을 위한 루틴을 설정하는 방법을 알아보자.

감각 자극 루틴 만들기

당신이 매우 예민한 사람이라면 특정 자극을 피하는 경향이 클 수 있다. 또는 따뜻한 물로 오래 목욕하거나 좋아하는 음악을 듣는 등 진정 효과가 큰 감각 자극에 최대한 몰두하는 경향이 있을 수도 있다. 선천적으로 매우 예민한 사람이 아니더라도 신경계 조절 장애로 특정 자극에 대한 예민성이 일시적으로 증가하면 특정 자극을 추구하거나 피하게 되는 경향이 나타난다.

너무 시끄럽거나 분주한 환경에서 벗어나는 등 강렬한 감각 자극을 전략적으로 피하는 전략은 특정 상황에서 심리적 탈진이 되지 않도록 막아준다. 하지만 너무 지나친 회피는 해가 된다. 우리 몸과 마음이 원활히 기능하려면 적당량의 스트레스와 자극이 필요한데, 모든 자극을 어떻게든 피하려고 하면 신경계가 스트레스와 불편한 감정에 더욱 예민해져서 문제가 더 나빠질 뿐이다.

불편한 느낌이 들려고 할 때마다 사우나에 가거나, 식물원에서 평화롭게 산책하거나 뜨거운 물로 오랫동안 샤워하는 등의 '진정 요법'soothing practices을 쓰라는 조언도 본 적이 있을 것이다. 이런 방법을 즐기는 데는 문제가 없다. 다만 '진정 요법'은 감각 과부하에서 잠시 숨을 돌리게 할 뿐이지, 신경계를 조절하거나 예민성을 완화하기에는 적절하지 않다.

당신의 목표는 신경계가 예민하게 반응하기보다는 더 다양한 스트레스 자극을 관리할 수 있도록 부드럽게 가르쳐서 자극에 위축되거나 도피하는 대신 유연하고 탄력적으로 반응하게 하는 것이다.

감각 자극 루틴sensory stimulation routine은 신경계를 압도하지 않으면서도 감각을 적절히 자극하는 활동과 경험을 제공한다. 여기에는 촉각, 미각, 후각, 시각, 청각은 물론 공간 속 균형 감각과 신체 지각을 부드럽게 자극하는 활동도 포함된다. 이는 신경계를 자극하고 다양한 자극 유형에 맞춰 신경계를 재조정하는 데 도움이 되는 감각 경험과 활동을 적절히 조합해 컵을 채우는 것과 같다. 이 방법은 다른 활동을 하면서도 할 수 있을 만큼 간단하면서도 마법 같은 효과를 낸다. 이 방법은 예민도 수준과 관계없이 조절 장애를 경험하는 모든 사람에게 중요하다.

조절 장애 상태인 신경계는 안전하지 않다고 느끼고, 이 느낌이 집중력 저하, 불안감, 불안정한 수면 패턴으로 나타난다. 감각 자극 루틴은 신경계에 안전하다는 메시지를 분명하게 전달한다. 진정 효과가 있고 안정감을 주는 감각 경험이 신경계를 자극함으로써 몸이 안전하고 환경과 잘 연결되어 있다는 신호를 신경계에 보낸다. 이 안전감은 신경계가 고도의 경계 태세인 옐로 또는 레드 상태에서 편안함과 긴장 완화를 느끼는 그린 상태로 전환하도록 장려한다.

예민성 수준이 낮은 사람이라면 자극이 부족해 추가적인 감각 자극을 추구하는 경우가 많다. 맞춤형 감각 자극 루틴은 통제된 방식으로 꼭 필요한 자극을 제공해 신경계의 기민함과 반응도를 유지하는 데 도움을 준다.

반대로 예민성 수준이 높은 사람은 감각 과부하가 발생하기 쉽다. 그들의 신경계는 주변 환경의 수많은 감각 데이터에 의해 쉽게 압도될 수 있다. 감각 자극 루틴의 목적은 감각 경험을 감당할 수 있는 양만큼 점진적으로 도입해, 압도당하지 않고 신경계의 수용력을 확장하는 데 있다.

루틴을 일관되게 유지하면 불편한 느낌을 피하려고 움츠러들거나 진정 효과가 있는 자극에 몰두하는 등의 대처 전략에 자주 또는 크게 의존할 필요가 없음을 알게 된다.

만성피로나 통증 같은 만성 질환을 앓는 사람들은 이런 루틴의 실

추진력 키우기

일상생활에서 루틴 만들기

5장에서 살펴본 네 가지 서약을 염두에 두지 않으면 지금부터 알아볼 실천 사항이 부담스럽게 느껴질 수 있다. 천천히, 한 번에 한 가지씩 실행에 옮겨야 한다는 점을 기억하라. 빠른 변화를 위해 모든 것을 한꺼번에 할 필요는 없다.

감각 자극 루틴이 가장 효과가 크므로 이 루틴을 먼저 세우기를 추천한다. 그런 후에 수면과 식단으로 넘어가라.

5단계 계획으로 넘어가기 전에 이 루틴을 완벽히 갖출 필요는 없다. 일상 루틴을 계속 만들어가는 동안에도 5단계 계획을 순차적으로 따를 수 있다. 하지만 그렇게 하기 힘들다고 느껴지면 언제든지 다시 루틴을 세우는 이 장으로 돌아와도 괜찮다. 수면, 식단, 일상 루틴을 추가한 후 피로감이 심해지거나 불안하거나 압도되기 시작한다면 감각 자극만 연습하는 것도 괜찮다. 여러 번 작게 실행하는 것이 성공으로 가는 길임을 기억하라. 몇 주 또는 몇 개월에 한 번씩 이 장을 다시 살펴보고 새로운 루틴을 추가할지 고려해보라.

행은 고사하고 에너지가 부족해 아무것도 못한다는 말을 자주 한다. 당신도 그렇다면 한 번에 한 가지씩 작은 루틴으로 시작하고 점차 에너지가 증가하면 루틴을 늘려라. 나는 만성 질환으로 삶이 유달리 힘든 사람들에게도 이 접근법이 놀라운 효과를 발휘하는 것을 목격했다.

• 감각 자극 루틴의 형성과 실행

감각 자극 루틴 만들기는 개인 맞춤형 과정이다. 어떤 사람에게는 효과가 있는 것이 다른 사람에게는 효과가 없을 수 있으며, 오늘 효과가 있는 것이 내일은 효과가 없을 수 있다. 이 과정은 역동적이며 생활 환경과 필요에 따라 변경할 여지를 두어야 한다. 초기에 눈에 띄는 개선 효과가 나타난다고 해서 루틴을 그만두거나 한 가지 루틴만 고수해서는 안 된다. 감각 자극 루틴은 건강을 위한 지속적인 노력이다.

당신의 몸이 변화하고 성장하고 적응하는 것처럼 감각 자극 루틴도 그래야 한다. 시간이 지남에 따라 어떤 활동은 신경계를 최적 수준(몸이 가장 편안하게 느끼는 수준)으로 유지하는 데 예전만큼 유용하지 않다. 새로운 문제에는 다른 감각 자극이 필요할 수도 있다. 이는 실패 신호가 아니라 오히려 당신이 성장하고 있다는 신호이며, 감각적 요구의 역동성을 나타낸다.

효과적이고 적절한 루틴을 유지하려면 이를 정기적으로 평가하고 조정해야 한다. 오래된 활동을 새로운 활동으로 대체하거나, 특정 요법의 지속 시간 혹은 강도를 조정하거나, 변화하는 요구에 더 부합할 수 있는 새로운 형태의 감각 자극을 실험할 필요가 있다. 완벽한 루틴을 만들기 위해서가 아니라 당신의 몸을 이해하고, 몸이 요구하는 바를 인식하고, 그에 따라 감각 자극 루틴을 조정할 만큼 유연해지기 위해서다. 평가와 조정의 과정은 당신의 몸이나 몸의 감각 경험과 지속적으로 대화하고, 그 이해를 바탕으로 루틴을 조정하는 과정이다.

인내심과 관찰력을 가지고 몸의 필요를 충족하려는 의지가 있다면 감각 자극 루틴은 단기적인 해결책이 아니라 신경계 내의 유연성과 조화를 촉진하기 위한 평생의 노력임을 알게 될 것이다.

다음 감각 자극 목록에서 두세 가지를 선택하고 매일 10분에서 20분 동안 실천하라. 다양한 활동은 기분을 새롭게 하고, 연습을 흥미롭게 하므로 매일 또는 매주 다른 활동을 선택해도 좋다. 같은 활동을 계속하는 것이 자신에게 더 잘 맞을 수도 있다. 대부분의 활동은 따로 시간을 낼 필요 없이 일상 루틴에 추가할 수 있다.

몸에 잘 맞는 활동을 찾을 때까지 여러 활동을 계속해보라. 모든 활동이 도움은 되겠지만, 특정 활동이 당신에게 유난히 좋을 수 있으며, 그 활동의 어떤 부분이 좋은지는 당신의 몸이 알려줄 것이다. 기분이 좋아지는 활동을 찾으면 한동안 그 활동만 해도 좋고, 다른 활동을 계속 실험해봐도 좋다.

전정감각 자극

전정감각 자극은 **균형, 협응, 위치 감각**의 유지를 주로 담당하는 내이의 전정기관을 활성화한다. 빙 돌기, 회전하기, 흔들기 등 전정기관을 자극하는 활동은 신경계를 조직하고, 집중력을 높이고, 균형감을 개선하고, 공간 인지력을 높이는 데 큰 도움이 된다.

전정감각과 고유감각 자극

평형감각과 연관된 전정감각 자극vestibular input과 신체 내부 감각과 연관된 고유감각 자극proprioceptive input은 신경계를 조직하는 데 가장 중요한 자극이다. 매일 다음을 연습하라.

- 전정감각 자극, 능동적 고유감각 자극, 수동적 고유감각 자극으로 시작하라. 이 감각 시스템 각각을 최소 3분간 자극하는 것을 목표로 하고, 궁극적으로는 각각 최대 10분 동안 자극하는 것을 목표로 하라.
- 며칠 또는 몇 주 후에 준비가 되면 촉감 자극을 추가해 촉각을 자극하라.
- 매일 고유감각, 전정감각, 촉각 자극만으로 충분한 사람이 많을 것이다. 하지만 소리, 냄새, 빛, 질감에 매우 예민하다면 그런 자극을 추가해 안전한 방식으로 신경계를 부드럽게 자극하라.
- 수동적 고유감각 자극을 추가해 신경계를 안정시키는 것으로 마무리하라.

기억하라. 자신에게 맞는 조합을 찾을 때까지 여러 가지를 시도해보라. 지금부터 처음 시도해보기 좋은 목록을 소개할 테지만 이에 국한되지는 마라. 이 목록이 모든 것을 아우를 수는 없기 때문이다.

○ 앉거나 선 자세로 머리를 상하좌우로 돌린다.

○ 의자에 앉아 의자를 돌리거나 팔을 바깥으로 뻗은 채 원을 그린다.

○ 그네를 타거나 성인용 해먹에 앉아 흔들거린다.

○ 나무 자세와 같은 균형을 잡는 요가 자세를 한다.

○ 점핑 잭(팔 벌려 뛰기)이나 스타 점프(양팔과 양발을 벌리며 뛰었다가 발끝에 손을 대는 운동 – 옮긴이)처럼 자세를 빠르게 바꾸는 동작을 한다.

○ 술래잡기처럼 빠르게 방향을 바꾸며 움직이는 게임을 한다.

○ 요가 볼, 짐볼, 운동용 쿠션 등에 앉아 몸을 앞뒤로 흔든다.

○ 한 발 뛰기, 두 발 뛰기를 번갈아 가며 줄넘기를 한다.

○ 철봉이나 천장에 매단 고리 등을 이용해 공중그네 운동을 한다.

○ 빠른 음악에 맞춰 춤을 춘다.

○ 언덕이나 경사면에서 옆으로 구른다.

○ 흔들의자에 앉아 흔들기와 같이 앞뒤로 왔다 갔다 하는 동작을 반복한다.

○ 자전거, 스쿠터, 스케이트보드, 롤러블레이드 등을 탄다.

○ 벽에 발을 대거나 손으로 체중을 지탱하며 물구나무를 선다.

능동적 고유감각 자극

근육, 힘줄, 관절의 감각 수용체로 구성된 고유감각계proprioceptive system는 신체 **위치, 움직임, 힘**과 관련이 있다. 능동적인 고유감각 자극에는 신체 위치, 근육의 움직임, 저항 등의 변화를 느끼는 감각을 자극하는 활동이 포함된다. 점프, 등산, 무거운 물건 밀고 당기기 같은 동작은 고유감각계를 자극하며, 신경계의 안정과 운동 조절의 촉진, 신체 인식의 향상, 신체적 강도와 능력의 향상에 도움이 된다.

- ○ 벽이나 고정된 표면에 대고 팔굽혀펴기를 한다.
- ○ 앉거나 선 자세로 또는 맨몸 운동을 하면서 운동용 밴드를 잡아당긴다.
- ○ 벽이나 무거운 가구, 무거운 담요를 민다.
- ○ 청소기를 돌린다.
- ○ 창문을 닦는다.
- ○ 쓰레기를 버린다.
- ○ 빨래 바구니 같은 무거운 물건 들고 계단 오르내린다.
- ○ 물을 채운 물병으로 역도 운동을 한다.
- ○ 앉거나 서서 탄성 운동 밴드로 근력 및 저항력 훈련을 한다.

수동적 고유감각 자극

수동적 고유감각 자극은 **힘을 쓰거나 가하지 않고 신체의 위치 감각과 운동 감각을 느끼는 것**을 말한다. 여기에는 중량 조끼나 압박복 착용, 심부 조직 마사지 받기 등이 포함될 수 있다. 이런 경험은 능동적 고유감각 자극과 달리 안정, 진정, 안도, 안전과 관련된 감각 위주로 고유감각계를 자극한다.

- ○ 지압기, 진동 롤러 볼, 두피 마사지기 등의 도구를 사용한다.
- ○ 베개, 인형, 로프 장난감 등을 강하게 누른다.
- ○ 중량 조끼나 벨트를 착용한 상태로 일상 활동을 한다.
- ○ 팔과 다리를 꽉 쥐거나, 스스로 껴안거나, 아이나 반려동물과 싸우는 놀이를 한다.
- ○ 압박복이나 압박 시트를 사용한다.
- ○ 심부 조직 마사지를 받는다.

- 무거운 커다란 베개나 쿠션 밑에 눕는다.
- 김밥을 말듯이 이불로 몸을 만다.

촉각 자극

촉각 자극은 **외부 세계와 피부의 접촉**과 관련된 감각을 자극한다. 이는 신경계가 질감, 온도, 압력, 진동, 통증을 체계적으로 감지하고 해석하는 데 유용하다.

- 부드러운 솔로 피부를 쓸어준다.
- 따뜻한 물로 샤워나 목욕을 한다.
- 사포나 에어캡, 벨벳, 폼 블록처럼 질감의 물체를 만진다.
- 다양한 질감과 향의 보디로션을 바른다.
- 통증이나 스트레스 완화가 필요한 피부 부위에 얼음팩을 댄다.
- 실크, 면, 양모 등 다양한 종류의 천을 손가락 사이에 끼우고 문지른다.
- 정원을 가꾸거나 식물과 흙을 만지는 야외 촉각 활동을 한다.
- 다양한 모양과 질감의 공작용 점토를 가지고 논다.
- 반려동물의 털이나 깃털을 빗겨주는 등의 활동을 한다.

후각 자극

후각을 자극한다. 후각 기관은 냄새를 감지하고 해석하는 데 중요한 역할을 하며, 이는 행동, 감정, 기억에 영향을 미친다. 냄새에 특별히 예민하거나 다음 활동들을 좋아한다면 감각 자극에 후각 자극을 포함해보자.

- ○ 자연을 산책하면서 코로 숨을 들이쉬며 식물과 나무, 꽃의 다양한 향기를 맡는다.
- ○ 다양한 요리법으로 음식을 하면서 향신료, 허브, 기타 재료의 향을 맡는다.
- ○ 커피콩과 찻잎의 향기를 맡는다.
- ○ 눈을 가린 채 레몬이나 라벤더, 페퍼민트 등 세탁물의 향기를 맞추는 게임을 한다.
- ○ 야외에서 진흙 웅덩이, 젖은 잔디, 썩은 나무 등 흥미로운 냄새를 찾아본다.
- ○ 베이킹소다와 식초를 섞는 과학 실험을 해보는 등 친숙한 향을 창의적으로 활용하는 실험을 해본다.
- ○ 허브나 향신료 전문 농산물 직거래 장터나 상점을 방문해 여러 향기를 맡아본다.
- ○ 페인트, 지점토, 점토 등 독특한 냄새가 나는 재료로 미술 작품과 공예품을 만들어본다.
- ○ 감귤류나 신선한 허브 같은 요리 재료로 방향제를 직접 만들어본다.
- ○ 바질, 오레가노, 타임과 같이 향이 강한 허브와 파프리카, 시나몬 같은 향신료를 넣어 요리한다.

미각 자극

미각과 함께 입, 턱의 신체적 기능을 자극한다. 미각 기관은 음식의 맛과 질감을 식별하고 처리하는 데 중요하며, 이는 식욕, 영양, 몸에 연료를 공급하는 전반적인 과정에 관여한다. 맛을 보고 먹는 행위는 모든 사람의 일상 활동이지만, 음식의 맛이나 질감, 온도에 매우 예민한 사람이라면 구강과 미각 자극에 집중해보는 것이 특히 중요하다.

- 당근이나 토르티야 칩, 프레첼 같은 바삭바삭한 간식을 먹는다.
- 박하사탕, 레몬 사탕, 알사탕 같은 딱딱한 사탕을 빨아 먹는다.
- 막대 아이스크림, 파우치형 소스, 이유식 등 빨아 먹거나 핥아먹어야 하는 음식을 먹는다.
- 스포츠용 물병이나 빨대 컵과 같이 다른 용기 또는 빨대를 사용해 음료를 마신다.
- 숟가락, 포크, 젓가락, 손 등 다양한 도구를 사용해 먹는다.
- 따뜻한 수프나 차가운 셔벗 등 온도가 다른 음식들을 먹어본다.
- 탄산음료 또는 향이 있는 시럽으로 거품을 불어본다.
- 견과류와 씨앗이 든 아삭아삭한 샐러드를 먹는다.
- 허브차나 따뜻한 코코아 등 따뜻한 음료를 마신다.
- 채소볶음처럼 여러 가지 맛이 어우러진 풍미 있는 요리를 만든다.

청각 자극

청각 자극은 **청각**을 활성화해 감정 상태, 주의력, 기억력, 다른 사람과의 의사소통에 영향을 준다. 여러 소음으로 괴로울 때가 많다면 청각 자극을 루틴에 추가하는 것이 중요하다.

- 헤드폰을 쓰고 좋아하는 음악이나 오디오북을 듣는다.
- 주변의 여러 소리를 들으면서 산책한다.
- 수수께끼 풀기, 발음하기 어려운 단어 말하기, 이야기하기 등의 청각 활동을 한다.
- 드럼, 실로폰, 심벌즈 등 리듬 악기를 연주한다.
- 동요, 민요, 찬송가를 부르거나 노래방에서 노래한다.

시각 자극

빛이나 색상, 시각적으로 복잡한 환경에 매우 예민한 사람의 경우, 차분한 시각 자극을 루틴에 도입하면 다양한 유형의 시각 자극에 영향을 덜 받을 수 있다.

- 망델브로 집합 같은 수학적 패턴을 이용한 프랙털 아트를 감상한다.
- 그림 같은 전경을 관찰하고 탁 트인 공간의 풍경을 감상한다.
- 일상 사물을 클로즈업해서 찍은 사진에서 복잡한 세부 모습을 살펴본다.
- 마음이 차분해지는 일출이나 일몰 같은 자연 경치를 담은 영상을 본다.
- 세밀한 요소와 형태에 주목하며 예술 작품을 감상한다.
- 산책하면서 흥미로운 주변 광경을 사진으로 찍는다.
- 포장도로, 구름, 식물의 잎 등 예상치 못한 곳에서 흥미로운 패턴을 찾아낸다.
- 추상화를 살펴보면서 형태와 색채가 무엇을 상징하는지 해석해본다.

감각 자극 루틴 평가하기

감각 자극 루틴의 주된 목표는 당신의 몸이 안전하고, 주변 환경과 잘 연결되어 있으며, 초경계 태세에서 평온한 상태로 쉽게 전환할 수 있다는 신호를 신경계에 보내는 것이다. 감각 자극 루틴의 효과는 위에서 소개한 활동을 얼마나 수행했느냐가 아니라 이런 루틴에 대한 내적 반응이 어떠한가를 측정함으로써 확인할 수 있다. 긴장이 완화되고, 안정감이 생기고, 행복감이 증가한다는 징후를 찾아라. 어떤 활동을 한 후에 차분해지는가? 수면이 개선되거나 집중력이 향상되었는가? 불안감과 스트레스가 감소했는가?

감각 자극 루틴의 효과를 추적 관찰할 때 이러한 변화에 세심한 주의를 기울이면서 이 활동이 신경계에 미치는 영향을 알아차려야 한다. 자신이 수행한 활동과 그에 대한 신체 반응을 일지로 작성해 기분과 집중력, 전반적 상태의 변화를 기록해두면 좋다.

편안함을 느끼는 정도와 주변 환경 사이에 어떤 상관관계가 있는지 고려하라. 루틴을 실행하고 나면 더 편안해지는가? 이전에 불편함이나 감각 과부하를 유발했던 과업을 더 쉽게 할 수 있는가? 이런 개선은 감각 자극 루틴이 당신을 안정시키고 안전감을 높이는 데 도움이 되고 있다는 지표다.

감각 자극 루틴의 궁극적인 효과는 평온함과 안정감, 건강을 증진하는 것임을 기억하라. 자신의 반응을 주의 깊게 관찰하고 그에 따라 활동을 조정함으로써, 몸과 환경의 조화로운 관계를 지속적으로 발전시키는 새로운 루틴을 개발할 수 있다.

• 수면: 효과적인 일주기 리듬 설정하기

우리 몸은 24시간을 주기로 하는 일주기 리듬circadian rhythm을 따르는 내부 시계가 수면과 다양한 생리 과정을 조절한다. 뇌의 시교차상핵suprachiasmatic nucleus에 위치한 이 시계는 신경전달물질의 분비와 같은 신경계 신호에 의해 설정되고 조정된다. 이 일주기 리듬은 인체 기능에 필수적이며, 특히 신경계 조절에 중요하다. 따라서 5단계 계획을 진행하는 동안 일주기 리듬을 일정하게 유지하면 큰 도움이 된다. 감각 처리 예민성이 높은 경우, 신경계가 일주기 리듬의 변화에 훨씬 더 예민할 수 있으므로 예측 가능하고 안정적인 일정을 지키는 루틴이 더욱더 중요하다.

일주기 리듬은 외부의 빛이나 어둠, 온도, 식품 섭취, 움직임 등을 포함한 여러 요인에 영향을 받는다. 일주기 리듬을 조절하는 신경계 신호들은 수백만 년간의 진화를 거치면서 인간이 낮에는 집중하며 생산적인 상태를 유지하고, 밤에는 쉬고 치유하며 제대로 잠을 자게 하도록 정교하게 다듬어졌다. 우리 조상들은 생존을 위해 이런 신호를 정확하게 읽는 법을 배워야 했기 때문에 이 리듬에 적응하도록 진화했다. 환경이 이 주기에 어떻게 영향을 미치는지 이해하면 안정적인 일주기 리듬을 유지하고 신경계를 한층 더 쉽게 조절하는 데 도움이 될 것이다.

일관된 일주기 리듬을 유지하려고 루틴에 지나치게 의존하거나 루틴이 조금이라도 흐트러질까 봐 두려워하지는 않아도 된다. 예상치 못한 약간의 일과 변화나 며칠간의 수면 부족 정도로 만성적인 조절 장애가 생기지는 않는다. 하지만 일상 루틴에 몸이 적응하면 5단계 계획의 모든 단계의 성공률을 크게 높여 신경계 조절에 도움이 된다.

불안과 불면증

수면 장애는 대개 신경계 조절 장애의 초기 징후 중 하나다. 수면 장애는 점점 더 흔해지고 있다. 그 이유 중 하나는 밤늦게까지 휴대전화나 컴퓨터를 보는 것과 같은 현대인의 생활 방식과 습관이 일주기 리듬을 깨뜨리고 자연스러운 수면-각성 주기를 방해하기 때문이다.

수면이 건강에 중요하다는 사실은 오래전부터 알려졌지만, 수면은 여전히 인체의 가장 신비로운 측면 중 하나로 남아 있다. 과학자들은 수면이 왜 필요한지, 수면 중에 무슨 일이 일어나기에 건강에 그토록 중요한지 오랫동안 논쟁해왔다. 수면은 수백만 년의 진화를 이겨낼 정도로 생존에 필수적이다. 수면 중에 어떤 신비한 과정이 이뤄지기에 우리 인생의 3분의 1을 차지할 가치가 있는 걸까?

최근에는 수면이 기억을 통합하고, 호르몬을 조절하고, 에너지를 회복하고, 손상된 세포를 복구하고, 뉴런을 개조하고, 면역력을 높이고, 스트레스 수준을 낮추는 데 중요한 역할을 한다는 사실이 널리 받아들여지고 있다.

옛날 옛적 우리 조상들은 위험과 위협이 있을 때도 숙면할 수 있었다. 자연과 그 리듬에 훨씬 더 밀접하게 연결되어 있어서 오늘날 우리보다 수면-각성 주기를 더 잘 조절할 수 있었으며, 밤에 위험한 포식자로부터 자신을 지킬 수 있도록 부족을 이루어 살았기 때문이다.

신경계 조절 장애는 수면 장애의 근본적인 원인 중 하나이며, 결국 만성적 불면증을 가져온다. 번아웃, 내장형 알람, 고기능성 불안, 만성 질환, 어린 자녀 등 여러 상황이 숙면을 방해한다. 어떤 것이 먼저인지 확실히 알 수는 없지만, 신경계를 조절하고 조절 장애의 근본 원인을 해결하면 수면의 질이 개선된다. 그리고 수면의 질이 조금만 개선되어도 신경계 조절에 도움이 된다.

불면증의 초기 원인이 무엇이든 간에 많은 사람에게 수면 문제는 그 자체로 또 다른 문제가 된다. 바로 수면 불안sleep anxiety 때문이다. 이 경우, 잠자리에 눕는 것 자체가 신경계 조절 장애를 더 심화하는 촉발제가 된다. 더없이 편안하고 잠들 준비가 되었다고 느꼈다가도 잠자리에 드는 순간 불안해지기 시작한다. '잠들지 못하면 어떡하지?' '충분한 휴식을 취하지 못해 내일 일을 제대로 못 하면 어떡하지?' '수면 부족이 내 건강과 인간관계에 어떤 영향을 미칠까?' 같은 생각이 머리를 맴돌기 때문이다.

수면 부족과 수면 불안은 악순환을 일으킨다. 원인이 결과를 낳고, 그 결과가 또 다른 원인이 되는 핀볼 효과처럼 수면 부족은 신경계 조절 장애를 악화시키고, 이는 다시 수면 불안에 일조한다. 결국 이 악순환의 해결책은 신경계 조절 장애의 근본 원인을 해결하는 것이다. 이에 대해서는 다음에 나오는 5단계 계획에서 다룰 것이다.

일주기 리듬을 회복하고 강화하는 일은 신경계 조절 장애를 치유하고 수면의 질을 높이는 중요한 조치다. 이어서 건강한 일주기 리듬을 재확립하고 신경계 조절력을 개선할 수 있는 몇 가지 간단한 방법을 알려주려 한다.

빛과 어둠에 대한 예민도

조명은 인류의 생산성을 크게 향상시켰지만, 어두운 면도 가져왔다. 이제 우리는 더 늦게까지 깨어 있게 되었지만, 해가 진 후 빛에 노출되면 생체 시계에 큰 영향을 미쳐 신체의 자연스러운 낮과 밤 주기를 무너뜨린다. 수면을 유도하고 뉴런 활동을 억제하는 호르몬인 멜라토닌의 생산은 빛에 큰 영향을 받는다. 멜라토닌이 너무 적게 생산되면 잠들기 어렵거나 잠든 상태를 유지하기 어려울 수 있다. 연구에 따르면 일반적인 실내조명과 비슷한 30룩스가량의 빛도 멜라토닌 생산을 최대 50퍼센트까지 감소시킨다.

거의 모든 사람의 일주기 리듬은 야간 조명의 영향을 받지만, 일부 사람들은 다른 사람들보다 더 예민하다. 야간 조명이 일주기 리듬을 방해하는 정도에는 상당한 개인차가 있으며, 어떤 사람들은 다른 사람들보다 최대 50배 더 예민하다.

한 연구에서는 집단에 따라 동일한 멜라토닌 생성을 감소시키는 데 요구되는 조도가 다른 것으로 나타났다. 빛에 대한 예민도가 낮은 사람들은 400럭스(낮에 밝은 사무실이나 교실에서 일반적으로 볼 수 있는 빛의 세기)인 반면, 빛에 대한 예민도가 높은 사람들은 10럭스(약 1미터 거리의 촛불 빛의 세기와 동일)인 것으로 드러났다. 최근 연구에서는 전자기기 등에서 나오는 아주 약한 청색광도 멜라토닌 생성을 억제하는 것으로 밝혀졌다.

자신이 인공조명으로 인한 수면 방해에 취약한지 판단하기가 어려울 수 있다. 빛에 대한 예민도는 매우 다양하므로 일몰 후에는 가능한 한 인공조명 조도를 낮추고 밤 10시 이후에는 완전히 끄는 것이 좋다. 이어서 건강한 일주기 리듬을 재설정하고 유지하기 위해 하루 동안 빛에 노출되는 시간을 관리하는 법을 알아보자.

일주기 리듬 재설정하기

우리에게 일주기 리듬을 직접 통제할 힘은 거의 없지만, 그 기능을 일부 조절할 방법은 있다는 사실이 최근 연구에서 밝혀졌다. 적절한 빛과 어둠에 노출됨으로써 언제 잠을 자고, 먹고, 다른 중요한 기능을 할 준비를 해야 하는지 자기 몸에 효과적으로 알려줄 수 있다.

빛과 어둠을 이용해 건강한 일주기 리듬을 확립하고 신경계 조절을 돕는 조치에는 세 가지가 있다. 바로 아침과 오후에는 햇빛을 보고 일몰 후에는 조명을 약하게 하는 것이다.

1. 아침 햇빛 보기

기상한 후 30~60분 이내에 밝은 빛, 이상적으로는 햇빛을 본다. 기상 후 5~15분 이내에 할 수 있다면 더욱 좋다. 그러면 그날 하루를 위해 몸을 준비시키는 일련의 작용이 시작된다. 연쇄 반응의 시작은 코르티솔의 분비다. 코르티솔은 체내 시계를 아침 일정에 정확히 맞추고, 뇌와 신체를 깨우며, 나중에 잠들 수 있도록 준비시킨다. 확실한 과학적 증거에 따르면, 아침 일찍 빛을 보는 행동은 잠을 깨우는 가장 강력한 신호이며, 수면 도중에 깨지 않는 데도 도움이 된다.

2. 오후 햇빛 보기

오후 늦게 밖으로 나가 아침과 똑같이 햇빛을 본다. 태양의 각도가 낮아진 늦은 오후에 날씨에 따라 10분에서 30분 정도 밖에 있으면, 생체 시계에 이제 저녁이고 잠들 시간이 거의 되었다는 신호를 보내어 뇌와 몸에 현재 시각을 확실히 주지시킨다. 일몰 전과 일몰 도중에 노란색, 파란색, 주황색으로 보이는 빛의 파장은 뇌와 신체에 밤이 오고 있다고 알려주어 야간 모드로의 전환을 용이하게 한다. 밤에 밝은 인공조명 환경에서 텔레비전을 보거나, 휴대전화를 사용하거나, 친구들과 어울릴 계획이라면 오후에 햇빛을 보는 일은 특히 도움이 된다. 늦은 오후 햇빛을 흡수하면 야간 조명 노출로 인한 부정적인 영향을 상쇄할 수 있다.

3. 일몰 후에는 조명 어둡게 하기

수면을 돕기 위한 세 번째 조치는 일몰 후 모든 조명을 어둡게 하고, 특히 밤 10시부터 새벽 4시까지는 인공조명을 피하는 것이다. 생활 방식에 따라 이렇게 하기가 몹시 어려울 수 있다. 하지만 야간에는 소량의 빛이라도 일주기 리듬과 수면을 방해할 수 있고, 빛에 아주 예민하다

자연스러운 일주기 리듬 만들기

일주일에 대여섯 차례 다음과 같이 실천하는 것을 목표로 하라.

- 밖으로 나간다. 안경이나 콘택트렌즈는 괜찮지만, 선글라스는 벗어라. 기상 후 30분 이내, 가능하면 더 빨리 나간다.
- 눈으로 햇빛을 충분히 본다. 맑은 날은 5분이면 충분하다. 약간 흐린 날은 10분, 심하게 흐린 날은 30분까지 시간을 늘린다.
- 가능하면 일몰 전에도 밖으로 나가 똑같이 햇빛을 보라.
- 해가 뜨기 전에 일어나면 인공조명을 켜고 있다 해가 뜨면 밖으로 나간다.
- 해가 나지 않으면 셀카용 링 조명이나 다른 밝은 조명이 도움이 될 수 있다.
- 햇빛을 보지 못한 날은 다음날 보충한다. 실외의 자연광을 보는 것은 누적 효과가 있다.
- 일몰 후에는 전자기기, 특히 화면이 있는 기기의 사용을 제한한다.
- 일몰 후에는 조명을 어둡게 하고 가능한 한 바닥에 가까이 배치한다.
- 멜라토닌 생성에 영향을 적게 미치는 빨간색 전구를 사용한다.일관된 수면 루틴을 만든다. 매일 같은 시간 또는 그 시간의 30분 이내에 잠자리에 들고 일어난다.

면 더욱더 그렇다는 사실을 유념하라.

머리 위 인공조명이 가장 나쁘므로 저녁에 조명을 켜야 한다면 가능한 한 바닥에 가깝게 배치하라. 전자기기 화면과 텔레비전의 조도를 낮추고 휴대전화는 최소한으로 사용하라. 고요한 분위기를 위해 촛불이나 달빛을 선호하는 사람들도 있다.

• 나에게 맞는 식단 관리

음식과 영양이 스트레스 수준에 어떤 영향을 미치는지 이해하는 것은 예민함을 완화하고 신경계를 조절하는 데 매우 효과적이다. 영양은 누구에게나 중요하지만, 예민한 사람에게는 특히 적절한 영양 섭취로 신체에 연료를 공급하는 것이 도움이 된다. 최근 연구들은 식단과 정신 건강 사이의 연관성을 계속 강조하고 있다. 적절한 영양은 세포가 제 기능을 하기 위한 안정적인 기초를 제공함으로써 신경계를 조절하는 데 도움이 된다.

음식 선택은 건강상의 필요, 소득, 기호, 문화, 입맛, 신념 등의 다양한 요인들, 더 중요하게는 **각자의** 몸과 신경계에 효과가 있고 지속 가능한 것이 무엇인지에 따라 달라지는 매우 개인적인 결정이다. 다양한 전략을 모두 다루려면 책 한 권이 필요하겠지만, 여기서는 신경계 건강을 위한 기본 루틴에 포함할 수 있는 몇 가지를 제안하려 한다. 가짜 식욕, 혈당 관리, 신경계를 지원하는 장내 미생물군의 구축과 유지가 그것이다.

언제든 변화를 주기 전에는 자신에게 맞는 방법인지 의사와 상의

하는 것이 현명하다. 두려워하지 말고 질문한 다음에 행동하라. 영양 문제에 주인의식을 가지면 신체적·정서적 건강에 매우 유익할 것이다.

신경계 조절 장애 및 감각 과민성이 있을 때 당기는 음식

당신은 입이 즐거운 달고 짠 음식, 특히 초콜릿이나 과자, 탄산음료와 같이 에너지를 높이는 음식을 자주 찾을 수 있다. 누구나 쾌감을 주도록 가공된 음식을 먹는 습관에 빠질 수 있지만, 신경계 조절 장애가 있거나 예민한 사람은 특히 그런 음식에 대한 갈망에 더 취약하다.

연구에 따르면, 예민한 사람들이 탄수화물 위주의 음식이나 단 음식을 선호하는 것은 단맛에 대한 높은 예민도와 연관성이 있다. 높은 예민도 탓에 탄수화물류 음식을 먹을 때 보상받는 느낌도 더 크기 때문이다. 단맛이나 고지방 음식 냄새를 접할 때는 음식-보상 처리와 관련된 뇌 영역이 평소보다 더 활성화되는 것으로 확인된다.

감정적으로 힘들거나 불안을 느낄 때 이런 음식을 갈망하는 자신을 발견하게 될 수 있다. 이는 뇌에 있는 도파민 보상 중추의 활성화 때문인데, 모든 뇌에 나타나는 현상이지만 예민한 사람의 뇌에서는 특히 심하게 나타난다.

당신이 예민한 사람이라면, 특히 단 음식에 대한 갈망을 관리하고 과잉 섭취를 피하는 것이 매일의 과제일 것이다. 스트레스, 예민함, 단 음식에 대한 갈망 사이에는 다음과 같은 상호작용이 일어난다. 당신은 압도감을 느낀다. 온종일 스트레스가 쌓여 화가 나고, 슬프고, 지친 기분이 동시에 든다. 이런 감정을 달래기 위해 즉각적으로 에너지를 올려주는 단 음식이나 음료로 손이 간다. 그 결과 도파민이 급증하고 몸 전체에 쾌락의 물결이 번지면서 달콤한 간식을 먹은 직후 잠깐은 모든 게 괜찮은 기분이 든다.

이렇듯 달콤한 간식은 에너지를 높이고 기분이 좋아지게 해주지만, 그것도 잠시뿐이다. 곧 다시 나른하고 피곤해지면서 **더 많은 당분**에 대한 갈망 외에는 어디에도 집중하기 어렵다. 극심한 불편을 해소하기 위해 더 많은 음식과 음료를 섭취한다. 이렇게 되면 당분에 대한 갈망이 끝없이 이어지면서 그 순환을 끊기 힘들어진다.

사실상 사방에 널린 가공식품을 멀리하기란 어려울 수 있으며, 가공식품이 유발하는 갈망은 너무 강렬할 때가 많아서 무시하기도 힘들다. 맛 좋은 가공식품이 인기가 있는 데는 다 이유가 있다. 바쁜 일상에서 편리하고 맛있게 먹을 수 있어 매력적이기 때문이다. 가공식품은 흔히 예민한 사람들이 만족할 만한 맛과 식감으로 만들어진다. 유감스럽게도 대규모 식품 산업은 우리의 예민성을 너무나 잘 알고 있으며, 자신들의 이익을 위해 이런 취약점을 악용할 방법도 잘 알고 있다. 설탕, 소금, 건강에 해로운 지방으로 가득한 값싸고 고도로 가공된 식품과 음료를 시장에 쏟아냄으로써 우리가 가공식품을 더 많이 찾도록 중독성을 강화한다.

스트레스 해소를 위해 단 음식과 음료를 갈망하고 이에 의존하려는 욕구에 맞서려면 다양한 측면에서 식단을 천천히 조절해가는 것이 필수인데, 이는 가장 중요하면서도 어려운 일이다.

순전히 의지력만으로 음식에 대한 갈망을 이겨내기는 어렵거나 불가능하지만, 맞춤형 전략과 종합적인 계획을 세운다면 단 음식에 대한 갈망과 이로 인한 조절 장애의 악순환에서 벗어날 수 있다. 이 악순환을 끊으려면 의지력에 직접 맞설 것이 아니라, 간접적으로 접근해야 한다.

지금 당장 시작할 수 있는 방법 하나는 음식을 먹을 때 몸이 어떻게 느끼는지에 더 주의를 기울이는 것이다. 스트레스 연구자 엘리사 에펠Elissa Epel은 음식에 대한 갈망과 폭식을 연구한다. 그녀는 음식을 먹는 동안 자각하는 능력을 키우고 신경계에 건강한 자극을 주는 것이 중요하다고 강조한다.

에펠의 연구에 따르면, 먹는 행위에서 감각적 경험을 더 잘 인식할수록 배고픔과 포만감을 알려주는 신체 신호에 더 잘 따르게 된다. 결국 더 나은 음식을 선택하게 되고 폭식할 가능성이 줄어든다. 영양가가 높은 음식을 먹든, 좋아하는 간식으로 당분을 섭취하든, 먹을 때 느껴지는 행위의 감각에 호기심을 가져라. 즐거운 감각 경험을 즐기고, 불쾌하거나 중립적인 감각 경험에도 주의를 기울여라. 비교적 쉬운 이 방법으로 의지력을 발휘하지 않아도 식습관이 얼마나 크게 변하는지 보고 놀라게 될 것이다.

하지만 좀 더 넓게 생각해보면, 당신이 단 간식과 과자에 의존하는 이유는 자주 압도당하는 기분을 느끼기 때문이다. 몸이 옐로와 레드 상태일 때가 너무 빈번하고 그린 상태일 때가 충분하지 않기 때문이다. 당신의 신경계가 그린 상태로 쉽게 이완되고 당분을 찾지 않아도 기분이 좋아질 수 있다면 단 것에 대한 갈망이 크게 줄어들 것이다. 이것이 바로 신경계 조절 장애를 되돌리기 위한 5단계 계획에서 집중적으로 다룰 내용이다. 즉, 갈망을 없애는 해결책은 갈망을 고치려고 노력하는 대신 타고난 예민성을 완화해 신경계가 조절될 수 있는 조건을 만드는 것이다.

혈당 관리하기

배고플 때 짜증을 느껴본 적이 있는가? 혈당이 너무 내려가면 심술이나 짜증이 나고, 배고파서 화가 나는 행그리hangry 상태가 될 수 있다.

최근 몇 년 사이 혈당 수치와 기분 사이의 강한 연관성을 보여주는 증거들이 속속 드러났다. 놀랄 일도 아니다. 결국 뇌는 혈액의 주요 연료인 포도당으로 작동하니 말이다.

음식과 기분의 상관관계에 관한 연구가 활발해지면서 예민한 사람이나 만성 신경계 조절 장애가 있는 사람들은 포도당 변동glucose fluctuation에 더 취약하다는 사실이 점점 더 분명해지고 있다. 이런 혈당 수치 변화는 과민성과 불안부터 두통과 피로까지 다양한 증상을 유발한다.

탄수화물 함량이 높고 섬유질이 적은 식사를 하면 포도당이 혈류로 밀려든다. 췌장은 인슐린 분비를 촉진하고 그 포도당을 세포로 전달해 에너지를 공급한다. 이로써 기분이 빠르게 변하며, 불안이나 우울감이 발생할 수 있다. 섭취한 탄수화물이 너무 빨리 소화되면 소화가 끝난 후 혈당 수치가 급격히 떨어지기 때문이다.

반대로 섬유질과 단백질이 풍부한 식사를 할 때는 포도당 흡수 속도가 느려져 신경계가 기분과 에너지를 조절하기 쉬워진다. 섬유질과 단백질이 풍부한 식사를 하면 식사에 대한 만족감이 높아지고 혈당 스파이크 현상, 즉 식사 후 급격한 혈당 상승을 줄일 수 있다. 따라서 조절 장애를 심화하고 더 큰 갈망을 불러일으키는 가공식품의 섭취를 줄이는 데도 도움이 된다.

혈당 수치의 조절은 건강한 신경계를 위한 일상생활 루틴을 만드는 데 중요한 부분을 차지한다. 또한 미토콘드리아를 건강하게 유지하는 데도 도움이 된다. 1장에서 설명한 대로 미토콘드리아는 포도당을 세포가 적절히 기능하는 데 필요한 에너지로 바꾸는 세포 소기관이다. 미토콘드리아 기능 이상은 신경계 조절 장애로 이어지는 핀볼 효과에서 중요한 역할을 하며, 호르몬과 신진대사, 기분, 감정 및 전반적인 건강 문제와 관련이 있다. 혈당을 비교적 안정적으로 유지하면 미토콘드리아가 원활한 세포 기능에 필요한 에너지를 제공하도록 길들일 수 있다.

신진대사가 각종 음식과 활동에 반응하는 방식은 개인마다 크게 달라진다. 과학자들은 이를 '탄수화물 내성'carbohydrate tolerance이라고 부른다. 온종일 포도당 수치를 모니터링하는 것은 **당신의 몸**이 다양한 음식과 활동에 얼마나 예민한지 이해하는 데 도움이 된다. 이런 지식이 있으면 최적의 포도당 수치를 유지하기도 쉬워져서 탄수화물에 대한 갈망과 신진대사 조절 이상으로 이어질 수 있는 혈당의 급감과 급증을 방지할 수 있다.

2주만 연속혈당측정기continuous glucose monitor를 착용해봐도 혈당 수치의 변화에 몸이 어떻게 반응하는지 알 수 있고 신진대사에 관한 생각을 바꿀 수 있다.

연속혈당측정기는 보통 팔 피부 아래에 삽입한 작은 센서를 통해 포도당 수치를 측정한다. 보통 센서의 수명은 15일로 그 후에는 교체해야 한다. 이 센서는 세포 사이의 체액에 있는 포도당 양인 사이질 포도당 수치interstitial glucose level를 실시간으로 측정한다. 이 정보는 주간 및 야간의 포도당 수치를 실시간으로 제공한다.

이 정보로 특정 음식이 혈당에 어떤 영향을 미치는지, 특정 습관이 혈당을 너무 빨리 떨어뜨리거나 올리지는 않는지 등의 정보를 파악할 수 있다. 이런 지식으로 무장하면 혈당 수치를 조절할 수 있을 뿐 아니라 궁극적으로는 생활 방식을 전체 신경계의 조절에 도움이 되는 방향으로 바꿀 수 있다.

혈당 수치를 안정적으로 유지하기

연속혈당측정기가 없더라도 몇 가지 간단한 전략으로 혈당 수치를 효과적으로 관리할 수 있다.

- 녹색 채소와 같이 섬유질이 풍부한 음식을 매끼 섭취한다. 소화관을 통과하는 동안 섬유질은 전분과 당분의 소화를 늦추는 데 도움이 된다. 매끼 다양한 녹색 채소를 섞은 샐러드나 찐 채소를 추가하면 간단히 해결할 수 있다.
- 모든 식사와 간식에 약간의 단백질과 건강에 좋은 지방을 추가한다. 밥, 빵, 파스타 같은 음식을 먹을 때는 제일 마지막에 먹는다. 음식을 섭취하는 순서는 몸이 그 안의 영양소들을 흡수하는 방식에 영향을 미치므로 탄수화물부터 먹지 말고 지방이나 단백질과 함께 또는 그 후에 먹는 것이 탄수화물의 흡수를 늦추고 혈당의 급증을 막는 데 좋다.
- 달콤한 음식을 원한다면 간식으로 먹지 말고 식사 마지막에 디저트로 먹는다. 단 음료와 과자는 절대 공복에 섭취하면 안 된다. 혈당이 급등할 수 있기 때문이다.
- 탄수화물이 많이 포함된 푸짐한 식사를 한 후에는 근육을 활성화해 상승

중인 혈중 포도당의 일부를 흡수시킨다. 10분 정도 빠르게 걷거나 힘든 집안일과 같은 감각 식이sensory diet(신경계의 감각 요구를 충족해 감각과 정서적 과부하를 방지하는 것 – 옮긴이) 활동을 한다.

안타깝게도 아직 모든 사람이 연속혈당측정기를 쉽게 이용할 수는 없다. 의사의 처방이 필요할 수도 있고, 기기가 당신의 예산을 초과할 수도 있다. 그래서 연속혈당측정기에 의존하지 않고 혈당 스파이크를 식별할 방법을 몇 가지 소개한다.

- 집중력이 떨어지거나 머리가 멍해지는 느낌이 든다.
- 갑자기 피로하거나 에너지가 떨어지는 느낌이 든다.
- 식사한 지 얼마 안 되었는데 배가 고프다.
- 초조하거나 불안한 느낌이 든다.
- 평소보다 자주 갈증이 난다.
- 두통이 잦다.
- 단 음식이나 음료에 대한 강한 갈망을 느낀다.
- 잠들기 힘들거나 자는 도중에 깬다.

건강한 장내 미생물군 조성하기

수천 년 전, 인간의 장은 수천 종의 미생물로 가득한 활기찬 박테리아 생태계의 본거지였다. 『네이처』에 발표된 한 연구는 유타주와 멕시코의 바위 동굴에서 발견된 1,000~2,000년 전 사람의 대변 화석에서 추출한 DNA를 분석했다. 분석 결과, 최근 1,000년 사이에 인간의 장내 미생물군의 다양성이 현저히 줄었다는 놀라운 멸종 사건이 밝혀졌다.

장 건강은 우리 몸의 건강 유지, 특히 신경계 조절에 필수적이다. 뇌와 장은 장-뇌 축gut-brain axis이라는 양방향 관계로 이어져 있기 때문이다. 장-뇌 축은 장 내벽, 면역계, 장내 미생물, 소화 기관 내부에 있는 신경계의 일부인 장 신경계enteric nervous system 사이의 복잡한 상호작용을 지칭한다. 이는 **먹는 음식**과 **신경계 조절** 사이에 직접적인 연관성이 있음을 보여준다.

장내 미생물은 장-뇌 축에서 필수적인 역할을 한다. 장내 미생물은 인체 전체와 복잡하게 연결되어 있으며, 항생제나 만성 스트레스, 다이어트, 수면 부족으로 장내 미생물군이 파괴되면 신경계와 면역계, 다른 신체 기관이 영향을 받는다. 만약 장내 미생물 생태계의 균형이 완전히 깨지면(장내 세균 불균형) 장-뇌 축 전체가 무너질 수 있다. 이 불균형은 카드를 쌓아 만든 집에서 카드 한 장을 빼면 전체 구조가 무너지는 것에 비유할 수 있다. 그와 유사하게 장내 미생물군의 파괴는 뇌와 신체 기관 전체의 조절 장애를 초래한다. 장내 미생물군의 교란은 파킨슨병, 알츠하이머, 자폐증, 불안, 우울을 포함한 다양한 뇌 질환과 관련이 있는 것으로 알려져 있다.

감염 치료를 위한 항생제의 복용 같은 요인이 장내 세균 불균형을 초래하고, 이는 만성 스트레스와 신경계 조절 장애와 같은 더 많은 유발 요인과 원인을 낳는 핀볼 효과로 이어진다. 신경계 조절 장애는 장내 미생물군의 구성을 변화시켜 신경계 조절 장애를 악화시키고 여러 증상을 더 늘린다.

장내 미생물군과 정신 건강 사이의 연관성을 연구하는 과학자들은 장내 미생물군의 필요에 맞춘 식단인 '사이코바이오틱 식단'psychobiotic diet 개념을 소개했다. 장내 미생물군을 지원하는 식단의 실천은 신경계에 대단히 긍정적인 효과를 가져온다. 유익한 박테리아로 강력하고 다양한 장내 생태계를 조성하면 염증이 가라앉고 스트레스가 감소하는 등 뇌와 신체에 긍정적인 작용을 촉진한다.

몸에 어떤 연료를 공급하는지는 지극히 개인적인 문제이며 개인별

장내 미생물군 치유하기

- 저당 또는 무가당 발효 식품인 요구르트, 케피르(발포성 발효 유제품-옮긴이), 발효 코티지치즈, 콤부차, 채소 발효 음료, 사우어크라우트나 김치 같은 발효 채소, 애플 사이다 식초 같은 발효식초 등을 식단에 넣는다. 1컵을 1단위로 매일 2단위 섭취로 시작해 4단위로 늘렸다가 최종적으로 6단위로 늘린다.
- 양파, 리크, 양배추, 사과, 바나나, 귀리 등 프리바이오틱 식이섬유가 풍부한 식품을 섭취한다. 하루 6~8단위의 과일과 채소, 하루 5~8단위의 곡물, 일주일에 3~4단위의 콩류 섭취를 목표로 한다.
- 사이코바이오틱 식단을 4주 동안 시도해보고 기분이 어떻게 달라지는지 확인해본다. 먼저 담당 의사에게 문의해 복용 중인 약이나 기존 질환에 영향을 주지 않는지 확인한다.

로 필요한 식단에 자세한 지침을 제공하는 것은 이 책의 범위를 벗어난다. 요구르트나 사우어크라우트 같은 무설탕 발효 식품과 양파, 귀리와 같은 프리바이오틱 식이섬유가 많은 음식의 섭취를 서서히 늘려가는 것은 거의 모든 사람에게 도움이 될 것이다. 하지만 식이 제한이나 예민성, 기호로 인해 여기서 제안한 사이코바이오틱 식단을 도입하지 못할 수도 있다. 식이 제한이나 예민성 때문에 이 목록에 있는 식품을 섭취할 수 없거나 그것들을 먹었을 때 소화기 증상이 심해진다면 의료진과 상의해 더 전문적이고 맞춤화된 계획을 세우도록 하라.

• 환경은 최대한 단순하게

환경이 어수선하고 정리가 안 되어 있을수록 주변 환경을 파악하려면 동시에 여러 주의를 기울여야 한다. 이 경우 신경계가 과도한 데이터를 걸러내느라 집에 있는 동안에도 그린 상태 대신 옐로 상태에 머무를 가능성이 커진다.

집의 환경을 단순화하면 뇌가 처리해야 하는 감각 자극의 양을 크게 줄인다. 이는 압도감과 피로감을 줄이고 책임진 일들을 잘 처리하고 의미 있는 삶을 살아갈 역량을 키우는 데 도움이 된다. 관심도 없는 물건을 집에 늘어놓기보다는 자신에게 의미 있는 물건만 집에 두면 신경계가 안전한 집에서 더 편히 쉴 수 있다.

집을 단순화한다고 해서 유행하는 특정 디자인을 고수하거나, 좋아하는 색상을 포기하거나, 창의력을 희생해야 하는 것은 아니다. 단순화는 주변에 두는 '물건'의 양을 줄여 신경계를 평화롭게 하는 데 집중하는 것이다. 공간이 정돈되어 있으면 신경계를 짓누르지 않고도 다른 장식을 추가할 수 있다.

아이가 생기면 집에 물건이 많이 늘어난다. 네 자녀의 엄마인 나는 아이를 키우면서 얼마나 많은 물건이 생기고, 그로 인해 생활이 얼마나 혼란스러워지는지 너무나 잘 알고 있다. 지저분하고 어수선한 환경에서 정신을 똑바로 차리는 것이 매우 힘겨운 싸움처럼 느껴질 때가 많다. 하지만 아이들을 행복하게 해주려고 내 공간을 여러 물건으로 채울 필요는 없으며, 단순한 생활 방식을 택한다고 해서 아이들에게 필요하고 좋은 생활을 거부하는 것은 아니다.

단순한 생활 방식의 핵심은 '삶에 진정으로 가치를 더해주는 물건'에 집중하는 것이다. 특히 필수품에 우선순위를 두는 것이 중요하다. 질 낮은 물건을 많이 모으는 대신 예산이 허락할 때 소수의 질 높은 물건에 투자하라. 양보다 질을 우선시하는 사려 깊은 소비mindful consumption를 해보자. 성인과 마찬가지로 어린이도 적은 물건에 둘러싸여 있을 때 집에서 안정감과 편안함을 느낀다.

또한 어수선하고 정돈되지 않은 집으로 인한 스트레스는 양육자에게 지대한 영향을 미치며, 일부 연구는 이런 스트레스 요인이 양육자의 삶의 질에 해로운 영향을 미칠 수 있음을 시사한다. 이는 결국 자녀의 스트레스 수준을 높여 자녀의 건강과 삶의 만족에도 부정적인 영향을 미친다. 또한 부모의 역량이 빠르게 포화 상태가 되므로 부모가 자녀의 신경계를 조절해주기가 더 어려워진다. 이런 연구 결과들은 정돈된 환경을 만들어서 가정에 질서와 루틴이 있다고 느끼는 일이 중요하다는 점을 강조한다.

계획적으로 새로운 물건을 구매하거나 집에 들이면 신경계의 부담을 덜어준다. 그러면 스트레스 수준을 관리하고 환경을 통제할 수 있다는 느낌도 커질 것이다.

• 새로운 일상 리듬 만들기

현대 문화는 여러 면에서 자연 세계와 단절되어 있다. 끊임없이 일하며 가공식품을 먹고, 밤늦게까지 텔레비전과 휴대전화를 보는 등 현대 문화에 흔한 생활 리듬은 수백만 년에 걸쳐 형성된 인체의 진화 리듬에 어긋난다. 우리는 하루 대부분을 실내에서 보내고, 대체로 아주 적게 움직이며, 인공조명에 의존해 일정을 소화한다. 숲속 오두막에서 살라는 말은 아니다. 당신은 여전히 현대 기술의 혜택을 누리며 주변 사람들과 거의 같은 리듬을 유지할 수 있다. 그러나 과학적 연구에 근거한 이 장의 실천 방법들을 따른다면 신체의 리듬에 맞춰 신경계를 장기적으로 잘 조절할 수 있을 것이다.

여기서 제안한 방법 한 가지를 선택하고 실행하는 것으로 치유 여정을 시작하라. 감각 자극 루틴 만들기에서 설명한 대로 고유감각 자극과 전정감각 자극 동작으로 시작한 다음 일주기 리듬을 실천하라. 다음 단계로 넘어가면서 다른 기법들도 생활에 추가하라. 작은 발걸음으로 시작해 천천히 나아가는 것이 중요하다. 그러면 이어지는 장에서 나오는 본격적인 치유를 위한 강력한 토대가 마련될 것이다.

압도되지 않고 다른 것들을 추가할 준비가 되었다고 느낄 만큼 충분한 루틴을 확립했다면 이제 5단계 계획을 시작할 차례다. 첫 번째 인식 단계는 신경계에 휘둘리지 않고 거기서 실제로 무슨 일이 일어나고 있는지 파악하는 단계다. 무슨 일이 일어나고 있는지 알 때, 비로소 적절한 순간에 개입해 신경계를 조절할 수 있다.

집 안 잡동사니 정리

- 의도적으로 물건을 덜 사고 불필요한 물건을 집에 두지 않으려고 노력한다.
- 물건을 사기 전에 필요한 물건인지 아니면 집에 혼란을 가져올 물건인지 스스로 질문한다.
- 예산을 세우고 그것을 지켜 충동구매를 피한다.
- 가능한 한 오래 쓸 수 있는 고품질의 물건에 투자한다.

1단계 '인식': 신경계가 보내는 신호 알아차리기

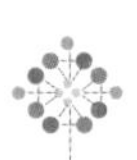

오늘은 상사와의 회의가 예정되어 있다. 회의실에 들어서니 상사의 찡그린 표정이 눈에 띈다. 당신의 신경계는 즉시 레드 상태로 들어간다. 심장이 마구 뛰고 손바닥에 땀이 난다. 상사는 거들먹거리며 당신의 최근 업무를 비판한다. 당신은 변호하려고 하지만 상사가 당신의 말을 끊고 계속 질책한다. 덫에 걸린 듯 무력감을 느낀 당신은 상사에게 대들며 쏘아붙인다. 큰 소리로 불공정하고 불합리하다고 비난한다. 당신의 반응에 당황한 상사는 급히 회의를 끝내며 나가라고 한다.

회의실을 나올 때도 여전히 가슴이 방망이질하고, 머릿속으로는 좀 전의 상황을 곱씹는다. 어떤 다른 말과 행동을 할 수 있었을지, 어떻게 그 상황에 더 잘 대처할 수 있었을지 계속 생각한다. 상사에게 화가 나거나 통제력을 잃은 자신에게 낙담할지도 모른다. 어쩌면 자신이 한 행동에 부끄러움을 느낄 수도 있다.

몇 시간이 지나도 여전히 그 상황이 잊히지 않는다. 업무로 주의를 돌리려고 하지만 자꾸만 그 회의가 떠오른다. 옐로 상태에 갇혀 그 일을 떨칠 수 없는 기분이다.

당신의 몸은 여전히 사이렌을 울리며 당신이 그린 상태로 돌아가지 못하게 막는다. 그러면서 머릿속으로 계속 싸움을 곱씹는다. 심지어 직장을 잃거나 직장에서 따돌림을 당하는 최악의 시나리오를 만들어내기 시작한다. 이 때문에 밤새 잠을 이루지 못하고 뒤척이며 마음의 평화를 되찾기 위해 애쓴다.

하지만 신경계가 잘 조절되면 상황이 달라진다. 걱정과 신체적 고통의 순환에 갇히는 대신 그린 상태로 쉽게 돌아간다. 언쟁이 당신에게 영향을 미치지 않는 것은 아니다. 분명 당신은 과거 일에 영향을 받는다. 하지만 당신의 신경계는 '그때 그렇게 했더라면'이라는 걱정스러운 생각이 통제 불능 상태로 치닫는 것을 막을 능력이 있다.

여전히 당신은 언쟁의 일부를 머릿속으로 되짚어보겠지만 건설적인 방식으로 그렇게 한다. 무엇이 잘못되었는지, 다음 날 그것을 어떻게 해결할 수 있을지 생각한다. 친구에게 전화를 걸어 상담을 받는 등 상황을 이해함으로써 기분이 한결 나아진다. 신체적으로 약간 흥분된 상태일 수 있지만, 숙면하지 못할 정도는 아니다. 부당한 일을 당했지만, 이 문제를 해결할 수 있다는 자신감도 있다. 상사가 당신을 대한 방식 때문에 여전히 화가 나지만, 그 화에 압도되지는 않는다.

여기서 5단계 계획의 1단계가 시작된다. 이 장에서는 신경계 조절 장애를 치유하는 여정에서 첫 단계이자 가장 필수적인 인식 단계를 자세히 알아볼 것이다. 당신의 몸이 순간순간 보내는 패턴과 신호를 추적하는 방법을 배우면, 스트레스 반응으로 가득 찬 옐로 상태에서 벗어나 그린과 블루 상태에서 휴식과 회복에 더 많은 시간을 쓸 수 있다. 신경계가 전형적으로 거치는 여러 활성화 상태와 그때 몸의 반응을 이해하면 자신을 비난하거나 반추에 빠지기 전에 흥분으로 고조된 자신의 상태를 알아차릴 수 있다.

신체적 감각, 감정, 신경계 상태를 관찰하다 보면 잠깐 소강상태가 되는데 이 소중한 순간을 나는 **간격**gap이라고 부른다. 간격은 스트레스 상황에서 따가움을 느끼는 순간과 그에 대한 반응 사이에 완충 역할을 해 무릎 반사처럼 자동으로 나오는 스트레스 반응의 속도를 늦춰준다. 지금 일어나는 수많은 감정과 생각, 감각을 완전히 흡수하고 처리할 공간을 의도적으로 만드는 것이다.

무시하거나 우회하거나 서둘러 문제를 해결하는 등의 옛 습관으로 돌아가기 쉬우므로 간격 만들기에는 상당한 인내와 끈기가 필요하다. 하지만 꾸준히 연습하다 보면 이런 충동을 억제하고 현재에 집중할 수 있다. 힘든 시간 곁을 지켜주는 친절한 친구처럼 무슨 일이 일어나든 호기심과 자기연민으로 자신에게 다가서는 것도 가능하다.

간격 만들기 연습은 불편하고 두려운 일이다. 하지만 이런 경험에 자신을 개방하면 뇌를 효과적으로 재구성하고 신경계 알람을 제어할 새로운 루트를 만들 수 있다. 그렇게 함으로써 흥분한 후에 평온한 상태로 돌아가는 방법을 신경계에 가르치고, 신경계가 스스로 이를 조절할 수 있도록 돕고 훈련시킨다.

오랫동안 과학자들은 성인의 뇌가 거의 고정되어 더 이상 크게 변하지 않는다고 믿었다. 그러나 최근 신경과학의 발전은 이런 생각에 이의를 제기하고 우리 뇌가 평생 계속 진화한다는 사실을 밝혀냈다. 이는 현재 조절 장애가 있더라도 그 원인으로 작용하는 스트레스 패턴과 내장형 알람을 벗어나지 못할 운명은 아니라는 뜻이다. 몸과 마음의 반응과 느낌을 인식하고 추적함으로써 뇌는 신경계가 타고난 유연성을 되찾도록 바뀔 수 있다.

하지만 몸과 마음에 무슨 일이 일어나고 있는지 시시각각 인식하기란 쉬운 일이 아니다. 다양한 일과 방해 요소로 주의가 자주 분산될 때는 더욱더 그렇다. 이럴 때는 자신의 감정이나 몸의 미묘한 신호와 연결이 끊어지기 쉽다. 자율주행 자동차처럼 장기적으로 도움이 되지 않을 뿌리 깊은 습관과 대처 전략으로 삶의 난관을 헤쳐 나가는 자신을 발견할지도 모른다. 이런 습관이 신경계 조절 장애로 이어질 때 몸과 마음에 큰 혼란이 연쇄적으로 발생한다.

자신의 감각, 감정, 행동 패턴을 추적하고 더 잘 인식하게 되면 더 이상 도움이 되지 않는 오래된 대처 전략을 더 건강하고, 효과적인 전략으로 대체할 수 있다. 그러면 신경계 조절 능력이 개선될 뿐 아니라 신체에 대한 통제력과 주체성이 향상된다. 이 여정을 시작하는 것은 용기 있는 행동이며, 모든 변화는 한 가지 중대한 선택, 즉 끊임없이 변화하는 내면세계에 주의를 기울이고 인식하려는 결심에서 시작된다.

• 스트레스 요인과 반응 사이에 간격 두기

힘든 감정을 경험할 때는 그 감정을 없애는 것이 당연해 보인다. 우리는 분노하거나 담배를 피우는 등 본능적인 행동으로 부정적인 감정을 밀어내거나 억누르려 한다. 하지만 그 대신 잠시 멈추고 감정에 세심한 주의를 기울이면 어떻게 될까? 마음챙김에 관한 과학적 연구에 따르면 몸의 감정을 알아차리는 것만으로도 더 적절히 대응할 수 있다.

신경계 조절 장애의 원인이 되는 많은 행동은 습관의 결과이며, 당신은 생각보다 그런 습관을 통제할 힘을 더 많이 갖고 있다. 예를 들어 운전 중에 당신 차 앞으로 어떤 차가 끼어들었다고 상상해보라. 신경계는 이를 위협으로 해석하고 즉시 레드 상태 경보를 발령한다. 내면이 분노로 가득 차고 당신의 몸은 싸울 준비를 한다. 하지만 당신은 레드 상태에 있는 것이 불편하고 실제로도 싸울 일이 없으므로 평화로운 그린 상태로 돌아가고 싶어진다.

당신의 신경계는 당분이 일시적인 위안이 될 수 있음을 알고 자동으로 글로브 박스에 있는 초콜릿으로 손을 뻗는다. 한입 먹고 나면 기분이 한결 나아지지만, 이것이 최선의 대처 전략은 아니다. 초콜릿은 일시적인 위안을 줄 뿐, 혈당을 급상승시킨 후 다시 급감시킨다. 이런 혈당 변동은 불안함과 초조함을 유발하기 때문에 당신은 편안하고 개방적인 그린 상태로 돌아가는 대신 옐로 상태에 갇히게 된다. 게다가 이 모든 과정이 습관에 의해 거의 자동으로 전개된다. 그날 초콜릿을 먹지 않겠다고 결심했더라도 추월을 당한 후 자연스럽게 나머지 반응이 일어날 수 있으며, 이 고리는 당신이 통제할 수 있는 범위 밖인 것처럼 느껴진다.

그렇다면 어떻게 하면 이 악순환의 고리를 끊고 다른 사람의 난폭운전과 같은 우발적 사건 때문에 온종일 레드와 옐로 상태에 머물게 되는 연쇄 반응을 막을 수 있을까?

5단계 계획의 3단계인 회복 단계에서는 추월을 당했을 때 화를 내거나 속상해하지 않도록 몸에 뿌리 깊은 안전감을 기르는 방법을 연습할 것이다. 그리고 2단계인 조절 단계에서는 간단한 신체 기반 기법을 사용해 화가 났을 때 그린 상태로 돌아오는 방법을 배울 것이다. 즉, 초콜릿으로 손을 내미는 대신 호흡법처럼 더 도움이 되는 도구, 옐로 상태에서 차분한 그린 상태로 당신을 되돌려줄 장기적인 개선 전략을 배운다.

하지만 지금 인식 단계에서는 직접적인 경험을 통해 신경계에 실제로 무슨 일이 일어나고 있는지 깊이 이해하는 것이 중요하다. 인식은 생각, 감정, 감각을 바꾸고 고치려고 시도하거나 **판단하지 않고** 그 순간

일상생활에서 인식 실천하기

일상생활에서 인식을 실천하는 데는 그리 오래 걸리지 않으며, 에너지가 많이 쓰이지도 않는다. 호기심 많은 관찰자가 되어 하루 동안 당신의 신체 감각과 사고, 감정이 어떻게 생기고 변화하는지 알아차린 다음, 하루가 끝날 때 간단히 일지로 적기만 하면 된다. 전용 노트를 마련해 기록하기를 추천한다. 온종일 매 순간 인식을 실천하는 것과 함께, 하루가 끝날 때 관찰한 내용을 되돌아보는 것만으로도 1단계 목표인 신체 감각과 생각, 감정 패턴을 읽어내기에 충분하다.

에 온전히 집중하는 것이다. 이 단순한 목격 행위는 습관적인 패턴과 감정, 충동을 인지하고, 더 적절하게 반응할 수 있도록 간격을 만들어준다. 인식 없는 신경계는 자동 모드와 같다. 이때 과거에 잠깐이라도 기분을 좋게 해주었던 습관대로 하게 된다. 하지만 인식은 수동 모드로 전환하는 것과 같아서 인식하는 것만으로 당신은 과거와 다르게 대응할 기회를 얻게 된다.

또한 판단하지 않고 자신의 감정을 관찰함으로써 감정을 피하거나 밀어내지 않고 수용하게 된다. 이런 수용은 자신에게 더 연민을 느끼고 친절해지도록 해 신경계를 그린 상태로 되돌린다.

판단하지 않고 관찰만 하는 것이 힘들 수 있다. 가혹하거나 수치를 주거나 처벌하는 태도의 자기판단self-judgment이 현대 문화에 만연한 탓에 자신을 판단하는 것이 당연해 보일지도 모른다. 하지만 자기판단은 당신의 신경계에 스트레스를 주고 당신을 옐로 또는 레드 상태에 빠뜨린다. 반면에 판단하지 않고 감각과 감정에 호기심을 갖고 열린 마음으로 그것을 수용하면 자기 몸에 무슨 일이 일어나고 있는지 인식하고 자각함으로써 신경계를 조절할 안전한 공간을 만들 수 있다.

그런 까닭에 신경계 조절 장애에서 회복하기 위해서는 먼저 역기능적 대처 전략과 지속적인 신경계 조절 장애로 이어질 수 있는 일련의 사건을 알아차리는 것으로 시작해야 한다. 자신의 감정이나 감각과 그에 대한 습관적 반응 사이에 간격을 만들기 위해서는 판단을 배제한 태도와 인식이 필요하다. 그 간격을 만들 때만 5단계 계획의 다음 단계에서 보여줄 더 순기능적인 대처 전략을 선택할 수 있다.

예를 들어 친구와 커피를 마시며 그간의 소식을 들을 약속을 잡았는데, 친구가 막판에 약속을 취소해 실망감이 밀려든다고 상상해보라.

친구의 약속 취소는 당신의 아픈 곳을 건드린다. 자기회의를 불러일으키고 내면의 상처를 자극해 자신이 친구에게 그리 중요하지 않은 존재라는 느낌이 들게 한다.

실망감, 중요하지 않은 존재라는 느낌, 자기회의가 뒤섞인 이런 감정은 경계 엘리베이터를 높이 올려보내 스트레스를 키운다. 이런 경우 당신은 문자로 친구를 비난하거나 한동안 위축된 상태로 지내며 친구를 무시할지도 모른다. 이런 반응은 위협에 대한 대응이다. 몸과 마음이 이 상황을 위협으로 인지하고 반응해 옐로 또는 레드 상태에 머무르는 것이다.

그러나 이제는 스트레스 요인에 습관적으로 반응할 필요가 없다. 취소 문자를 받았을 때 잠시 멈춘다. 실망감으로 인한 신체적 감각, 자신이 하찮게 느껴지는 아픔, 자기회의로 동요된 마음을 인정한다. 평소처럼 반격하거나 움츠러들고 싶은 충동을 알아차리지만, 그렇게 반응하는 대신 심호흡을 하고 연민과 이해심으로 이런 반응을 관찰한다. **이것이 바로 간격 만들기**다.

이렇게 간격을 만들면 스트레스 요인에 달리 반응하도록 의식적으로 선택할 수 있는 공간이 만들어진다. 스스로 준비가 되었다고 느낄 때 계획이 취소되었다는 실망감, 중요하지 않은 존재가 된 듯한 기분, 이 모든 상황으로 쌓인 불안 등 자신의 감정을 친구에게 차분히 전달한다. 이 간격을 이용해 정직하고 차분하게 반응함으로써 상황이 악화되는 것을 막고, 우정을 지키고, 신경계에 더 유용한 전략을 가르친다.

두 번째 조절 단계(8장)에서는 이 간격을 활용해서 그린 상태로 돌아가기 위해 쉽게 적용할 수 있는 몇 가지 방법을 배울 것이다. 하지만 시작은 간격 만들기이고, 이는 인식의 실천을 의미한다.

2013년에 하니 엘와피Hani Elwafi와 동료들이 금연을 원하는 사람들을 대상으로 진행한 연구는 인식이 습관적인 반응을 바꾸고 새로운 신경 경로를 구축하는 효과가 있음을 보여주는 흥미로운 예다. 그들은 연구에서 참가자들에게 흡연 충동이나 갈망을 느낄 때 현재 순간을 인식하는 연습을 하도록 요청했다. 참가자들은 호흡에 세심한 주의를 기울이고 자기 생각과 감정, 감각을 관찰했다. 인식을 연습한 사람들은 여전히 흡연에 대한 갈망을 경험했지만, 실제 흡연으로 그 갈망에 반응하지는 않았다. 그 대신 갈망을 관찰하고 다른 방식으로 대응할 수 있는 '간격'을 만들었다. 시간이 지나면서 그들의 갈망은 자연스럽게 강도가 줄어들기 시작했다.

실험 초기에는 매일 흡연량과 흡연 갈망에 대한 자기 보고 사이에 강한 정적 상관관계가 있었다. 하지만 실험 기간인 4주가 끝날 무렵에는 흡연 갈망과 실제 흡연 사이의 관계가 현저히 감소했다. 흡연 갈망과 흡연 행위의 '분리'는 참가자들이 인식 연습을 한 덕분이었다. 다시 말해서 인식을 키우면 더 이상 습관과 갈망에 휘둘리지 않게 된다. 대신 갈망이나 습관적 반응을 느낄 때도 다른 선택을 할 수 있는 주체성을 갖게 된다. 한동안 갈망이나 습관적 반응이 남아 있을 수 있지만, 그에 따라 행동하지 않으면 결국 사라진다.

4주라는 짧은 기간 간격을 넓히려는 노력만으로 참가자들은 촉발 요인과 반응 사이의 관계를 분리할 수 있었다. 이 연구 결과는 물론이고 인식 형성의 여러 가지 이점을 보여주는 100개 이상의 다른 연구 결과들은 비교적 짧은 시간에 촉발 요인과 반응 사이에 순기능적 간격을 만들 수 있음을 시사한다. 이 새로운 간격은 신경계에 새로운 감정과 행동이 나타나게 하고 궁극적으로 신경계가 더 잘 조절될 수 있게 한다.

개의 마음에서 사자의 마음으로

개의 마음에서 사자의 마음으로의 전환은 힘든 감정과 생각에 대한 관점과 접근법을 전환하는 데 도움이 되는 간단하면서도 강력한 개방형 모니터링 기법이다. 이 기법은 상황에 대처하는 두 가지 방식을 개의 방식과 사자의 방식으로 묘사한 티베트의 은유를 기반으로 한다.

손에 뼈다귀를 든 사람을 상상해보라. 그가 개 앞에 서서 뼈다귀를 흔들면 개는 즉시 뼈다귀를 쫓아오기 시작할 것이다.

이제 사자 앞에 서서 뼈다귀를 좌우로 흔든다고 상상해보라. 사자는 뼈다귀 뒤에 있는 사람에게 시선을 고정하고 자세를 잡을 것이다. 사자는 뼈다귀가 훨씬 더 큰 현실의 작은 조각에 불과하다는 것을 알고 있다. 사자는 뼈다귀를 쫓을 수도 있고, 사람을 계속 주시할 수도 있다. 더 나쁘게는 사람을 잡아먹을 수도 있다! 하지만 개는 뼈다귀 너머를 볼 수 없으므로 뼈다귀에 길들여진다.

이제 뼈다귀가 '나는 부족한 사람'이라는 생각이나 분노의 감정과 같이 당신이 경험하고 있는 이야기나 감정을 나타낸다고 상상해보라. 당신은 뼈다귀를 앞에 두고 어떻게 반응할지 생각해보라. 개처럼 뼈다귀를 쫓아갈까? 아니면 잠시 당신과 뼈다귀 사이에 공간을 만드는 사자의 태도를 보일까?

이 간단한 태도 변화는 신경생물학 차원에서 엄청난 변화를 일으킨다. '사자의 마음'으로 전환해 정서적 문제에 대응하겠다는 선택을 계속하면 쓸모없는 행동을 불러왔던 시냅스가 재구성되기 시작한다.

현재의 신경계 반응은 거의 즉각적으로 빠르고 강력하게 연결되는 5G 통신망과 비슷하다. 힘든 일이 닥칠 때 신경계는 그만큼 초고속으로 자극되어 바람직하지 않은 반응을 하게 된다.

시냅스를 재구성하는 과정은 5G 수준의 연결을 모스 부호 전송치럼 느린 신호로 변환하는 것과 유사하다. 이렇게 느린 통신은 습관적 반응의 강도를 감소시키고 잠시 멈추고 성찰할 시간을 줌으로써 초콜릿부터 찾는 것과 같은 조절 장애에 유익하지 못한 반응에서 더 유익한 새로운 반응으로 대체하게 해준다. 그것은 개의 마음에서 사자의 마음으로, 즉 감정에 지배당하는 것에서 감정을 지배하는 것으로 바뀌는 여정이다.

그러므로 다음에 촉발 요인이 생기면 이렇게 자문하라. "나는 뼈다귀에 집중하고 쫓는 개의 모습을 보이고 있는가 아니면 사자가 되어 뼈다귀 너머를 보고 있는가?"

• 가벼운 호기심으로 자신에게 다가가기

자신의 생각과 감정을 탐색할 때 판단을 배제한 열린 마음과 호기심을 갖는 것이 얼마나 중요한지는 아무리 강조해도 지나치지 않다.

자신이 어린아이를 돌보는 친절하고 자상한 양육자라고 상상해보라. 따뜻하고 자비로운 시선으로 아이에게 다가가고, 아이의 필요를 이해하며, 필요할 때는 위로를 건네고 싶을 것이다.

신경계가 잘 조절될 수 있는 안전한 보호 환경을 조성할 때도 그와 마찬가지로 가벼운 호기심과 연민으로 자신에게 다가가야 한다. 자신의 경험을 개선하거나 설명하려는 욕구를 버리고 그저 인정하고, 자각하고, 추적하라.

치유 여정의 초기 단계에서는 연민하고 공감하려는 마음으로 자신

사자의 마음 기르기

개의 마음에서 사자의 마음으로 전환하려면 아래에 소개하는 7단계를 따라 하라.

1. 힘든 감정이나 생각이 떠오르면 그것을 의식할 시간을 갖는다.
2. 그 감정이나 생각이 눈앞에 흔들리는 뼈다귀라고 상상한다.
3. "나는 지금 개의 마음인가, 사자의 마음인가?"라고 스스로 질문한다.
4. 심호흡하면서 자신과 뼈다귀 사이에 약간의 공간을 만든다.
5. 판단하지 않고 호기심을 가지고 감정이나 생각을 관찰한다.
6. 관점을 바꾸어 더 큰 그림을 보려고 노력한다.
7. 흥분하지 말고 현재에 집중하면서 계속 관찰한다.

에게 다가가기 어려울 수 있다. 엄격하게 자기판단을 하려는 경향이 있는 사람이라면 더욱더 그렇다. 비판적인 내면의 목소리가 또 다른 저항감과 스트레스를 유발해 회복을 어렵게 만들기 때문이다.

하지만 자기연민과 자기이해 능력을 키워주면 내면의 비판자가 의무를 덜어내기 시작한다. 내면의 비판자는 당신이 실수하지 않도록 당신을 보호하고 안전하게 지키려고 노력했다. 하지만 인식을 키우면 이 비판자의 부담을 덜 수 있다. 당신이 하겠다고, 당신 스스로 안전하게 지킬 수 있다고 보여주는 것이다. 그것은 마치 내적 비판자의 어깨에서 무거운 배낭을 벗겨 스트레스를 덜 받고 자유롭게 해주는 것과 같다.

이는 치유 여정의 다음 단계를 지탱하는 보호 환경을 조성한다. 당신 내면에 비판자가 있는 것은 정상이다. 자기판단에서 자기연민으로 전환하도록 신경계를 다시 훈련하려면 시간과 노력이 필요하지만, 인내와 끈기가 있다면 큰 치유 효과를 볼 수 있다.

• 경계 엘리베이터 도표 만들기

경계 엘리베이터는 신경계의 각성 상태를 시각적으로 잘 표현한다. 이를 염두에 두고 각 각성 상태에서 발생하는 일반적 경험을 어떻게 도표로 작성할지 살펴보자. 이 도표는 하루 동안 신경계의 변화를 관찰하는 데 중요한 도구가 된다. 이를 통해 인식 능력을 높이고, 스트레스 요인과 습관적인 반응 사이의 간격을 넓히며, 더 적절하게 반응할 수 있다.

지도는 여행 중에 현재 위치를 파악하고, 지나온 길을 이해하고, 가

자기연민 키우기

1. 자신의 대처 메커니즘을 이해심과 연민으로 대한다. 항상 가장 효과적이거나 건강한 대처 방식은 아니었을지라도 인생의 난제와 힘든 순간을 헤쳐 나가도록 도와주었음을 인정한다. 자기비판도 하나의 대처 메커니즘이므로 비판적인 자신을 발견할 때도 똑같이 이해와 연민으로 대한다.
2. 아이에게 하듯이 판단하거나, 설명하거나, 주의를 돌리려고 하지 말고 자신의 감정과 신체 상태에 주의를 기울인다. 인식이 부드럽게 자리 잡게 하면서, 인식이 당신의 감정과 신체에 어떤 영향을 미치는지 관찰한다.
3. 아이가 좋아하는 장난감을 손에서 놓지 않거나 잠자리에 들기를 거부하는 것처럼 어떤 감정이나 경험, 대처 메커니즘에 집착하는 자연스러운 경향을 인식하고, 인내하면서 이를 완화하기 위해 노력한다. 오래된 패턴을 고수할 때 자신을 비판하게 되는 것은 당연한 일이다. 하지만 그런 비판은 신경계를 경직시키고, 유연하지 못하게 만들어 스트레스와 불안감을 지속시킨다. 자기비판적 경향을 판단하지 않고 온전히 수용함으로써 그런 경향을 완화하는 법을 점차 배워간다.

고 싶은 곳을 탐색하도록 도와준다. 마찬가지로 자신의 전형적인 행동을 경계 엘리베이터 도표로 작성하면 자신의 반응을 명확하게 이해할 수 있고 다양한 상황에서의 패턴과 스트레스 촉발 요인, 습관적 반응을 파악할 수 있다.

이 도표 작성의 목표는 옐로 또는 레드 상태에 있는 자신을 비판하는 것도, 그린 또는 블루 상태에 계속 머물게 하려는 것도 아니다. 목표는 자신에 대한 인식과 이해를 높이는 것이다. '이런 상황 때문에 내 경계 엘리베이터가 옐로 상태로 올라갔구나' 또는 '최근에는 레드 상태인 시간이 많은 것 같은데 원인이 뭘까?'라고 알아차리는 연습이다.

이때 어떤 상태는 옳고 어떤 상태는 그른 게 아니라는 사실을 기억하자. 블루 상태의 대대적 회복과 휴식, 그린 상태의 편안한 집중, 옐로 상태의 활성화, 레드 상태의 극심한 스트레스 반응, 퍼플 상태의 자신을 지키기 위한 부동 상태까지 저마다 고유한 역할과 목적이 있다.

행동과 경계 상태를 연결 짓는 데 익숙해지면 패턴을 더 빨리 의식하고 인식하게 된다. 경계 엘리베이터를 더 높은 스트레스 상태로 끌어올리는 경향이 있는 상황이나 생각, 감정도 알아차리게 된다. 마찬가지로 더 차분하고 잘 조절된 상태로 돌아가는 데 무엇이 도움이 되는지 이해하기 시작한다. 이런 이해를 통해 신경계 조절을 돕는 전략을 탐색해 더 유연하고 탄력적인 삶의 여정을 만들어갈 수 있다.

이 훈련은 앞으로의 치유 여정을 위한 토대인 인식과 함께 신경계에 대한 주체성을 키우기 위한 중요한 조치다. 이것은 당신의 지도다. 당신만의 독특한 이 지도는 시간이 흐르면서 당신이 계속 배우고, 성장하고, 삶의 경로를 탐색해가는 만큼 진화하고 변화할 것이다.

경계 엘리베이터 도표 작성하기

다음은 경계 엘리베이터 도표의 작성을 위한 단계별 안내다. 도표 양식은 이 글 뒤에 소개한다.

1. **조용한 시간을 찾는다.** 방해받지 않을 당신만의 시간을 확보하는 것으로 시작한다. 혼자 있으면서 긴장을 풀고 자신에게 집중할 수 있는 시간을 선택한다. 차분하고 조용한 환경인지 확인한다.
2. **경계 상태를 활성화한다.** 퍼플 상태를 제외하고, 경계 엘리베이터의 블루, 그린, 옐로, 레드의 상태로 이동시키는 과거 경험이나 상황을 회상한다. 만약 블루 상태라고 한다면 잠에 빠져들거나 깊은 명상에 들어갔던 느낌을 회상해보라. 차분하고 개방적이고 몰입하는 느낌이 들었던 시간은 그린 상태를 기억하는 데 도움이 될 것이다. 그리고 약간의 스트레스가 있는 상황은 옐로 또는 레드 상태에 다가가는 데 도움이 될 수 있다. 각각의 시나리오를 떠올릴 때 떠오르는 감정과 감각에 집중한다.
3. **관찰 내용에 주목한다.** 각 상태에서 몸이 어떻게 느끼고 반응하는지 주의 깊게 관찰한다. 어떤 신체적 감각을 알아차렸는가? 각 상태와 관련된 감정은 무엇인가? 관찰한 내용을 일지에 적는다. 기록 내용은 개인적이고 의미

가 있어야 하며, 각 상태를 내 몸이 어떻게 느끼는지 명확하게 상기하는 역할을 해야 한다.

4. **차분한 상태로 돌아간다.** 때로 이런 상태들의 탐색은 격렬한 감정을 불러일으킨다. 스트레스가 심한 상태를 떠올릴 때는 특히 더 그렇다. 훈련 후 편안한 상태로 돌아오기 어렵다면 이완 운동이나 가벼운 산책, 친구와 편안한 대화, 잔잔한 음악 감상 등 차분한 활동을 잠시 한다.
5. **퍼플 상태는 조심스럽게 다룬다.** 이전에 얼어붙거나 움직일 수 없는 비상 상황 반응을 유발하는 퍼플 상태를 경험한 적이 있다면 이와 관련된 감각을 기록해두는 것이 도움이 되겠지만, 너무 불편하지 않은 경우에만 그렇게 한다. 훈련 중 퍼플 상태가 발생해 극도로 불편해지면 훈련을 중단한 뒤 마음을 진정시키고 안정시키는 훈련을 한다. 이 훈련 중에는 의도적으로 퍼플 상태를 활성화하려고 하지 않는다.
6. **경계 엘리베이터 도표를 정기적으로 사용한다.** 도표가 준비되면 매일 점검 수단으로 사용한다. 정기적으로 '지금 나는 도표의 어디에 있을까?'라고 자문한다. 일지를 참고해 현재 상태를 파악한다. 이렇게 하면 당신의 신경계 반응에 관한 인식을 높이고 더 효과적으로 당신의 상태를 조절하는 데 필요한 정보를 얻을 수 있다.

이 도표는 고정된 것이 아님을 기억하라. 계속 성장하고 자신에 대한 이해를 높임에 따라 진화하는 살아 있는 도구다. 자신의 반응과 상태에 관한 새로운 통찰을 얻으면 계속 업데이트하라.

경계 엘리베이터:
몸과 마음 상태 인식하고 기록하기

	몸에 나타나는 느낌	마음에 나타나는 느낌	당신이 바라보는 세상
레드 상태			
옐로 상태			
그린 상태			
블루 상태			

참고: 의도적으로 퍼플 상태를 환기하지 마라. 이 도표를 작성하기 전에 퍼플 상태를 처리하는 법을 먼저 익혀라.

블루 상태

블루 상태는 깊은 휴식과 이완 상태다. 대개 깊은 잠을 자는 동안 신체의 회복이 이루어지는 블루 상태가 되지만, 깨어 있는 동안에도 극히 평온할 때는 블루 상태가 될 수 있다. 예를 들어 깊은 명상 상태에 들어가거나, 묵상하거나 감각 차단 탱크float tank(염분 농도가 높은 온수에 몸이 자연스럽게 떠다니게 하고 다른 감각들을 차단해 편안함을 유도하는 장치 - 옮긴이)에 한 시간 정도 있어도 블루 상태가 된다. 블루 상태와 관련된 일반적인 감정과 경험 몇 가지는 다음과 같다.

- 평화로움, 차분함, 고요함을 느낀다.
- 호흡이 안정적이고 느리며 심박수는 평소보다 낮다.
- 몸이 무겁고 완전히 이완된 느낌이 든다.
- 사고 활동이 최소화되어 마음이 고요해진다.
- 깊은 휴식을 취하거나 잠이 들면서 주변 환경과 단절된 느낌이 든다.
- 잠에서 깨면 회복되고 활력을 되찾은 느낌을 받는다.
- 몸이 휴식 상태이므로 신체 감각은 대체로 둔해진다.

그린 상태

그린 상태에서는 자신이 안전하고, 다른 사람들과 연결되어 있다고 느낀다. 그린 상태와 연관된 일반적인 감정과 경험은 다음과 같다.

- 차분함, 만족스러움, 편안함을 느낀다.
- 기쁨, 경이로움, 호기심, 애정, 연민, 자신감 등을 자주 느낀다.
- 호흡이 느리고 깊으며 심박수는 안정적이다.

- 스스로 몸과 감정에 연결되어 있다고 느낀다.
- 정신이 맑으며 효과적으로 생각하고 계획할 수 있다.
- 사회성이 있다고 느껴지고 다른 사람들과 쉽게 교류한다.
- 창의력, 영감, 의욕을 느낀다.
- 잠을 잘 자고 개운한 상태로 깬다.

옐로 상태

옐로 상태에서는 경계심이 들고 약간 신경이 곤두선다. 옐로 상태와 관련된 일반적인 감정과 경험은 다음과 같다.

- 긴장하거나 안절부절못하거나 불안하다.
- 짜증, 조바심, 경멸, 무관심 같은 감정을 자주 느낀다.
- 심박수가 약간 증가하고 호흡이 빨라진다.
- 근육이 긴장하고 걱정과 불안을 느낀다.
- 머릿속에 여러 가지 생각이 오가거나 문제 해결에 지나치게 집중한다.
- 사회성이 있다고 느끼지만, 사람들과의 교류가 껄끄럽거나 관계에서 스트레스를 받는다.
- 긴장을 풀고 진정된 상태로 잠들기 어렵다.
- 피곤하지만 쉬기 힘든 '피로하고도 흥분된' 느낌이 든다.
- 긴박감이 들면서 끊임없이 무언가를 해야 할 것만 같은 느낌이 든다.

레드 상태

레드 상태에서는 경계심이나 스트레스 수준이 높다. 레드 상태와 관련된 일반적인 감정과 경험은 다음과 같다.

- 스트레스, 불안, 공포를 느낀다.
- 두려움이나 근심, 공격성, 분노, 증오 같은 감정이 흔하게 나타난다.
- 심박수가 크게 증가하고 호흡이 빠르고 얕아진다.
- 근육이 긴장되거나, 속이 불편하거나, 기타 격렬한 신체 감각을 경험한다.
- 잘못될 수 있는 일, 해야 할 일을 생각하느라 머릿속이 복잡해진다.
- 주로 위협에 집중하므로 사회적 교류를 힘들어하거나 아예 피한다.
- 각성 수준이 너무 높아 수면에 문제가 있다.
- 투쟁 – 도주 – 경직 충동을 강하게 느낀다.

퍼플 상태

퍼플 상태에서는 몸과 마음이 극도의 경계 상태를 유지하며, 위협을 감지하고 얼어붙는 경우도 많다. 일반적으로 퍼플 상태는 극도의 위협이나 트라우마에 직면했을 때 발생하는 격렬한 스트레스 반응이라는 점을 기억하라. 의도적으로 상기할 상태는 아니지만, 그 징후를 인식하는 일은 신경계 반응을 이해하는 데 도움이 된다. 퍼플 상태와 관련된 일반적인 감정과 경험은 다음과 같다.

- 두려움이나 공포감이 고조된다.
- 몸이 얼어붙거나 마비되어 반응하거나 움직일 수 없는 느낌이 든다.
- 심박수가 현저히 느려진다.
- 몸과 감정으로부터 단절된 느낌이 든다.
- 마치 꿈이나 영화 속에 들어와 있는 듯 외부에서 자신을 지켜보고 있는 것처럼 느껴진다.
- 머리가 멍하거나 혼란스럽거나 텅 빈 느낌이 들어 명확하게 생각하거나 계

획을 세울 수 없다.

- 사회적 교류가 불가능하거나 버거우며 고립감을 느낀다.
- 악몽이나 불면증으로 인한 수면 장애를 겪는다.
- 위협에서 벗어날 수 없는 것처럼 갇히거나 덫에 걸린 느낌이 든다.

균형이 아니라 유연성이다

신경계가 잘 조절된다는 것이 항상 평온한 상태를 유지한다는 의미라는 오해가 널리 퍼져 있다. 하지만 사실은 스트레스가 심해 신경계가 극도로 불편할 수 있는 레드 상태를 비롯한 다양한 상태를 오가는 것은 아주 정상적이고 건강한 현상이다.

"만족스러운 삶을 살려면 '균형'을 추구해야 한다"라는 말을 들어보았을 것이다. 우리는 일과 삶의 균형, 정서적 균형, 심지어 신체적 건강을 위한 스트레스의 균형까지 추구하라는 말을 듣는다. 많은 사람이 신경계 조절 훈련의 궁극적 목표가 생존 반응이 활성화되는 옐로 또는 레드 상태를 피하는 데 있다고 믿으면서 신경계의 '균형'을 맞추려 하는 실수를 저지른다.

하지만 옐로와 레드 상태를 피하려고 할수록 오히려 신경계가 경직되고 긴장되어 결국 조절 장애의 악순환에 갇히게 된다.

잘 조절되는 신경계는 외부 스트레스 요인에 대응해 우아하게 휘고 흔들리는 양치류와 같다. 신경계 조절은 지속적인 평온함이나 이완 상태를 유지하는 것이 아니라 삶의 불가피한 기복에 따라 흘러가는 법을 배우는 일이다.

건강한 신경계의 핵심은 균형이 아니라 유연성이다. 삶의 자연스러운 기복을 받아들이고 다양한 감정 상태를 경험하는 것은 조절 능력을 키우는 데 필수다. 잘 조절되는 신경계는 다양한 상황에 쉽게 적응하는 반면, 조절 장애가 있는 신경계는 고착되고, 위축되고, 완고하다.

이 사실을 받아들일 때 우리는 두려움과 자유로움을 동시에 느낀다. 변화를 삶의 자연스러운 부분으로 받아들이라고 요구받는 동시에, 전혀 겁먹거나 스트레스를 받지 않는 중립적인 균형 상태에 도달해야 한다는 압박감에서 벗어날 수 있기 때문이다.

매우 예민한 사람이라면 압도당하거나 조절 장애를 겪지 않으면서 예민성으로 인한 어려움을 헤쳐 나가기 위해 이런 적응력을 기르는 일이 특히 중요하다. 유연성과 적응력에 집중하면 스트레스에서 빠르게 회복하는 탄력적인 신경계를 만들 수 있다.

예를 들어, 행사나 마감일이 다가오는 등 직장에서 특히 힘든 시기를 보내고 있다고 상상해보라. 당연히 이 시기에는 신경계가 매우 활성화된다. 불안감이 커지고, 수면에 문제가 생기고, 기타 스트레스 관련 증상들을 경험할 수 있다. 스트레스에 대한 반응으로 몸이 아드레날린을 더 생성하면 집중력과 생산성, 업무 성과를 높일 수 있으므로 사실 이런 긴장 상태는 유익하다.

문제는 스트레스가 많은 상황이 지나간 후, 신경계가 잘 조절되는 상태로 돌아갈 수 없거나 스트레스가 만성화되어서 대처 능력을 넘어설 때 발생한다.

유연한 신경계를 목표로 하라. 인생의 어려움을 헤쳐 나갈 때 경계 엘리베이터의 모든 수준을 다양하게 경험하는 것은 건강한 현상일 뿐 아니라 실질적으로 유용하다. 목표는 어려운 상황에 **적응**한 다음 상황이 바뀌거나 완화되면 다시 정상적인 조절 상태로 **돌아가는** 능력을 기르는 것이다.

일반적으로 개의 마음에서 사자의 마음으로 전환하는 연습을 하고, 경계 엘리베이터를 오르내리는 움직임을 인식하고 추적하는 법을 배우고, 더 친절하고 자비롭고, 판단하지 않는 태도로 관찰한 것을 바라보는 법을 배우는 인식 단계를 지나는 데 몇 주에서 몇 개월이 걸린다. 그리 복잡하지 않은 훈련이지만 그 효과를 과소평가해서는 안 된다. 이런 간단한 변화가 신경계에 중대한 변화를 가져온다. 하지만 인식 훈련을 완벽히 하고 나서 다음 단계로 넘어갈 필요는 없다. 각 단계는 전 단계를 기반으로 하므로 다음 단계인 조절 훈련을 하기 시작하면 인식 능력도 계속 강화될 것이다. 자동차 운전이 한때는 모든 주의를 기울여야 하는 복잡한 일이었지만 이제는 많은 생각이나 노력 없이 할 수 있는 일이 된 것처럼 시간이 지나면서 인식 습관은 제2의 천성처럼 자연스러워질 것이다.

다음 순서인 조절 단계에서는 신체 기둥에 중점을 두고 신체 기반 훈련을 통해 그린 상태로 전환하는 방법을 보여줄 것이다. 이 단계는 감정, 반응, 경계 상태에 대한 주도권을 갖기 시작하는 때이기도 하다. 조절 단계에서는 순간적인 감정에 휘둘리지 않을 방법뿐 아니라 몸을 쓰면서 기분이 나아지도록 감정을 전환하고 변화시키는 방법을 배울 것이다.

유연성 기르기

치유의 여정을 시작할 때 신경계 조절의 핵심은 유연성이라는 점을 기억하라. 신경계를 유연하게 만들면 더 활기차고 탄력적이며 만족스러운 삶을 경험할 수 있는 문이 열린다.

- 신경계가 다양한 감정과 반응을 경험하는 것은 정상적이고 유익한 일이라는 생각을 받아들여라.
- 잘 조절되는 신경계는 항상 균형과 평온을 유지해야 한다는 생각을 버려라.
- 유연성과 적응력을 키워서 우아하고 민첩하게 삶의 어려움을 헤쳐 나갈 수 있게 하라.

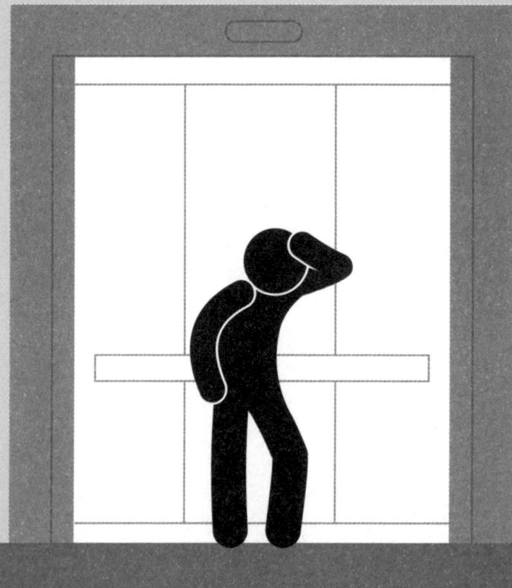

2단계 '조절': 당신에게는 감정을 조절할 능력이 있다

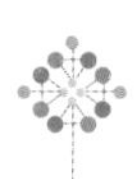

매일 아침 깊은 안전감과 내면의 평화, 평온함을 느끼며 일어나고 자신감 있게 하루를 맞이할 준비가 되어 있는 자신을 상상해보라. 이루기 힘든 꿈처럼 들릴 수 있지만, 신경계 조절을 꾸준히 연습하면 반드시 그렇게 될 수 있다.

당신은 치유 여정의 기본 루틴을 만드는 단계에서 적절한 자극을 통해 신경계가 자연스러운 리듬을 유지할 수 있는 기반을 마련했다. 인식 단계에서는 개의 마음에서 사자의 마음으로 전환하고, 매 순간 무슨 일이 일어나고 있는지 더 큰 시각에서 바라보는 법을 배웠다. 그 훈련으로 신경계 상태를 파악하고, 언제 그린 상태나 옐로 상태를 경험하는지 또는 언제 그린 상태에서 레드 상태로 갔다가 돌아오는지 알아차릴 수 있다. 자신의 다양한 상태를 인식하는 훈련을 했으니, 이제 2단계인 조절 단계에 관한 설명을 읽으며 레드, 옐로, 더 나아가 퍼플 상태에서 안전감과 평온함을 느끼는 그린과 블루 상태로 재빨리 돌아오는 방법을 배울 차례다.

이 장에서는 몸과 마음의 안전감과 평온함을 되찾는 방법을 알려준다. 효과적으로 평온하고 안전한 상태로 돌아갈 수 있는 능력이 생기면 주체성이 강해지고 자신에게 감정을 조절하는 능력이 있음을 스스로 신뢰하게 된다. 순전히 정신적인 개념으로서의 안전감을 넘어 체화된 안전감, 즉 신체적으로 안전하고 개방적이며 편안하다고 느끼는 실질적 안전감을 느낄 수 있다. 이는 신경계 건강의 네 기둥에서 신체 기둥을 강화하는 단계에 해당한다.

체화된 안전감을 기르는 학습은 신경계 조절 장애가 있는 모든 사람을 위한 기본적인 기술이지만, 예민한 사람에게는 더욱더 중요하다. 그들은 실제로 격렬한 감정적 경험을 하기 때문에 머리로만 고도의 경계 상태에서 벗어나려고 노력하기보다는 신체의 자연스러운 조절 메커니즘에 의존해 그런 상태로 돌아가는 것이 더욱 중요하다.

이 장에서는 감정에 대한 잘못된 통념을 바로잡아 기쁨, 경이로움, 휴식의 시간은 늘리고 두려움, 분노, 질투의 시간을 줄일 수 있도록 돕는다. 감정이 순전히 정신적 과정이라는 믿음은 시대에 뒤처진 통념이다. 최근 연구들은 감정이 마음과 몸을 오가는 복잡한 과정이라는 사실을 강조한다.

감정은 단지 **머릿속**에만 있는 것이 아니다. 감정은 신체 반응과 깊은 관련이 있다. 감정은 뇌와 신체 사이의 대화에서 생겨나며, 최적의 에너지 자원을 사용해 당신이 주변 세계에 대응하게 한다. 감정은 특정 뇌 부위에만 존재하는 것이 아니다. 뇌 전체에 걸쳐 역동적으로 구성되며 신체 감각과 깊이 연결되어 있다.

그러므로 정서적 건강을 위해서는 마음만 다룰 것이 아니라 몸이 안전하고 개방적인 느낌을 받도록 해야 한다. 이것이 이 장에서 살펴볼 신체 기반 활동의 핵심 목표다. 이런 통찰은 당신이 그저 감정에 휘둘리는 존재가 아니라고 강조한다는 점에서 중요하다. **당신은 자신의 감정을 배우고, 변화시키고, 그 감정에 영향을 주며,** 감정 경험을 스스로 통제할 수 있다.

이 장에서는 몸과 마음을 조절하는 데 도움이 되는 다양한 기법을 살펴본다. 나는 이 기법을 포털portal이라고 부른다. 이 기법은 실질적 안전감을 제공하는 확고한 토대로서, 나머지 치유 여정의 든든한 기반이 되어줄 것이다. 이 전략을 이해하고 적용하면, 신체적 힘을 활용해 안전한 내면을 가꾸고, 근본적이고 지속적인 평온함과 행복을 느끼는 법을 알게 될 것이다.

• 신경계를 재설정하는 포털

포털은 신경계로 들어가는 문이다. 이 장에서는 신경계로 들어가는 입구인 호흡, 근육, 촉각, 신체 내부 감각, 운동 포털을 활용해 신경계의 반응을 직접 조절하고 경계 엘리베이터를 타고 아래로 내려가는 방법을 보여줄 것이다. 이 포털이 신경계를 재교육한다는 목표를 지향하는 연습의 출발점이라고 생각하라. 여기서 목표는 지속적인 경보 또는 스트레스 상태에서 더 개방적이고 이완된 기본 상태로 빠르게 이동하고, 외부의 도전이나 요구에 효과적으로 대처하는 유연성을 갖는 것이다.

신경계에 안전을 알리는 신호를 활용하면 신체가 경계를 늦추고 긴장을 풀도록 독려할 수 있다. 이로써 누적된 긴장이 완화되고, 세포 에너지는 다시 중요한 보수와 유지 활동으로 향할 수 있다. 즉, 기본적으로 신체가 안전 신호를 인식하고 이에 반응하도록 가르쳐서 이완 상태를 촉진하고 고유한 치유 과정을 활성화하는 것이 이 장의 목표다.

경계 엘리베이터를 타고 아래로 내려갈 때마다 뇌에 새로운 신경 경로가 생성되고 강화된다. 이런 경험은 암묵적 기억의 일부가 되고, 신

일상에서 신체 기반 훈련 실천하기

인식 훈련은 단 한 번 끝내고 넘어가는 과정이 아니라 치유 여정에서 다음 단계로 넘어가는 동안 계속해야 할 과정이다. 일지 쓰기가 도움이 되었다면 계속 쓰는 것이 좋다. 하루 동안 신경계의 행동을 관찰하고 그 내용을 간략하게 기록하는 시간을 매일 저녁 따로 두는 방법을 고려하라. 이 훈련을 다섯 단계를 해나가는 동안 꾸준히 유지하라.

2단계인 조절에서는 몸이 실질적 안전감, 평온함, 편안함을 느낄 수 있도록 고안된 간단한 신체 기반 훈련을 소개한다. 이 훈련은 각각 5~10분 정도 걸리는데, 아침과 저녁에 한 번씩, 하루 두 번 연습하는 것이 가장 좋다. 매번 같은 훈련을 반복하든 다른 훈련을 시도하든 상관없다. 그러나 완벽함이 아니라 발전이 중요하다는 사실을 기억해야 한다. 이 훈련을 완벽하게 해내야 하는 또 다른 과업으로 여겨서, 훈련을 건너뛸 때 죄책감을 느끼지 마라. 5장에서 약속한 네 가지 다짐을 명심하고 필요한 만큼 천천히 훈련을 진행하라. 이것은 경주가 아니다. 처음에는 이 훈련에 약간의 거부감을 느낄 수도 있는데, 지극히 정상적인 현상이다. 계속 연습하다 보면 곧 이 포털이 편안하고 즐겁게 느껴질 것이다.

경계는 자동으로 경계 엘리베이터를 오르내리는 무의식적 과정을 제어하는 데 그 기억을 사용한다. 의도적으로 그린 상태로 이동하는 연습을 하면 조절을 유도하는 신경 경로가 강화되고 그린 상태로 이동하는 방법이라는 암묵적 기억이 새로 만들어진다. 신경계는 시간이 지나면서 새로운 암묵적 기억에 의존해 스트레스에 더 유연하게 대응하기 시작할 것이다. 그린 상태로의 전환이 점점 더 자연스럽고 수월해지는 것이다. 결국 의식적으로 노력하지 않아도 신경계는 자동으로 차분한 그린 상태로 전환된다.

각 포털은 신경계에 직접적인 영향을 준다. 이 방법들 다수는 과학적 연구를 통해 신경계 조절을 촉진하는 효과가 입증된 것들이다. 여기서는 널리 인정받는 몇 가지 방법을 공유하는데, 어떤 방법이 자신에게 가장 잘 맞고 가장 좋은 결과를 얻을 수 있는지는 사람마다 다르다. 완벽한 조합을 찾기까지 시간이 걸릴 수 있으므로 인내심과 호기심을 가지고 이 과정에 접근하는 것이 매우 중요하다.

• 에너지 고갈에서 보충으로

조절 장애가 있는 신경계는 몸에 비축된 에너지를 고갈시켜 전반적인 신체 기능을 떨어뜨리고 일상적인 스트레스 요인에 잘 대처하지 못하게 한다.

건강하고 조절이 잘 되는 신경계는 하루 중에도 다양한 경계 수준을 자연스럽게 순환한다. 경계 수준이 높은 레드와 옐로 상태에서는 에너지가 소모되지만, 편안한 그린 상태, 특히 깊은 휴식 중인 블루 상태에서는 에너지가 보충된다. 하지만 신경계가 잘 조절되지 않으면 에너지 소모가 많은 옐로와 레드 상태에 갇히게 되고, 에너지가 보충되는 그린이나 블루 상태에 머무르는 시간은 거의 없어진다. 이런 패턴은 세포의 에너지 생산 공장인 미토콘드리아에 상당한 영향을 미친다.

옐로와 레드 상태가 유지되면 미토콘드리아가 최적의 기능에 필요한 에너지를 생성할 적절한 휴식 시간을 갖지 못한다. 그 결과 잘 조절되는 신경계에 비해 전체 에너지 생산량이 현저히 감소한다. 전반적인 에너지 생산의 감소는 피로, 불안, 근육 긴장, 피부 질환, 소화 장애 등 신경계 조절 장애와 관련된 많은 증상을 불러일으킨다.

에너지를 고갈시키는 레드와 옐로 상태에서 회복이 가능한 그린과 블루 상태로 전환하는 방법을 배워 에너지를 보충하고 미토콘드리아가 최대 기능을 발휘하게 한다고 상상해보라. 이런 전환에 숙달하도록 연습하면, 꼭 필요한 경우를 제외하고는 고도의 경계 상태를 유지하지 않고 휴식하면서 활력을 되찾는 상태로 유연하게 돌아올 수 있다. 이런 전환으로 몸과 마음은 재충전되어 최상의 상태를 유지한다. 몸은 모든 과업을 효율적으로 처리하는 데 필요한 에너지를 확보한다.

신경계 조절 능력의 개발은 주체성과 자기신뢰를 키우는 데 매우 중요하다. 인생을 살다 보면 스스로 통제할 수 없는 예측 불가의 사건과 상황이 닥쳐오기 마련인데 에너지가 고갈되었을 때는 특히 이를 헤쳐나가기 어렵다. 하지만 이런 자극에 대한 신체 반응을 이해하고 관리하는 연습에 전념하면서 자신의 신체적·정서적 건강을 위해 적극적으로 나서게 되고 신경계 상태를 제어할 수 있다.

당신의 신경계에 가장 신속하게 영향을 미치는 방법은 호흡의 활용이다. 호흡을 활용하는 전략은 아주 오래된 개념일 뿐 아니라 광범위하게 연구된 개념이기도 하다.

호흡 포털

호흡은 특별하다. 두 가지 방식으로 작동하기 때문이다. 대부분의 호흡은 심장 박동처럼 생각할 것도 없이 자연스럽게 이루어진다. 하지만 심장 박동과 달리, 원한다면 호흡을 조절할 수도 있다. 당신의 선택에 따라 더 천천히, 더 빨리, 더 깊게 호흡할 수 있고 심지어 호흡을 참을 수도 있다. 그렇기에 필요할 때마다 호흡을 이용해 긴장을 풀고 진정할 수 있다.

스탠퍼드대학교 정신과 교수인 데이비드 슈피겔David Spiegel 박사는 호흡을 '의식 상태와 무의식 상태 사이의 다리'로 묘사한다. 호흡은 심박수와 안전감을 비롯한 신경계의 다양한 측면에 영향을 미치는 직접적인 문이다.

호흡을 이용해 신경계의 조절을 돕는 훈련법은 다양하다. 스탠퍼드대학교의 앤드류 휴버먼Andrew Huberman과 데이비드 슈피겔의 실험실이 수행한 연구에 따르면, 생리적 한숨은 스트레스가 심하고 불안한 순간에도 신경계 조절에 상당한 영향을 미친다.

주기적 한숨cyclic sighing으로도 알려진 생리적 한숨은 코로 짧게 두 번 숨을 들이쉰 다음 입으로 천천히 길게 숨을 내쉬는 호흡 조절법이다. 이 호흡법은 불안과 스트레스를 즉각적으로 감소시켜 경계 수준을 낮춘다. 2023년에 발표된 생리적 한숨에 관한 연구에 따르면, 매일 5분씩 이 호흡법을 실천한 사람은 단 10일 만에 온종일 더 긍정적인 기분이 되었다. 휴식 중일 때는 호흡률도 감소했는데, 이는 신체가 전반적으로 평온하다는 신호로도 볼 수 있다.

생리적 한숨 연습하기

개의 마음에서 사자의 마음으로 전환하라. 몸과 마음에 주의를 기울여 신경계가 활성화되거나 불안하지는 않은지 인식한다. 일반적인 불안 신호로는 심박수 증가, 얕은 호흡, 근육의 긴장, 머릿속을 바삐 오가는 생각 등이 있다. 이런 감각이 인식되면 불안이나 스트레스를 경험하고 있음을 인정하는 시간을 잠시 갖고, 생리적 한숨 호흡법으로 신경계를 진정시키겠다고 의식적으로 결정한다. 눈을 감았을 때 주의가 덜 분산되고 편안함을 느낀다면 눈을 감고 이 호흡법을 실행해도 좋다.

1. **숨을 들이마신다.** 코로 짧고 깊게 숨을 들이마셔 폐에 공기를 채운다. 연이어 더 짧게 코로 숨을 들이쉬어 폐를 더 확장한다.

2. **천천히 숨을 내쉰다.** 두 번 숨을 들이쉰 후 입으로 천천히 숨을 내쉰다. 두 번의 숨 들이쉬기에 걸린 시간보다 길게 천천히 숨을 내쉬도록 조절한다.

3. **이 과정을 반복한다.** 이 패턴을 약 5회 또는 필요한 만큼 반복한다. 이 호흡법을 계속 연습하는 동안 신경계가 진정되는 효과를 느낄 수 있을 것이

다. 단 5회의 호흡으로도 변화를 느낄 수 있지만, 5분간 연습하면 신경계 상태가 레드, 옐로 또는 퍼플 상태에서 그린 상태로 더 확실하게 바뀐다. 5분으로 타이머를 설정하고 타이머가 멈출 때까지 차분하게 호흡법을 계속해 보라.

4. **몸과 마음을 관찰한다.** 호흡법을 마친 후에는 잠시 몸과 마음의 변화를 관찰하는 시간을 가져라. 더 편안해지거나, 집중력이 높아지거나, 현재 순간에 몰두하고 있다고 느껴질 것이다.

5. **천천히 평소 호흡으로 돌아간다.** 서서히 자연스러운 호흡으로 돌아간다. 눈을 감고 있었다면 눈을 뜨기 전에 잠시 더 호흡에 집중했다가 일상 활동을 재개한다.

신경계를 진정시키거나 스트레스를 줄이고 싶을 때마다 이 호흡법을 실행한다. 시간을 들여 꾸준히 연습하면 이 간단한 호흡법이 스트레스를 관리하고 이완하는 효과적인 도구가 된다.

• 감정의 구성 요소: 감정 경험의 주체가 되는 방법

감정은 경계 엘리베이터의 다양한 경계 수준과 대단히 밀접하게 연결되어 있다. 즉, 감정 경험은 대체로 현재 경계 상태와 연결되어 있다. 예를 들어 일반적으로 고도의 경계 상태(레드)에서는 분노를 느끼고, 경계 수준이 약간 낮은 상태(옐로)에서는 불안이 생기며, 편안한 상태(그린)는 기쁨이나 평화가 일어난다.

경계 엘리베이터의 다양한 활성화 상태에서 느끼는 감정의 강도는 개인마다 크게 다를 수 있다. 어떤 사람들은 감정 반응이 그다지 강렬하지 않지만, 어떤 사람은 감정을 매우 강하게 경험한다.

잘 조절되는 신경계는 레드, 옐로, 그린, 블루 등 모든 경계 상태를 유연하게 넘나드는 것처럼 감정 경험도 폭넓게 허용한다. 즉, 건강한 신경계는 한 가지 감정에만 집착하지 않고 행복에서 슬픔, 평화에서 분노에 이르기까지 감정 스펙트럼 전체를 허용한다.

신경계가 잘 조절된다고 해도 두려움이나 분노, 질투 같은 불편하거나 괴로운 감정은 여전히 발생한다. 그런 감정도 인간의 자연스러운 일부이기 때문이다. 하지만 이런 감정이 오랜 기간 정서를 지배하지는 않는다. 너무 자주 괴로운 감정에 오랫동안 빠져 있다면 신경계 조절 장애 때문일 가능성이 크다.

감정은 강력한 동기 유발 요인이다. 부정적인 감정을 많이 느낀다면 모든 방법을 동원해 기분이 좋아지게 하고 싶을 것이다. 예전에는 불쾌한 감정을 관리하려면 긍정적인 생각을 더 많이 하는 등 부정적 사고 패턴을 바꿔야 한다고 조언하는 경우가 많았다. 이런 방법이 특정 상황에서는 유익할 수도 있지만, 감정의 작동 방식을 지나치게 단순화한 조치일 수도 있다.

전통적으로 감정은 생각의 직접적 결과로 이해되었다. 또한 감정은 개인과 문화가 달라도 보편적이고 동일한 방식으로 경험된다고 추정되었다. 하지만 현대의 연구는 미묘한 차이가 있는 관점을 제시한다. 최근에 널리 인정받고 있는 감정 이론 중 하나는 신경과학자이자 연구자인 리사 펠드먼 배럿Lisa Feldman Barrett이 제안한 감정 구성 이론constructive emotion theory이다.

전통적 견해와 달리 배럿은 감정이 보편적이고 동일하게 경험되지 않는다고 주장한다. 오히려 감정은 개인적이고 주관적인 경험으로 지금 이 순간의 상황, 과거 경험과 문화적 배경에 기반한 상황 해석, 신체적 감각의 조합으로 구성된다.

즉, 감정적 반응은 단순히 생각이나 주변 세계의 산물이 아니라는 뜻이다. 그러므로 사고 패턴을 수정하거나 주변 세계를 통제하려는 시도는 감정을 바꾸는 가장 효과적인 방법이 아닐 수 있다. 감정은 개인적 역사, 문화적 맥락, 신체 상태와 깊이 얽혀 있다. 때로는 포털을 이용해 신체 감각을 바꾸거나 상황에 대한 해석을 바꾸는 전략이 감정 상태를 바꾸는 데 훨씬 효과적이다.

감정 경험이 개인적인 내적 경험과 외적 맥락의 여러 측면으로 구성되듯이, 특정 뇌 영역과 결부될 수도 없다. 대신 전전두피질, 전대상피질, 뇌섬엽, 편도체 같은 뇌 영역이 역동적으로 네트워크를 형성하며 감정에 관여한다. 이 뇌 영역들은 독립적으로 작동하지 않고, 실시간으로 빠르게 소통하고 상호작용하면서 우리가 인식하는 감정 상태를 만들어낸다.

뇌는 이전 경험에 대한 기억과 지금 순간에 일어나는 모든 상황의 맥락에 기초해 감정 경험을 수정한다. 예를 들어, 당신이 친구와 결혼식에서 건배사를 하고 있다고 상상해보라. 친구는 이제껏 사람들 앞에서 말했던 경험을 긍정적으로 기억하고, 모르는 사람들 앞에서 말하는 것을 성장의 기회로 여기는 문화에서 자랐다. 그녀의 맥박이 빨라지고 신경계는 흥분되는 감정을 느낀다. 당신은 그 반대다. 어린 시절 친구들 앞에 섰을 때 비웃음을 샀고, 군중 속에서 튀는 것을 부정적으로 생각하는 가족이나 문화에서 자랐다. 건배사를 앞둔 당신의 맥박이 빨라지고, 당신은 불안한 감정을 느낀다.

이 간단한 예는 어떻게 두 사람이 똑같은 외부 상황(건배사)에서 똑같은 신체 감각(빨라진 맥박)을 각자 고유한 역사와 문화적 배경에 기초해 다른 감정으로 해석할 수 있는지 보여준다. 한 사람은 그 감각을 흥분으로 해석하는 반면, 다른 한 사람은 불안으로 인식한다.

요컨대 감정의 신경과학에 관한 현대 연구들은 감정이 전통적으로 생각했던 것보다 훨씬 더 유동적이고 역동적임을 보여준다. 감정은 우리의 경험과 맥락, 신체 상태에 끊임없이 적응하고 반응하는 정교한 과정이다. 이 연구에서 알 수 있는 가장 중요한 점은 우리가 스스로 생각하는 것 이상으로 감정을 더 잘 통제할 수 있다는 점이다.

• 신경계 조절이 신체를 기반으로 시작되는 이유

배럿의 감정 구성 이론은 긍정적인 감정 상태를 늘리고 부정적인 감정 상태를 줄이기 위해 우리 스스로 감정 경험을 수정할 수 있음을 보여준다. 감정 경험을 수정하려면 감정의 구성하는 세 가지 요소 중 적어도 하나에 영향을 미쳐야 한다.

1. 현재 상황
2. 상황에 대한 뇌의 해석
3. 신체 감각

현재 상황 바꾸기

사람들이 불행할 때 일반적으로 가장 먼저 바꾸려고 하는 요소는 현재 상황이다. 자신이 처한 상황을 바꾸려는 행동에는 긴장을 가라앉히기 위해 술을 몇 잔 마시거나 불안할 때 파티 장소를 떠나는 것과 같은 순간순간의 상황 변화에서부터 더 안전해지고 싶어서 부를 축적하는 데 인생을 바치거나 불행하다고 느껴서 배우자와 헤어지는 것같이 장기적인 삶의 변화까지 포함된다. 물론 학대받는 관계처럼 위험한 상황에 놓였다면 그 상황에서 빨리 벗어나야 한다. 과거를 이해하려고 아무리 노력해도, 현재의 신체 감각을 조절하려고 아무리 노력해도, 실제 위험에 처해 있다면 그 상황에서 벗어나 안전해질 때까지 공포와 분노 같은 감정이 생길 수밖에 없다.

하지만 많은 사람이 현재 상황을 '해결'하는 것만으로도 불편한 감정이 완화되고 편안해지고 즐거운 감정이 일어나리라는 믿음으로 여기에만 노력을 쏟는다. 하지만 그런 사람일수록 현재 상황은 감정적 경험을 만들어내는 퍼즐 한 조각에 불과하다는 사실을 깨닫지 못한다. 주변 환경을 바꾸는 것은 매우 중요한 조치이지만, 다른 요소들도 감정 상태에 큰 영향을 미친다.

상황에 대한 뇌의 해석 바꾸기: '하향식' 접근법

감정에 영향을 미치는 또 다른 방법은 뇌가 현재 상황을 해석하는 방식을 바꾸는 것이다. 이 전략은 생각을 이용해 감정의 변화를 유도하기 때문에 '하향식' 접근법으로 알려져 있다. 명상, 시각화, 인지행동 전략은 모두 이런 접근법의 예다.

하지만 생각만으로 신경계를 통제하려는 것은 마음만으로 자전거를 타려는 것과 같다. 온갖 동작이나 곡예를 하듯 자전거를 타는 모습을 머릿속으로 그려볼 수는 있겠지만, 그런다고 해서 실제로 자전거를 움직이지는 못한다. 즉, 인지 전략은 해결책의 일부분일 뿐, 그것만으로 감정 문제가 모두 해결되지는 않는다. 자전거를 타기 위해 물리적으로 페달을 밟고 균형을 잡아야만 하는 것처럼 효과적으로 감정을 조절하려면 신체 감각을 활용해야 한다.

특히 예민도와 지각력이 높은 사람은 압도적인 감정이나 스트레스를 관리하기 위해 분석적 사고를 발달시키는 경우가 많다. 분석적 사고에 과도하게 의존하다 보면 경험의 모든 세세한 면을 분석하고 처리하는 습관이 뿌리내리게 된다. 인지 능력에 치중하면 자신이 상황을 통제하고 있다고 인식해 강렬한 신체 반응이 일시적으로 줄어들지만, 그 자체로 신경계가 유연하게 조절되지는 않는다.

강력한 분석적 사고로 감정에 대처하는 일반적인 패턴은 다음과 같다. 어떤 일이 스트레스 반응을 작동시켜 스트레스가 심한 레드 상태에 놓인다. 상황을 분석하거나 모든 사람의 행동을 합리화하는 등의 인지 전략을 사용해 스트레스가 약간 덜한 옐로 상태로 전환한다. 즉각적인 스트레스 요인이 줄어들기 때문에 신경계 조절이 개선된 것처럼 느껴질 수 있지만, 이것이 최상의 상태는 아니다.

인지를 활용해 감정에 대처할 때, 지속 가능한 감정 경험에 필수인 신체 감각과 감정은 무시되거나 억압당하는 경우가 많다. 몸에 진정한 안전감을 심어주지 않으면, 경계 엘리베이터는 계속 옐로 상태에 머물게 된다. 스트레스가 심한 레드 상태에서는 벗어났지만, 여전히 평온함을 느끼고 회복을 경험하는 그린과 블루 상태에는 도달하기 어렵다.

단기적으로는 옐로 상태에서도 비교적 잘 지낼 수 있다. 하지만 계속 옐로 상태에 머무른다면, 당장 눈앞의 스트레스를 관리하고 삶을 헤쳐 나가는 동안 끊임없는 긴장과 불안을 안고 있을 것이다. 이런 만성적 긴장 때문에 신체의 스트레스 반응을 억제하는 데 계속 많은 에너지가 필요하므로 쉽게 지치게 된다.

그렇게 만성적으로 옐로 상태에 머무르면 시간이 지나면서 누적된 신체적·정신적 피로를 느끼거나 번아웃에 빠진다. 지속적인 스트레스는 결국 소화기 문제나 염증 같은 신체적 증상 또는 만성 불안과 우울 같은 정서적 고통으로 나타난다.

감정에 영향을 주는 하향식 접근법의 또 다른 형태는 감정적 반응을 형성시킨 과거의 경험을 재검토하고 재해석하는 것이다. 건배사 제안이 어렸을 때 비웃음을 샀던 기억을 상기시켜 불안을 유발한다는 앞의 예를 생각해보라. 사랑하는 사람이나 심리치료사와 함께하는 자리처럼 안전하고 안정된 상태에서 의식적으로 어릴 적 괴로웠던 기억을 회상하는 방법을 쓰면 사람들 앞에 섰을 때의 감정 반응을 변화시킬 수 있다.

성인이 된 지금은 어렸을 때처럼 무력하거나 취약한 존재가 아니다. 이 사실을 인식하면 어렸을 적 자신과 그때 경험했던 수치심, 고립감에 연민을 느낄 수 있다. 과거의 자신을 이해하면서 오래 간직했던 고통스러운 감정을 놓아주고, 긍정적인 새로운 경험에 공간을 내어주기도 한다. 이 과정은 사람들 앞에서 말하는 일을 두려워하거나 불안해하지 않는 새로운 관점을 형성하는 데 도움이 된다.

그러나 과거 경험을 성찰하고 재형성하는 방법은 장기간에 걸쳐 훈련할 때 가장 효과가 크기 때문에 신경계 조절 장애나 급성 스트레스 반응을 겪고 있는 도중에는 큰 도움이 되지 않을 수 있다. 하향식 접근 방식으로 감정의 지형을 수정하기 전에 가장 먼저 활용하기 쉬운 조치는 신체적 수준에서 안전감과 조절 감각을 확립하는 일이다. 일단 체화된 안전감이 확보되면 과거의 기억을 재형성하는 더 심층적인 작업을 효과적으로 해낼 수 있다.

신체 감각 바꾸기: 신체를 통한 감정 관리

감정을 효과적으로 관리하려면 감정을 형성하는 세 번째 요소인 신체 감각을 효과적으로 다루어야 한다. 감정 상태에 영향을 미치고 감정을 조절하는 안정적 기반을 만드는 데 가장 효과적이고 즉각적인 방법은 신체의 안전감을 기르는 것이다. 불안이나 번아웃, 기타 신체적 증상 같은 조절 장애 증상을 해결하려 할 때는 신체에 기반해 접근하는 것이 더욱 중요하다.

2023년 스탠퍼드대학교의 칼 다이서로스Karl Deisseroth 교수가 이끄는 연구팀은 생쥐를 대상으로 한 연구 결과를 내놓으며, 신체 감각과 감정 경험 사이의 직접적인 연관성을 더욱 강조했다. 그들은 비침습적 심박조율기를 제작해 쥐의 심박수를 높였다. 심박조율기로 쥐의 심장이 빨리 뛰게 만들자, 쥐들은 불안한 행동을 보였다. 뇌와 심장이 양방향으로 연결되어 있음을 입증한 이 실험 결과는 감정과 생리적 상태 사이의 복잡한 관계를 강조한다.

스탠퍼드대학교 연구팀이 이 실험에서 입증했듯이, 5단계 계획의 조절 단계에서 가장 효과적이고 즉각적으로 감정에 영향을 미치는 방법은 앞서 소개한 포털을 통해 심박수, 생리적 한숨과 같은 호흡 패턴, 근육의 긴장 같은 신체 감각을 변화시키는 것이다. 이 방법은 신체 감각에 직접적으로 영향을 주어 그린 상태로의 전환을 촉진하고 감정을 변화시킨다. 이런 방법을 꾸준히 연습하면 감정을 더 잘 통제하면서, 주어지는 상황에 더 건강하고 유연하게 대응할 수 있다. 분석하는 마음에서 벗어나 몸으로 돌아오는 간단한 방법 한 가지는 근육과 촉각 포털을 활용하는 것이다.

근육 포털

불안과 만성적인 스트레스, 신경계 조절 장애는 근육의 만성적인 긴장 상태에 일조하는 상호연결된 요인들이다. 근육 긴장이 가장 흔히 발생하는 신체 부위는 목, 어깨, 턱, 허리, 엉덩이다. 이 부위의 만성적인 긴장은 통증과 두통에서부터 이동성 저하와 스트레스 관련 질병에 이르기까지 다양한 문제를 일으킨다.

근육은 신경계를 그린 상태로 되돌려주는 강력한 포털이다. 근육의 긴장을 풀어주면 혈류와 유연성 등 전반적인 건강이 증진된다. 또한 근육 포털을 활용하면 근육의 수축과 움직임, 감각에 따라 감정이 어떻게 변화되는지 알 수 있다.

촉각 포털

촉각은 언제나 인간 삶의 필수 요소로 정서적 유대, 소통, 전반적인 건강에 중요한 역할을 해왔다. 최근에는 촉각이 신경계에 미치는 영향을 활용해 신체가 좀 더 편안한 상태가 되도록 돕는 다양한 치료 방식이 등장했다. 일부 연구에서는 신체 조직, 내부 장기와 촉각 기반 치료 사이의 기능적 연관성을 강조했다. 이 연구들은 전통 한의학에서 관련 장기와 연결되어 있다고 보는 피부의 특정 지점, 즉 경혈acupoint을 자극하는 침술에 주로 초점을 맞췄다. 이 연구에서 경혈을 자극했을 때 장기 기능에 영향을 미치는 신경 신호가 생성되었다. 전통 한의학의 주장 중 일부를 검증했을 뿐 아니라 피부의 물리적 접촉이 전체 신체 기관에 직접적인 영향을 미칠 수 있음을 보여주는 결과였다.

포옹과 애무처럼 부드럽고 다정한 접촉은 신체가 안전하고 안정적이라고 느끼게 해주며, 이는 그린 상태로 돌아가는 데 매우 효과적인 방법이 될 수 있다. 반면에 신체적 접촉이 충분하지 않은 삶을 살면 고립감, 외로움, 정서적 고통이 발생한다.

기쁨이나 안전감 같은 감정은 접촉에서 올 때가 많다. 짧은 시간이라도 기분이 좋은 접촉을 통해 신경계에 상당히 긍정적인 영향을 미쳐 스트레스를 해소하고 그린 상태로 전환할 수 있다. 그러나 접촉할 때 불편함을 느끼거나 과거의 트라우마 때문에 내장형 알람이 울리는 사람도 많다.

다른 사람의 손길도 신경계에 긍정적인 영향을 미치지만, 항상 누군가와 접촉할 수 있는 것은 아니며 접촉과 관련된 내장형 알림이 있는 경우에는 다른 사람의 손길이 닿았을 때 오히려 레드 상태로 전환될 수 있다. 다행히 다른 사람의 촉감이 있어야만 그린 상태가 될 수 있는 것은 아니다. 셀프 터치로도 얼마든지 같은 효과를 낼 수 있다.

근육 긴장 풀기 연습

목, 어깨 도롱뇽 운동

작가이자 보디테라피 전문가인 스탠리 로젠버그Stanley Rosenberg가 개발한 이 동작은 흉추의 유연성을 점진적으로 개선해 호흡 능력을 높이고 고개가 앞으로 굽은 자세를 교정해준다. 머리, 목, 어깨, 눈 근육을 이런 식으로 움직이면 만성적인 긴장이 풀리고, 신경계에 지금은 안전하니 그런 상태로 전환해도 좋다는 신호를 보낸다.

1. 편안하게 앉거나 선 자세로 시작한다.
2. 오른쪽 귀로 시선을 돌리되, 고개는 정면을 향하고 눈동자만 움직인다.
3. 시선은 계속 오른쪽으로 두고 오른쪽 귀가 오른쪽 어깨에 닿게 한다는 생각으로 목을 옆으로 기울인다. 어깨는 올리지 말고 고개만 아래로 기울인다. 이 자세를 30~60초 동안 유지한다. 왼쪽 목과 어깨를 늘리는 느낌으로 머리가 몸통과 90도 각도가 되게 한 상태에서 시선은 바닥으로 두어야 한다.
4. 목과 등을 바로 하면서 정면을 바라본다. 시선을 왼쪽을 향하게 하고 왼쪽으로도 이 과정을 반복한다.
5. 시선은 반대 방향을 향하게 하면서 2~4단계를 반복한다. 좌우 각각

30~60초 동안 이 자세를 유지한다.

전신 도롱뇽 운동

전신 도롱뇽 운동에서는 목뿐만 아니라 등 전체를 옆으로 기울인다. 등 전체를 기울이면 신경계에 긴장과 경계를 풀고 그런 상태로 가도 좋다는 신호를 더 강력하게 전달한다.

1. 무릎을 꿇고 엎드려 양팔과 양 무릎에 체중을 골고루 분산시킨다. 손으로 의자나 책상을 짚고 해도 된다. 고개를 숙이거나 들지 말고 등과 일직선이 되게 한다. 머리를 조금씩 올리거나 내리며 일직선이 되게 한다.
2. 목과 어깨 도롱뇽 자세에서 했던 것처럼 시선만 오른쪽으로 둔다.
3. 시선을 오른쪽으로 보낸 채 그대로 고개를 오른쪽으로 기울인다. 도롱뇽처럼 허리까지 계속 몸을 기울인다. 30~60초간 그 자세를 유지한 후 제자리로 돌아온다.
4. 반대쪽도 똑같이 한다. 시선을 왼쪽에 두고 고개를 왼쪽으로 기울이고 허리까지 몸을 기울인다. 그 자세를 유지한 후 원래 자세로 돌아온다.

셀프 터치로 진정 연습하기

셀프 터치를 통해 그린 상태로 전환하도록 연습할 수 있는 몇 가지 방법을 소개한다.

- 셀프 마사지: 긴장된 근육을 부드럽게 마사지하거나 신체의 특정 지점을 눌러주면 스트레스를 해소하고 이완을 촉진한다.
- 안정화 기법: 가슴이나 배, 기타 신체 부위에 손을 얹으면 교감하는 느낌이 들고, 현재에 집중할 수 있다.
- 마음챙김 촉감: 스스로 팔을 쓰다듬거나 손을 맞잡으면서 촉감에 집중하면 편안함과 안전감이 든다.

• 내수용감각: 몸과 마음을 연결하는 기초

당신이 어렸을 적에는 사람에게 시각, 청각, 후각, 미각, 촉각의 오감이 있다고 배웠을 것이다. 그러나 애석하게도 이 주장은 불완전한 것으로 밝혀졌다. 세상을 이해하게 해주는 여러 신체 내부 감각들을 빠뜨렸기 때문이다. 예를 들어 전정계vestibular system는 균형을 잡고 공간 내 위치를 파악하게 해준다. 고유감각proprioception은 근육이 수축하거나 늘어날 때 만들어지는 감각 정보로 각 신체 부위의 위치를 알려준다. 전정계와 고유감각에 이어 '제8의 감각'이라고 불리기도 하는 내수용감각interoception은 체온, 통증, 가려움, 배고픔, 갈증, 심장 박동 등 신체 내부 상태를 파악하게 해준다. 이 외에도 더 많은 내수용감각이 있다는 것이 새로운 연구를 통해 밝혀지고 있다.

시각, 청각, 후각, 미각, 촉각의 오감과 달리 신체 내부에서 비롯되는 내수용감각은 생리적 상태에 대한 데이터를 지속적으로 내보낸다. 이 정보는 뇌섬엽insular에서 정리되어 다른 뇌 영역으로 전달된다. 예를 들어 배가 고플 때 배에서 느껴지는 감각이 뇌섬엽으로 전송되고, 뇌섬엽은 이 정보를 정리한 뒤 뇌의 다른 부분으로 전달해 음식을 찾으려는 동기를 유발한다.

신체 내부 감각 포털

뇌섬엽에서 처리되는 신체 내부 상태에 관한 정보가 어마어마하게 많다는 사실뿐 아니라 당신이 주의를 기울이며 들여다볼 때 이를 충분히 인식할 수 있다는 사실을 알면 놀라지도 모른다. 세포와 장기는 모든 경험을 신호로 바꾸어 뇌섬엽에 보내므로 내수용감각의 인식은 신체의 필요와 자신을 돌보는 능력 사이에서 '다리' 역할을 확실히 해준다. 예를 들어 바깥 날씨가 더운데 햇볕에 너무 오래 나가 있으면 세포와 장기가 너무 덥다는 신호를 뇌섬엽에 보낼 것이다. 내수용감각의 인식 능력이 약하면 무슨 일이 일어나고 있는지 깨닫지 못하고 전반적으로 기분이 나쁘고 불편하기만 할 것이다. 하지만 내수용감각 인식 능력이 발달하면 몸이 너무 더워져서 불편하다는 것을 알아차리고 그늘을 찾게 된다. 내수용감각을 더 잘 알아차리면 변화하는 주변 세계와 내면 상태 사이에서 유연하게 적응할 수 있다.

뇌섬엽과 내수용감각은 신경계가 쾌감, 불쾌감, 흥분, 평온함 등의 감정과 기분을 형성하는 데도 결정적인 역할을 한다. 뇌는 뇌섬엽에서 데이터를 수집해, 과거 경험이나 현재 환경 신호와 통합한다. 그런 다음 어떤 감정이 생존에 도움이 되는지 경험에 근거해 '최선의 추측'을 내린다. 뇌의 목표는 과거 역사와 현재 상황을 기반으로 신체의 에너지 자원을 효율적으로 사용해 생존과 건강한 삶에 최적화된 감정 반응을 형성하는 데 있다.

내수용감각의 인식 능력을 개선하면, 압도감이나 불안함을 덜 느끼면서 생활할 수 있다. 몸 안에서 무슨 일이 일어나는지 더 잘 감지할수록 감정적·신체적 반응을 잘 처리할 수 있어 감정 조절 능력이 향상되고, 스트레스가 감소하며, 신경계가 유연해진다. 몸의 내부 신호에 더 귀를 기울이면 그린과 블루 상태인 시간이 길어지고 레드와 옐로 상태인 시간이 줄어들 가능성이 크다. 뇌에 더 정확한 데이터를 보내 '최선의 추측'을 함으로써 더 적절하고 에너지 효율이 높은 감정을 형성하기 때문이다.

내수용감각의 탐색

이것은 여러 신체 부분의 다양한 감각을 탐색함으로써 내수용감각의 인식을 향상하는 훈련이다. 표를 참고하면 각 신체 부위에서 경험할 수 있는 감각에 더 익숙해질 것이다. 이 훈련으로 신체의 신호를 더 잘 받아들이고 자기 조절 능력을 높일 수 있다.

1. **편안한 자세를 취한다.** 편안하게 앉거나 누울 수 있는 조용한 공간을 찾는다. 눈을 감고 심호흡을 몇 번 하면서 자신에게 집중하며 긴장을 푼다.
2. **신체 부위 한 곳을 선택한다.** 다음 페이지의 표에서 시작점이 될 신체 부위를 선택한다. 원하는 신체 부위에서 시작해 자신의 속도대로 다른 신체 부위로 이동한다.
3. **감각에 집중한다.** 선택한 신체 부위에 주의를 기울이면서 느껴지는 감각에 집중한다. 표를 참조해 느껴지는 감각을 식별한다. 잠시 감각에 몸을 맡긴 채 판단하지 않고 관찰한다.
4. **다른 신체 부위로 이동한다.** 얼마 동안 첫 번째 신체 부위의 감각을 탐색했으면 다음으로 선택한 신체 부위로 서서히 초점을 옮긴다. 해당 부위에서 느껴지는 감각에 집중하는 과정을 반복한다.

5. **탐색을 계속한다.** 표에서 소개한 신체 부위로 이동해가며 감각에 집중한다. 편안한 정도와 관심도에 따라 각 신체 부위에 원하는 만큼 시간을 할애한다.
6. **탐색 경험을 되돌아본다.** 표에 있는 신체 부위를 모두 탐색한 후에는 그 경험을 되돌아보는 시간을 잠시 갖는다. 어떤 감각이 두드러졌는가? 새롭게 발견한 감각이 있었는가? 이 훈련이 일상생활에서 신체의 신호를 알아차리는 데 어떻게 도움이 될지 생각해보라.

내수용감각의 구별

뇌	발/발가락	위	가슴
☐ 경계	☐ 차가움	☐ 위산 역류	☐ 호흡 속도
☐ 평온함	☐ 건조함	☐ 팽만감	☐ 가슴 통증
☐ 명료함	☐ 쥐가 남	☐ 울렁거림	☐ 심호흡
☐ 어지러움	☐ 가려움	☐ 포만감	☐ 확장 및 수축
☐ 집중력	☐ 저림	☐ 가스	☐ 두근거림
☐ 두통	☐ 통증	☐ 꾸르륵거리는 소리	☐ 압박감
☐ 정신적 피로	☐ 땀	☐ 배고픔	☐ 빠른 심장 박동
☐ 의식 혼탁	☐ 부기	☐ 소화불량	☐ 얕은 호흡
☐ 정신적 이완	☐ 따끔거림	☐ 메스꺼움	☐ 호흡 곤란
☐ 정신적 긴장	☐ 따뜻함	☐ 위경련	☐ 답답함

손/손가락	목	귀	근육
☐ 축축함	☐ 숨 막히는 느낌	☐ 통증	☐ 쥐가 남
☐ 차가움	☐ 기침	☐ 귀지 쌓임	☐ 피로
☐ 건조함	☐ 삼키기 어려움	☐ 귀가 먹먹한 느낌	☐ 이완
☐ 저림	☐ 건조함	☐ 심장 박동이 들림	☐ 근육통
☐ 통증	☐ 쉰 목소리	☐ 가려움	☐ 경련
☐ 뻣뻣함	☐ 간질거림	☐ 잘 안 들림	☐ 뻣뻣함
☐ 땀	☐ 목이 메는 느낌	☐ 터질 듯한 느낌	☐ 긴장
☐ 부기	☐ 따가움	☐ 압력	☐ 조이는 느낌
☐ 따끔거림	☐ 부기	☐ 이명	☐ 떨림
☐ 따뜻함	☐ 답답함	☐ 소리에 예민함	☐ 근육 약화

눈	피부
☐ 건조함	☐ 축축함
☐ 뻑뻑함	☐ 차가움
☐ 무거움	☐ 건조함
☐ 가려움	☐ 홍조
☐ 통증	☐ 소름
☐ 안압	☐ 가려움
☐ 빛에 대한 예민함	☐ 접촉에 대한 예민성
☐ 눈물흘림증	☐ 땀
☐ 피로	☐ 피부 당김
☐ 눈물 과잉	☐ 따뜻함

몸챙김 회복하기

마음챙김mindfulness은 최근 수십 년간 광범위하게 연구된 주제였다. 그 이점을 입증하는 연구는 현재 수백 편에 이른다. 1단계인 인식에서 살펴본 **개의 마음에서 사자의 마음으로의 전환**은 당신이 이미 해오고 있는 마음챙김 수련의 한 예다. 안타깝게도 '마음챙김'이라는 단어는 때때로 오해를 불러일으킨다. 팔리어(인도·유럽어족의 인도·이란 어파에 속한 언어로 부처의 설법이 팔리어로 구전되다가 기록되었을 만큼 불교 연구에 중요한 언어다–옮긴이) 'sati'의 번역어인 마음챙김은 서구에서 흔히 '순간순간의 인식'을 의미한다. 이 때문에 종종 사람들은 마음챙김이란 자신의 생각과 내면의 말에만 집중하는 것으로 생각한다. 그러나 신경계를 조절하려면 현재의 마음뿐만 아니라 몸 전체의 경험을 알아차리는 연습이 필요하다.

빠르게 변화하는 문화 속에는 우리를 우리 몸에서 떼어놓는 요인이 많다. 물론 개인의 예민성이 방어기제가 되어 몸과 우리를 더 단절시킬 수도 있지만, 몸과 우리의 단절을 부추기는 문화적·환경적 요인도 빼놓을 수 없다.

서양의 종교적·철학적 전통은 오랫동안 신체보다 정신에 더 가치를 두었고, 이 때문에 서양 사상에서는 자주 이 둘을 분리해서 생각해왔다. 예를 들어 서양 의학은 질병이 초래하는 신체적 증상에만 거의 전적으로 초점을 맞추고, 감정과 생각이 전반적인 건강에서 차지하는 역할은 간과한다. 몸과 마음을 분리해서 생각하는 서양 문화에서는 감정과 신체 감각을 무시하는 경향이 널리 퍼져 있다.

몸과 단절된 느낌을 받는 데는 현대 생활의 환경적 영향도 있다. 조용한 시간을 가지기 어렵고 자연을 직접 접하지 못할 만큼 분주한 도시에서의 치열한 삶은 신체와 신경계를 압도해 감정과 감각을 느끼기 어렵게 만든다. 우리 인간은 자연 속에서 진화했으며, 우리의 몸과 마음은 여전히 자연과 연결되기를 갈망한다.

이렇듯 개인의 예민성과 문화적·환경적 요인이 함께 작용해 만성적인 몸과 마음의 단절을 가져온다. 하지만 신경계를 조절하려면 몸과 마음의 강력한 연결이 **필요하다.** 우리는 마음챙김이 단절을 강화하는 또 다른 방법이 되는 함정을 피해야 한다.

이런 함정을 피하고 현재를 몸으로 경험하는 것이 중요하다고 강조하기 위해 나는 '마음챙김'보다 '몸챙김'bodyfulness이라는 용어를 선호한다. 두 용어 모두 지금 무슨 일이 일어나고 있는지 알아차리는 습관을 강조하지만, 몸챙김에서는 순간순간 경험하는 풍부하고 생생한 감각이 중요하다고 강조한다. 몸과 마음이 동시에 관여하는 경험을 기술하기 위해 '신체 인식'somatic awareness, '신체 감각'body sense, '체화'embodiment 같은 용어들도 등장하고 있다.

특정 신체 부분과 포털을 의식하면서 몸챙김을 연습하라. 마음뿐 아니라 온몸이 현재에 집중하고 순간순간을 의식할 수 있을 때 어떤 느낌이 드는지 확인하라.

신체와 성공적으로 연결되는 핵심은 몸에 대한 인식을 유지하고 호흡을 이용해 긴장을 푸는 일임을 기억하라. 이 기법이 온종일 스트레스를 관리하고 이완을 촉진하는 데 유용한 도구가 될 것이다.

운동 포털

상당히 많은 연구에서 운동과 활동이 기분과 신경계 조절에 매우 긍정적인 효과를 미친다는 사실을 입증했다. 그 이점은 이미 체력이 좋

언제 어디서나 할 수 있는 몸챙김 연습

몸챙김 연습은 앉은 자세, 선 자세, 걷는 자세, 심지어 누운 자세까지 모든 자세에서 할 수 있다. 이 훈련을 일과에 녹여내어 이동 중에도 편리하게 연습할 수 있게 하라. 간단한 단계별 기법은 다음과 같다.

1. **편안한 자세를 취한다.** 서 있을 때는 다리를 엉덩이 너비로 벌리고 무릎을 약간 구부린다. 걷고 있을 때는 천천히 편안한 속도를 유지하며 동작에 주의를 기울인다. 앉아 있을 때는 엉덩이가 무릎보다 높은 위치에 오게 하고 편안하게 똑바로 앉는다. 누워 있을 때는 등을 대고 눕는다. 특정한 신체적 요구에 맞게 이 자세를 조정한다.
2. **심호흡을 몇 번 한다.** 코로 깊이 숨을 들이쉬어 폐를 가득 채운 다음 입으로 천천히 내뱉는다. 이 과정을 몇 번 반복해 의식의 중심을 잡고 몸을 훑어볼 마음의 준비를 한다.
3. **다리와 발에 집중한다.** 허벅지와 무릎, 종아리, 발목, 발로 의식을 가져온다. 그곳의 감각이나 긴장에 주의를 기울이고 호흡을 통해 긴장을 풀어 준다.
4. **복부와 엉덩이에 집중한다.** 배, 옆구리, 엉덩이에 느껴지는 감각이나 긴장

감이 있는지 주목한다. 호흡을 통해 이 부위에 느껴지는 긴장을 풀어준다.

5. **가슴과 등으로 초점을 바꾼다.** 가슴, 상복부, 하복부에 느껴지는 감각이나 긴장감이 있는지 관찰한다. 심호흡하면서 숨을 내쉴 때마다 긴장감이 빠져나가는 상상을 한다.
6. **어깨와 팔로 주의를 가져온다.** 어깨와 팔 윗부분, 팔꿈치, 팔뚝, 손에 긴장이 느껴지는지 주목한다. 긴장이 느껴지면 심호흡하면서 숨을 내쉴 때마다 긴장감이 차츰 사라지는 상상을 한다.
7. **머리와 얼굴로 주의를 옮겨간다.** 이마, 두피, 눈, 턱, 목에 느껴지는 감각이나 긴장이 있는지 주목한다. 긴장이 느껴지면 심호흡하면서 숨을 내쉴 때 긴장이 사라지는 상상을 한다.
8. **몸 전체를 잠시 관찰한다.** 서 있거나 걸을 때 전신에 아직 긴장한 부분이 있는지 의식한다. 깊게 숨을 쉬고 숨을 내쉴 때마다 몸에서 긴장감이 빠져나가는 상상을 한다.
9. **몇 번의 심호흡으로 마무리한다.** 코로 깊게 숨을 들이마셔 폐를 가득 채운 다음 입으로 천천히 내뱉는다. 이 과정을 몇 번 반복해 마음을 안정시키고 현재 순간에 다시 집중한다.

거나 규칙적으로 운동하고 있는 사람들에게만 국한되지 않는다. 스트레스가 많은 생활을 하고 있거나 오랫동안 신체 활동을 하지 않았던 사람들도 신체 활동으로 엄청난 혜택을 누릴 수 있다. 이미 운동 습관이 있는 사람이 아니라면 신경계가 제대로 조절되지 않는 동안에는 가벼운 활동부터 시작해야 한다. 더 강렬하고 격렬한 활동으로 넘어가기 전에 몇 주 동안은 6장에서 소개한 능동적인 고유감각, 수동적인 고유감각, 전정감각 등 감각 자극 루틴을 수행하면서 루틴을 만들어가라.

심각한 조절 장애를 겪고 있거나 오랫동안 비활동적으로 생활한 사람의 경우, 격렬한 운동 루틴을 바로 시작하면 얻을 것보다 잃을 게 많다. 다치거나, 번아웃이 오거나, 재충전하기도 전에 신체 에너지가 고갈되는 일을 방지하려면 점진적인 접근이 필수다. 요가와 걷기 같은 가벼운 운동은 낮은 강도로 근육을 쓰면서 심박수를 높여주어 훌륭한 출발점이 된다. 이런 가벼운 운동도 각자의 필요와 능력에 맞게 다양한 강도로 할 수 있다.

가벼운 운동에 익숙해지고 신경계가 더 효과적으로 조절되기 시작하면 좀 더 힘든 운동을 시작해보자. 여기에는 달리기나 수영, 고강도 인터벌 트레이닝(높은 강도의 운동과 약한 강도의 운동을 교대로 해 짧은 시간에 운동 효과를 극대화하는 방법 – 옮긴이) 같은 활동이 있다.

1단계인 인식 단계와 마찬가지로 대부분은 조절 단계에 최소 몇 주, 때로는 몇 달 동안 집중한다. 다음 단계로 빨리 넘어가고 싶을 수도 있지만 5장에서 설명했던 '천천히, 한 번에 한 가지씩 실천한다'라는 다짐을 기억하라. 다음 단계인 회복 단계로 가기 위해서는 신경계가 활성화되었을 때 포털을 활용해 다시 그런 상태로 갈 수 있는 조절 능력이 먼저 있어야 한다.

회복 단계에서는 조절 장애를 일으키는 가장 심층적인 요인과 근본 원인을 해결하는 연습을 시작하게 된다. 이 훈련을 할 때 쉽게 옐로나 레드 상태, 때로는 퍼플 상태가 될 수 있으므로 회복을 위한 노력을 하기 전에 그린 상태로 돌아올 수 있는 능력부터 갖추자. 그린 상태로 다시 전환할 능력이 있는지 아직 자신이 없다면 조절 단계에 머물며 포털을 계속 연습하라. 이것은 경주가 아니라는 사실을 기억하라. 그린 상태로 전환하는 연습을 많이 할수록 신경 조절 경로가 더 강화되어 앞으로의 여정에 도움이 된다.

다음 단계로 나아갈 준비가 되었다고 생각되면 3단계인 회복 단계로 가서 치유 여정에서 가장 깊이 있고 심오한 작업을 시작하라. 회복 단계에서는 초기 신경계 조절 장애의 가장 큰 원인인 습관, 애착 패턴, 내장형 알람을 해결하기 위해 몸과 마음 기둥에 함께 초점을 둔다. 이 단계가 치유 여정에서 가장 힘든 일일 수 있다. 하지만 신경계에 가장 깊이 뿌리박힌 고통스러운 패턴에서 벗어나 성취감과 삶의 의미, 살아갈 힘을 얻기 시작할 때 그만큼 더 큰 보람도 얻게 될 것이다.

운동 루틴 시작하기

1. **의료 전문가와 상담한다.** 운동 프로그램을 시작하기 전에 현재 자신의 건강 상태에 적합한 운동인지 의료 전문가와 상의하고 필요한 수정 사항이나 주의 사항을 의논한다.
2. **현실적인 목표를 설정한다.** 명확하고 달성 가능한 목표를 설정한다. 하루 15분 걷기와 같은 작은 목표로 시작해 점차 시간을 늘린다. 작은 목표는 동기부여와 전반적 건강 증진에 큰 도움이 된다.
3. **루틴으로 만든다.** 루틴으로 만들어 일상생활에 운동을 통합한다. 하루 중 자신에게 가장 적합한 시간을 선택하고 그 시간에는 신체적 건강에만 전념한다. 꾸준함이 지속적인 습관의 열쇠다.
4. **가벼운 활동으로 시작한다.** 스트레칭이나 심호흡 운동, 천천히 걷기 등 가벼운 활동을 루틴에 포함한다. 강도가 낮고 균형감, 유연성, 고유감각 인식을 향상하는 데 도움이 되는 활동에 집중한다. 감각 자극 루틴에서 더 많은 아이디어를 찾을 수 있다(6장 참조).
5. **활동 수준을 서서히 높인다.** 가벼운 활동에 익숙해지면 활동 강도를 천천히 높인다. 예를 들어 걷는 시간을 늘리거나, 요가 초급반을 수강하거나, 체중 혹은 탄력 밴드를 이용한 가벼운 근력 운동을 한다.

6. **중간 강도의 운동을 넣는다.** 매주 150분 이상 빠른 걷기, 수영, 자전거 타기 같은 중간 강도의 운동을 일과에 넣는다. 한 번에 150분 동안 운동하기보다는 세 번에 나눠 운동하는 것이 좋지만, 시간을 바꿔가며 실험해 자신의 몸이 선호하는 운동 시간을 찾는다.
7. **다양하고 어려운 운동을 추가한다.** 다양한 활동을 운동 루틴에 넣어 지루함을 없애고 계속 도전한다. 댄스나 그룹 피트니스 같은 운동을 다양하게 시도하거나 하이킹, 자전거 타기, 카약 타기 같은 야외 활동을 찾아본다.
8. **진전이 있는지 관찰한다.** 일지에 활동을 기록하거나 피트니스 앱을 사용해 진전 상황을 추적한다. 이를 기록해보면 책임감을 느끼고, 패턴을 식별하고, 필요에 따라 운동 루틴을 조정하는 데 도움이 될 것이다.
9. **격렬한 운동을 시작한다.** 규칙적인 운동의 기초가 탄탄해지고 신경계가 잘 조절이 되고 있다고 느끼면 달리기나 고강도 인터벌 트레이닝, 상급반 피트니스 같은 더 격렬한 운동을 점진적으로 도입한다. 처음에는 격렬한 운동 시간을 짧게 하다가 점차 운동 시간과 강도를 높인다.
10. **신체 피드백을 계속 확인한다.** 운동하는 내내 몸의 요구와 한계에 주의를 기울인다. 몸에 귀를 기울이고 필요에 따라 운동 루틴을 조정한다. 이완 기법, 적당한 수면, 적절한 영양 섭취를 통해 전반적인 건강을 증진한다.
11. **지원군을 찾고 책임감을 느낀다.** 친구나 가족의 도움을 받거나 피트니스 그룹에 가입해 동기부여를 하고 책임감을 유지한다. 다른 사람들과 같이 운동하면 그 과정이 더 즐거워지고 운동이 생활의 일부가 될 확률이 높아진다.
12. **재평가하고 조정한다.** 체력 수준이 향상되면 목표를 재평가하고 필요에 따라 운동 루틴을 조정한다. 운동 여정은 지속적인 과정이며, 장기적으로 성공하려면 유연한 계획이 필수임을 기억한다.

3단계 '회복':
신경계의
회복탄력성 되찾기

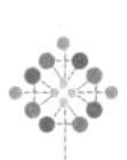

신경계 치유 온라인 커뮤니티의 회원 중 한 명인 바버라는 아동기와 청소년기에 심각한 학대를 당했다. 외상성 스트레스 요인을 반복적으로 경험한 결과 여러 증상이 나타났고 만성 통증이 심해져 결국 장애까지 생겼다. 약물 남용, 폭식, 불안, 분노 폭발, 가혹한 자기비판 같은 증상도 생겼다. 그녀는 이런 어려움 때문에 과거로부터 해방된 온전한 삶을 살지 못했다.

바버라는 몇 년 동안 심리치료사에게 일대일 상담을 받았다. 과거의 트라우마 경험으로 생긴 내장형 알람을 재처리하는 데 상당한 진전을 보긴 했지만, 온전히 회복되지는 못했다. 신체 증상들은 계속되었고, 폭식과 감정 조절 장애도 여전히 큰 어려움으로 남아 있었다.

몸의 요구를 해결하는 것이 중요하다는 사실을 깨달은 바버라는 더 포괄적인 치유 방식을 모색했다. 신경계 조절 장애를 되돌리기 위한 5단계 계획을 알게 된 그녀는 인식과 조절 단계를 연습하면서 신체의 안전감을 구축했다. 먼저 신체적 측면에 치중한 후 내장형 알람의 해결에 나선 바버라는 이전 단계에서 습득한 도구로 감정을 조절하고 회복을 방해하던 신체 증상들을 해결할 수 있었다.

바버라의 이야기는 5단계 계획에서 가장 중요한 측면을 잘 보여준다. 사람들은 대개 어려운 일로 곧장 뛰어들어 과거의 외상성 스트레스 요인으로 생긴 내장형 알람을 없애거나 폭식 같은 해로운 습관을 고치려고 노력한다. 하지만 이런 방식은 신경계 조절 장애 증상을 더욱 악화해 옐로와 레드 상태에 머무르는 시간을 늘린다. 먼저 인식과 조절 능력부터 키워야 압도되거나 도중에 중단하는 일 없이 가장 어려운 문제를 해결할 준비가 된다.

3단계인 회복 단계에서는 조절 장애를 초래한 근원적인 신념, 행동, 신체적 긴장 패턴에 더 집중한다. 이 단계는 신경계 건강의 네 기둥 중 몸 기둥과 마음 기둥 모두에 집중하고 둘을 동시에 강화한다. 더 나아가 두 기둥을 서로 연결해 신경계를 지속적이고 안정적으로 지원하는 체계를 구축한다. 이 단계에서는 어린 시절 또는 어른이 된 후 겪은 괴로운 경험들 탓에 몸에 내장된 알람과 근본적인 스트레스 패턴 가운데 일부를 없앤다. 또한 현재 당신이 가진 대처 전략을 살펴보고 얼마나 효과가 있는지, 다른 전략이 더 나을지 평가하는 법도 배운다.

회복 단계에서는 더 이상 도움이 되지 않는 행동이나 자신에 대한 믿음에 더 큰 변화가 나타나기 시작한다. 치유 여정을 시작한 지 약 6개월 후 바버라는 놀라운 소식을 커뮤니티에 공유했다. 그녀는 '트라우마 생존자'라는 정체성에서 벗어나 이제는 자신을 엄청난 고통과 고난을 극복하고 도전에 맞서는 사람으로 보게 되었다.

바버라가 이룬 변화는 회복 단계에서 문제의 기저에 있던 패턴을 고치려고 노력한 결과였다. 그녀는 자신에 대한 오래된 믿음을 직시하고 그중 일부는 더 이상 사실이 아니며 자신에게 방해가 되고 있다는 사실을 인식했다.

이 과정이 쉽지는 않겠지만, 노력할 용의만 있다면 놀랍도록 긍정적인 변화가 생긴다. 그럼 먼저 조절 장애의 근본 원인부터 해결해보자.

• 조절 장애의 근본 원인 해결하기

조절 장애에 일조하는 근본 원인 중 이 단계에서 해결하는 것이 적절한 세 가지는 다음과 같다.

1. 현재의 대처 전략
2. 애착 패턴
3. 외상성 스트레스 요인으로 인한 내장형 알람

이것들은 완전히 별개의 범주가 아니라 어느 정도 겹치기도 하지만, 서로 다른 원인에서 비롯된 것들이므로 각기 다른 방법으로 해결하는 것이 효과적이다.

현재의 대처 전략current coping strategies은 어렵거나 까다로운 상황에 대응하기 위해 신경계가 학습한 방식이다. 예를 들어 당신은 운동하거나, 기도하거나, 일에 몰두하거나, 와인 한 잔을 마심으로써 스트레스에 대처하도록 배웠을 것이다. '좋은' 대처 전략과 '나쁜' 대처 전략이 있으리란 것이 일반적 통념이지만, 스트레스 관리에 관한 연구에 따르면 더 유용한 전략과 덜 유용한 전략이 있을 뿐이다. 어떤 대처 전략이 다른 전략보다 나은 이유는 단순히 단기적, 장기적 필요를 충족하는 데 얼마나 효과적인가에 달렸다. 이 장에서는 현재의 대처 전략을 평가하고 필요한 경우 이를 개선하는 데 도움이 되는 신경계 내비게이터nervous system navigator를 소개한다.

애착 패턴attachment pattern은 신경계가 처음으로 조절력이 생기는

2세까지의 유아기에 주로 형성된다. 유아기에는 주 양육자와의 애착 형성을 통해 신경계가 스트레스 상황을 헤쳐 나가고 경계 엘리베이터의 다른 층 사이를 오가는 방법을 훈련받는다. 애착 형성 시기에 신경계가 받는 훈련의 질은 사람마다 상당히 다르다. 부모의 신경계가 경계 엘리베이터를 유연하게 오르내릴 수 있었다면 자녀의 신경계도 이를 수행하는 법을 상당히 잘 배웠을 것이다. 하지만 부모의 신경계가 유연하지 않았다면 자녀의 신경계가 유연해지도록 훈련하는 법도 잘 몰랐을 것이다. 하지만 성인이 되어서도 어린 시절에 놓친 훈련을 얼마든지 할 수 있다. 애착 패턴을 설명할 때 신경계의 기본 패턴을 재훈련하는 간단한 방법을 여기에서 소개한다.

4장에서도 설명한 외상성 스트레스 요인으로 인한 **내장형 알람** embedded alarm은 신경계에 위험하거나 압도적인 사건을 상기시키는 자극에 대한 대응으로 학습된 정상적인 공포 반응이다. 신경계가 잘 조절되고 안전할 때 내장형 알람은 대개 저절로 없어진다. 알람이 작동하려는 순간 이를 알아차리는 동시에 지금 자신은 전적으로 안전하고, 사실상 위험하지 않다고 스스로 상기함으로써 내장형 알람을 없앨 수 있다. 다만, 이 알람은 자신이 안전하다는 것을 여러 번 지켜보고 인지한 후에야 없어지기 시작한다.

하지만 더 이상 유용하지 않은 내장형 알람이 신경계에서 저절로 제거되지 않는 경우도 종종 있다. 그 알람이 고착되어서, 당신이 겪은 압도적이거나 끔찍한 경험을 이해하고 그것에서 벗어나기 위해 더 많은 과정을 거쳐야 할 수도 있다. 더 이상 유용하지 않아도 신경계에 고착되어 저절로 없어지지 않는 내장형 알람을 제거하려면 일반적으로 일대일이나 그룹으로 전문가의 도움을 받아야 한다. 내면 가족 시스템

치료 모델(리처드 슈워츠 박사가 창시한 기법으로 내담자들은 내면의 여러 하위 인격체와 대화하고 있으므로 그들 간의 소통을 격려하고 대안을 탐색하며 참된 나를 찾게 해야 치유된다고 주장한다 - 옮긴이), 신체 감각 체험, 안구 운동 둔감화 및 재처리 등 내장형 알람을 제거하는 치료에는 여러 종류가 있으며, 다양한 사례와 과학적 증거가 이 치료법들의 효과를 뒷받침한다. 나의 치유 여정에서도 내면 가족 시스템 기법이 내장된 알람을 탈학습하는 데 큰 도움이 되었다.

치유 여정에서 3단계쯤에 이르면 경로가 훨씬 개인화된다. 가장 중요한 것은 특정 기법을 따르는 것이 아니라 다양한 기법을 탐색해 무엇이 자신에게 가장 적합한지 찾아내는 것이다. 여기에서는 다양한 기법을 시도하고 자신에게 가장 적합한 기법을 찾아내는 실용적인 전략을 과학적 증거에 기초해 알아본다.

• 회복탄력성: 역경을 극복하는 유연성 기르기

연구에 따르면 사람들 대부분이 예기치 않게 사랑하는 사람을 잃거나 심각한 교통사고를 당하는 등 살면서 한 번은 끔찍한 사건을 겪는다고 한다. 하지만 놀랍게도 거의 모든 사람이 이런 힘든 시간을 겪은 뒤에도 결국에는 치유되어 계속 삶을 살아간다. 더욱 놀라운 사실은 가슴 아플 만큼 비참한 환경에서 자란 아이들도 힘든 시기를 극복하고 충만한 삶을 살아갈 수 있다는 것이다. 아동의 회복탄력성 발달 분야를 선도하는 전문가인 앤 매스턴Ann Masten은 이 놀라운 결과를 '평범한 마

내장형 알람 문제는 전문가의 도움을 받는 방안을 고려하라

최근에 신경계 조절에 이상이 생겼다면 현재의 대처 전략이나 내장형 알람을 해결하는 것만으로 지속적인 조절 상태로 돌아갈 수 있다. 하지만 애착 패턴 문제를 해결하는 것이 장기적으로 조절 상태를 유지하는 데 매우 유용한 경우가 대부분이다.

이 단계에서 가장 중요한 점은 자기에게 맞는 속도로 진행하는 것이다. 애착 패턴과 내장형 알람 문제를 해결하려다 보면 깊은 상처, 슬픔, 분노와 같이 예전에는 감당하기 힘들었던 격한 감정이 떠오를 수 있다. 이전 단계에서 구축한 루틴, 인식, 조절 능력 덕분에 격한 감정을 처리할 능력이 생겼음에도, 여전히 매우 괴로울 수 있다. 그 감정들을 처리하는 동안 이전 단계의 모든 도구를 사용해 중심을 유지하는 것이 중요하다.

이 단계는 일대일 또는 그룹으로 심리치료사, 코치 또는 기타 전문가와 함께하기에 좋은 시기이기도 하다. 대처 전략의 개선이나 내장형 알람 문제의 해결, 애착 패턴의 재훈련에 초점을 둔 치료 방식을 전문적으로 훈련받은 사람은 소중한 지지자가 될 수 있다.

조절 장애를 초래한 근본 원인을 해결하는 데 오랜 시간이 걸리는 경우도 드물지 않다. 소절 장애의 근본 원인을 해결하는 데 걸리는 시간은 사람마다 다르다. 몇 주 또는 몇 개월 동안 근본 원인을 해결하기 위한 루틴을 확립한 후 비로소 5단계 계획의 다음 단계로 넘어갈 준비가 되었다고 느낄 수도 있다. 하지만 다음 단계로 넘어간 후에도 애착, 대처 전략, 내장형 알람을 해결하려는 노력을 배후에서 계속할 수 있다. 5단계 계획은 한 단계씩 마무리하고 넘어가는 것이 아니다. 이전 단계의 기술들이 서서히 제2의 천성처럼 몸에 배는 동안 다음 단계가 추가되는 여정임을 잊지 말라.

법'ordinary magic이라고 불렸다.

어떻게 그렇게 많은 사람이 극한의 역경을 극복할 수 있었을까? 그들의 행동은 무엇이 달랐을까? 우리는 그들에게서 무엇을 배울 수 있을까? 이 질문들은 연구자들을 매료시켜 **회복탄력성**resilience을 더 깊이 파고들도록 영감을 주었다.

회복탄력성은 역경이나 도전에 적응하고, 회복하며, 그 과정을 통해 긍정적으로 성장하는 능력이다. 회복탄력성은 그저 강인하다거나 역경에 직면했을 때 어려움을 전혀 느끼지 않는다는 의미가 아니다. 대신 어려움을 직시하고 극복한 다음, 회복하는 데 도움이 되는 방식으로 신경계의 스트레스 반응을 활성화하는 능력이다.

예를 들어, 당신은 자신이 한 일이나 자신에게 일어난 일 때문에 죄책감이나 수치심 같은 고통스러운 감정을 경험할 수 있다. 또는 힘든 경험을 한 후 몇 주에서 몇 달 동안 경계심이 커지고, 불안하고, 그 경험이 반복적으로 불쑥불쑥 떠올라 아주 힘든 시기를 보낼 수도 있다. 하지만 이런 증상들이 있다고 해서 당신에게 문제가 있거나 회복탄력성이 부족한 것은 아니다. 이는 신경계가 힘든 경험을 통합할 때 나타나는 정상적인 반응이다.

회복탄력성이 있다는 말은 스트레스 반응이나 고통스러운 경험에 관련된 모든 증상이 합당한 시간이 지나면 서서히 사라진다는 뜻이다. 회복탄력성이라는 안전장치가 없다면 스트레스 반응과 증상들이 필요 이상으로 오래 지속되면서 신경계 조절 장애를 비롯한 다양한 증상이 만성적으로 나타날 수 있다.

4장에서 트라우마에 관한 연구로 언급되었던 조지 보나노는 회복탄력성 분야의 대표적인 연구자다. 보나노의 연구는 사례나 이론, 신뢰성이 떨어지는 방법에 의존하기보다 엄밀한 연구를 통해 회복탄력성의 본질의 밝혀냈다는 점에서 돋보인다.

그의 주요 연구 결과 중 하나는 9·11 테러 생존자들에 관한 연구에서 나왔다. 그는 9·11테러라는 극심한 외상성 스트레스를 겪은 뉴욕 주민들의 증상에서 세 가지 패턴을 찾아냈다. 대부분은 사건 발생 후 증상이 급격히 감소했다. 그는 이런 생존자들의 증상 극복 패턴을 '회복탄력성'resilient 패턴이라고 불렀다. 증상이 사라지기까지 시간이 훨씬 더 걸렸지만 결국은 회복한 사람들도 있었다. 그는 이 패턴을 '회복'recovery 패턴이라고 불렀다. 소수의 사람은 상당한 시간이 흐른 후에도 정상적인 모습으로 돌아가지 못했다. 이런 스트레스 반응 패턴은 사건 이후 만성적인 증상을 경험하는 사람들에 관련이 있었으므로 그는 이를 '만성 증상'chronic symptoms 패턴이라고 불렀다.

여러 연구에서 회복탄력성 패턴을 보이며 역경을 극복한 사람들은 몇몇 특정한 회복 전략을 사용한다는 사실을 밝혀냈다. 이는 당신도 생활에 적용할 수 있는 방법이다. 당신이 이런 방법을 사용한다면 역경에 직면했을 때 회복탄력성 패턴을 보일 가능성이 커진다. 과거에 일어난 일로 특정 증상이 지속되고 있다면 이 방법이 당신을 회복을 도와줄 것이다.

회복탄력성 패턴을 보이는 사람들은 일반적으로 스트레스에 대처할 때 특정한 몇몇의 태도를 보이며, 이런 태도를 낳는 사고방식은 회복탄력성을 높인다. 또한 그들은 힘든 상황을 마주했을 때 적응에 도움이 되는 몇몇 단계를 따른다.

회복탄력성 마인드셋

순간적인 감정이나 때때로 찾아오는 부정적인 감정을 통제할 수는 없을지 몰라도 그 감정에 탄력적으로 대응하도록 마음을 훈련할 수는 있다. 항상 이런 태도를 가질 수는 없겠지만, 상관없다. 스트레스로 가득한 힘든 시기에 이런 태도를 더 자주 가지겠다고 마음먹는 것만으로도 충분하다.

내가 '회복탄력성 있는 태도'resilience attitude라고 부르는 이 마음가짐은 세 가지 핵심 요소로 구성된다.

1. 미래를 희망적으로 바라보기
2. 자신의 대처 능력에 자신감 가지기
3. 역경을 위협이 아닌 도전으로 바라보기

낙관론은 힘든 시기에도 지금보다 밝은 미래를 상상하게 해주므로 매우 중요하다. 더 밝은 미래를 상상하면 그 미래를 향해 노력하겠다고 동기부여가 되어 어떤 장애물이 닥쳐도 극복하겠다는 결심이 강화된다.

역경에 대처하는 능력에 대한 자신감도 필수적이다. 어떤 일이 닥쳐도 처리할 수 있다고 믿을 때 새로운 일을 시도하고 도전에 응할 가능성이 더 크다. 보나노는 이런 자신감이 '자기충족적 예언'self-fulfilling prophecy이 된다고 설명한다. 일반적으로 자신을 보는 시각이 곧 행동하는 방식이 된다.

세 번째 구성 요소인 역경을 도전 과제로 바라보는 시각은 회복탄력성이 있는 태도의 또 다른 중요한 부분이다. 힘든 시기에는 당연히 위협을 느낀다. 하지만 시각을 바꿔 이런 상황을 도전으로 볼 수 있다면 더 능동적으로 장애물을 극복할 전략을 세우기 시작할 것이다. 이런 시각의 전환은 신체의 스트레스 반응과 신경계 상태에도 직접적인 영향을 준다. 스트레스 요인을 도전 과제로 인식하면 몸이 행동에 나선다. 심장은 더 많은 혈액을 뿜어내고 아드레날린은 혈압을 조절해 몸이 더 활기차게 반응하도록 준비한다. 반대로 위협에 초점을 맞추면 혈압이 상승하고 덜 효과적인 스트레스 반응을 보인다.

낙관론, 자신의 대처 능력에 대한 믿음 그리고 역경을 도전 과제로 보는 시각이 합쳐지면 뇌와 신체 전반이 회복탄력성을 지원하는 강력한 시너지 효과를 낸다. 그러나 이런 탄력적 태도가 당신이 경험하는 실제 고통이나 슬픔, 분노, 어려움을 무시하거나 최소화하지는 않는다. 오히려 이런 감정을 진정으로 인정하고 어려움을 직접 마주할 수 있게 해준다. 고통에 굴복하고 슬퍼하며 울어야 할 때도 있을 것이다. 하지만 한동안 고통을 느낀 후에는 회복탄력성이 희망, 자신의 강인함에 대한 신뢰, 문제를 도전 과제로 보는 시각 같은 유용한 도구를 제공해주고, 이전에 너무 크거나 두려워 보였던 힘든 감정과 상황을 직시하도록 도와줄 것이다.

• 역경에 대처하는 전략들

회복탄력성 있는 태도를 개발하는 것도 대단히 도움이 되지만, 어려운 상황에 맞서기 위한 구체적인 전략을 확보하는 것도 회복탄력성을 키우는 데 매우 중요하다. 내가 여기서 제안하는 접근법은 연구자들이 회복탄력성을 가진 사람들이 사용하는 공통적인 전략이라고 밝혀낸 것들이다. 당신도 힘들거나 스트레스가 많은 상황을 헤쳐 나가는 데 이 전략을 사용해보자.

회복탄력성 마인드셋 기르기

1. 현재 겪고 있는 약간 힘들거나 어렵거나 짜증 나는 상황을 떠올린다. 이 기술을 훈련하는 동안에는 비교적 사소한 일을 다루는 것이 좋다. 곧바로 가장 힘든 스트레스 요인을 다루면 오히려 그 일에 압도당해 연습하기 어려울 수 있기 때문이다.

2. 낙관론: 당신이 떠올린 상황에서 현재 낙관하는 정도를 1에서 10까지(상황이 절대 나아지지 않을 것 같은 완전히 비관적인 마음에는 1점, 상황이 나아지리라고 완전히 확신하면 10점) 점수를 매겨본다.

   - 눈을 감고 이 상황이 개선되면 어떤 기분일지 상상해본다. 어떤 식으로 개선될지는 생각하지 말고 조금이라도 상황이 나아진 후 몸이 느낄 감각에 집중한다. 마음이 더 편안해질까? 더 즐거워질까? 안도감이 들까?
   - 이제 당신이 낙관하는 정도를 동일한 척도로 다시 평가한다. 상황이 개선될 가능성을 상상한 것만으로도 상황이 조금 더 낙관적으로 느껴져서 자기평가 점수가 1~2점 올라갈 것이다.

3. **자신의 대처 능력에 대한 자신감: 현재 상황에 대처할 수 있는 능력에 대한 자신감 수준을 1에서 10까지(자신의 대처 능력에 전혀 자신 없으면 1점, 자신의 대처 능력을 완전히 자신하면 10점) 점수를 매겨본다.**

    - 눈을 감고 어떤 역경을 이겨냈을 때, 도전에 응해 성공적으로 극복했던 때를 떠올려본다. 큰 도전일 필요는 없다. 예를 들어 낙제할까 봐 두려웠던 시험에 통과했거나 자기 능력의 한계를 넘어서는 어려운 신체 활동을 해냈을 때를 떠올릴 수 있다. 그런 기억을 떠올리며 성취감을 몸으로 느껴본다. 잠시 그 감각을 진정으로 느껴본다.
    - 같은 척도로 당신의 자신감 수준을 다시 평가한다. 자신의 대처 능력에 약간 더 자신감이 느껴져서 자기 평가 점수가 1~2점 올라갈 것이다.

4. **역경을 도전으로 보기: 현재 상황을 도전으로 보는 정도를 1에서 10까지(현재 상황을 전적으로 위협으로 보면 1점, 도전처럼 느끼면 10점) 점수를 매겨본다.**

    - 이제 개의 마음에서 사자의 마음으로 전환해 당신이 강력한 사자라고 상상한다. 강한 사자의 태도를 가진다. "왜 나지?"라고 자문하는 대신 "한번 해보라지!"라고 말한다. 몸에서 느껴지는 격렬한 스트레스를 이 도전에 성공하는 데 도움이 되는 에너지 자원이라고 생각해보라. 더 힘을 내고 싶으면 베개에 입을 대고 최대한 크게 소리를 지른다(베개가 소리를 잘 흡수해 아무도 들을 수 없으니 걱정하지 마라).
    - 같은 척도를 사용해 도전 지향도를 다시 평가한다. 위협으로 느껴지는 정도는 감소하고 도전으로 느껴지는 정도는 증가해 자기 평가 점수가 1~2점

올라갈 것이다.

5. 원래 상황으로 돌아온다. 약간 달라진 태도로 상황에 접근해보니 어떤 느낌이 드는가? 태도 변화로 다르게 보이는가? 다르게 느껴지는가?

이 전략은 세 단계로 구성되어 있다. 첫째, 현재 상황을 분석한다. 둘째, 대처 전략을 늘린다. 셋째, 결과를 관찰하면서 경로를 계속 수정한다.

현재 상황 분석하기

1단계는 현재 상황을 알아차리고 '나에게 무슨 일이 일어나고 있는가?' '무엇이 문제인가?' '이를 해결하려면 어떻게 해야 하는가?'라고 자문하는 것이다. 맥락을 알면 적절한 대응 방법을 결정하는 데 도움이 된다. 당신은 5단계 계획의 1단계, 인식부터 시작해 맥락을 알아차리는 연습을 해왔다. 인식 능력을 활용해 현재 상황을 파악하라.

이를 일상적인 도전에 적용하려면 잠시 멈추고 도전 과제를 완전히 이해하는 시간을 가져라. 신경계 조절 장애를 완전히 이해하기 위해 이 책을 읽는 것처럼 어떤 행동을 하기 전에 직면한 문제를 전체적으로 이해하기 위해 노력하라.

알베르트 아인슈타인은 "만약 내게 지구를 구할 수 있는 단 한 시간이 주어진다면 문제를 정의하는 데 59분, 문제를 해결하는 데 1분을 쓰겠다"라고 말했다. 문제를 해결하기 전에 상황을 이해해야 한다는 말이 당연해 보이겠지만, 해결책을 찾기 전에 실제로 무슨 일이 일어나고 있는지 충분히 파악하지 않는 경우가 얼마나 많은지 알면 놀랄 것이다.

지각과 해석

지각하는 것과 그것을 해석하는 것은 다르다는 점을 인식하라. 당신이 매우 예민한 사람이라면 이 점이 특히 중요하다. 매우 예민한 사람에게는 이미 맥락을 알아차릴 능력이 있다. 당신의 신경계는 환경으로부터 많은 단서를 받아들인다. 하지만 예민성이 높다고 해서 이 단서들을 정확히 해석할 수 있다는 말은 아니다.

예를 들어, 과학적 실험에 따르면 사람들은 자신의 마음 상태, 개인사, 기타 환경적 단서에 기초해 표정을 달리 해석한다. 당신이 레드 또는 옐로 상태에 있을 때는 누군가의 표정을 비웃음으로 해석할 수 있지만, 그린 상태에서는 친근한 미소로 해석할 수 있다.

그렇다고 해서 당신의 해석을 무시해야 한다는 뜻은 아니다. 당신의 해석은 여전히 중요하지만 이를 좀 더 느슨하게 받아들여라. 예를 들어 누군가에게 기분이 어떤지 물어보고 어떤 태도로 반응하는지 알아보는 등 당신의 해석에 전적으로 의존하기 전에 먼저 그것을 객관적으로 점검해보라.

대처 전략 늘리기

다음으로는 현재의 대처 전략을 돌아봐야 한다. 여기서 '내가 무엇을 해야 할까?'에서 **'내가 무엇을 할 수 있을까?'**로 질문을 바꾼다. 선택할 수 있는 대처 전략과 감정 조절 도구 목록을 작성하라. 당신은 인식과 조절 단계에서 개의 마음에서 사자의 마음으로 전환하기, 포털을 사용해 스트레스 반응에서 주도권 확보하기 등 몇 가지 새로운 대처 전략을 이미 배웠다.

스트레스 정도가 약한 상황에서 대처 전략을 생각하고 연습함으로써 자신이 사용할 대처 전략을 늘릴 수도 있다. 다양한 전략을 구축하면 어려운 상황에서 선택지가 늘어난다.

일상생활에서 어려움을 겪을 때 현재 사용할 수 있는 대처 전략에 무엇이 있는지 떠올려보라. 어느 상황에나 맞는 만능 대처 방식은 없다.

상황의 맥락이나 사람에 따라 다른 전략이 더 효과가 있을 때도 있다. 가장 효과적인 대처 전략을 하나로 제한하지 말고 각 상황에 가장 적합한 대처 전략을 쓰는 데 집중하라. 때로는 단것을 많이 먹는 것처럼 부작용이 있거나 해롭다고 여겨지는 대처 전략을 쓰는 것에 수치심이나 죄책감을 느낄 수 있다. 하지만 아마 그 대처 전략을 사용하는 이유는 예전에 힘들었던 시기에 그 전략이 중요한 목표를 이루어주었기 때문일 것이다. 그런 대처 전략을 부끄러워하거나 포기하도록 자신을 통제하려 하기보다는 부작용이 없고 더 효과적인 대처 전략을 신경계에 알려주려고 노력하라. 나쁜 대처 전략이란 없으며, 상황에 따라 더 유용하거나 덜 유용한 전략이 있을 뿐이라는 사실을 기억하라.

회복 단계를 진행하면서 이전 단계에서 배운 도구나 이 장에서 소개하는 방법 등 당신이 사용할 수 있는 대처 전략들을 떠올려보라. 경제적 여유가 있다면 전문가의 도움을 받을 수도 있다. 가족이나 친구의 도움을 받을 수 있다면 당신이 상황을 더 깊이 이해할 수 있도록 함께 대화할 수 있는지 물어보라. 시간적 여유가 있다면 이 단계에서 긴 산책을 하고 일기를 많이 쓰는 것도 좋다. 소셜 미디어 탐색을 잘한다면 온라인으로 사람들과 소통하는 방법도 있다.

결과를 관찰하면서 계속 경로 수정하기

마지막 단계는 대처 전략을 실천하고 그 결과를 관찰하는 것이다. 이는 선택한 전략이 효과가 있는지 평가하는 습관을 들이는 데 도움이 된다. 이 단계에서 '나는 도전에 잘 대처했는가?' '내 대처 전략이 효과가 있는가?' '전략을 조정해야 하는가?' '새로운 전략을 시도해야 하는가?'라고 자문하라. 대처 전략이 효과가 있는지 시도해보기 전까지는 결코 알 수 없다. 회복탄력성이 높은 사람들은 완벽한 전략을 찾기 위해 기다리기보다 효과가 있다고 생각하는 전략을 일단 시도한 다음, 결과를 관찰하고 방향을 조정하거나 새로운 전략을 시도한다.

관찰 결과는 그 효과에 따라 대처 전략을 조정하거나 변경하는 데 필요한 정보를 제공한다. 전략이 효과가 없다면 이를 인지하고 그에 따라 조정하라. 전략이 성공적이라도 이를 인식하고 있어야 실수로 전략을 바꾸는 일이 없다.

예를 들어 신경계가 안정형 애착을 느끼도록 훈련하는 중이라고 해보자. 몇 주나 몇 달 동안 정기적으로 연습한 뒤에 긍정적인 변화가 느껴지는가? 기분이 조금이라도 나아졌는가? 사람들을 더 쉽게 신뢰하고 스트레스를 덜 받는다고 느끼는가? 그렇다면 그 훈련을 계속하라. 그렇지 않다면 다른 방법을 시도하라. 이렇게 피드백을 통해 배우는 태도를 유지한다면 치유 여정에서 잘못될 일은 없다. 실수란 없으며, 그 당시에 유용하지 않았던 시도가 있었을 뿐이다.

5단계의 첫 두 단계인 인식과 조절 단계에서 개발하기 시작한 내수용감각 인식, 즉 조직과 장기 내부에서 오는 여러 감각과 미세한 신호를 알아차리는 일은 결과를 관찰하는 데도 대단히 유용하다. 이 장의 뒷부분에서는 내수용감각을 인식함으로써 직관 능력을 키워 결과에 대한 관찰을 제2의 천성처럼 습관화하는 방법을 보여줄 것이다.

• 신경계 내비게이터: 대처 전략 활용하기

대처 전략의 개발과 보완은 스트레스 요인이 많지 않은 일상생활

중에 하는 것이 좋다. 연구에 따르면 스트레스가 덜한 시기에 대처 전략을 꾸준히 연습하면 어려운 상황에 직면했을 때 효과적으로 대응하는 능력이 크게 향상된다.

대처 전략을 연구하는 연구자들은 설문조사를 통해 사람들의 대처 전략을 사회적 지지 추구, 문제 해결, 회피, 긍정적 사고라는 네 가지 범주로 대략 구분할 수 있다는 사실을 발견했다.

현재 사용 중인 전략이 언제 적절한지, 추가할 수 있는 전략은 무엇인지 생각해볼 때, 네 가지 기둥 중에서 마음 기둥에 더 중점을 둘지, 신체 기둥에 더 중점을 둘지 등 다양한 측면을 고려하라. 예를 들어, 당신이 직면한 역경에 실질적인 해결책이 필요할 때는 장단점 목록을 작성하거나 잠재적 해결책을 포스트잇에 써서 분류해보는 문제 해결 전략이 이상적이다. 불편한 감각 때문에 안전감을 느낄 필요가 있을 때는 사회적 지지를 구하는 편이 훨씬 더 낫다.

이런 연습의 목표는 대처 전략을 현재 상황에 더 잘 맞게 조정해, 상황에 따라 효과적인 대처 전략이 다양할 수 있음을 인식하는 데 있다.

1단계: 경계 엘리베이터 도표 작성 또는 검색하기

7장에서 경계 엘리베이터 도표를 작성했다면, 다시 살펴보면서 각 상태를 명확하게 이해했는지 확인한다. 아직 작성하지 않았다면 해당 부분을 다시 읽고 신경계의 여러 상태와 그때 몸과 마음에서 느껴지는 감각을 이해한다.

2단계: 각 상태 성찰하기

각 상태에 대해 5분간 숙고한다. 각 상태에서 경험하는 신체 감각,

감정, 생각에 집중한다.

3단계: 대처 전략 파악하기

경계 엘리베이터의 각 상태에서 과거에 사용해봤거나 미래에 도움이 될 것 같은 대처 전략을 떠올려본다. 여기서 소개하는 표를 참고할 수 있다. 신체 기반 전략과 마음 기반 전략을 모두 고려한다. 각 상태에 10분 이상 시간을 할애한다.

4단계: 대처 전략 예행연습 하기

경계 엘리베이터 도표에서 각 상태의 대처 전략을 파악한 후에는 약 15분 동안 다양한 상황에서 이 전략을 마음속으로, 가능하다면 물리적으로 연습해본다. 자신이 경계 엘리베이터 중 각각의 상태가 될 만한 다양한 시나리오를 떠올려보고, 선택한 대처 전략을 어떻게 적용해 그 상황을 효과적으로 헤쳐 나갈지 상상해본다.

5단계: 각 대처 전략의 효과 평가하기

각 대처 전략을 연습한 후에는 약 10분 동안 상태별 문제를 해결하는 데 각각의 전략이 얼마나 효과적이었는지 생각해본다. 어떤 전략이 잘 맞지 않는 것 같으면 다른 전략을 시도하거나 필요에 맞게 전략을 수정한다.

6단계: 실생활에서 대처 전략 연습하고 개선하기

신경계의 여러 경계 상태를 초래하는 상황에 직면하면, 미리 연습한 대처 전략을 실천하고 결과를 관찰한다. 선택한 대처 전략이 상황을

신경계 내비게이터

대처 전략	신체 기반 전략	마음 기반 전략
사회적 지지 추구		
감정 분출	단체 스포츠 참여	친구와 감정 공유
정서적 지지	신뢰하는 사람을 안거나 포옹하기	심리치료사와 감정에 대해 논의하기
도구 지원	신체적 과업에 도움받기	실용적 조언 구하기
영성	요가 또는 명상	기도 또는 영적 수행
문제 해결		
적극적 대처	스트레스를 줄여주는 운동하기	문제 해결책 떠올려보기
계획 수립	과업을 정리할 물리적 공간 준비하기	단계별 실행 계획 세우기
회피		
이탈	관련 없는 신체 활동 참여	관련 없는 정신 활동 참여
스스로 주의 분산시키기	취미나 스포츠 참여	영화 보기 또는 책 읽기
부인	기억을 불러일으키는 장소 피하기	문제와 관련된 생각 억누르기
자기 비난	과로	부정적인 자기 대화
긍정적 사고		
유머	웃음 요가 하기	코미디 듣기 또는 보기
긍정적인 재구성	자신의 강점과 회복탄력성을 상기시키는 신체 활동 하기	긍정적인 시각으로 상황 재구성하기
수용	심호흡 또는 이완 기술 연습하기	마음챙김 명상 또는 수용 연습하기

헤쳐 나가는 데 얼마나 효과적인지 관찰하고, 필요한 경우 대처 방식을 조정한다. 정기적으로 경계 엘리베이터 도표와 대처 전략 표를 다시 살펴본다. 이 전략이 자신에게 얼마나 도움이 되는지 평가하고 필요에 따라 새로운 전략을 조정하거나 탐색한다.

• 안정형 애착 형성하기

4장에서 설명했듯이 애착 체계는 세상을 바라보는 방식과 스트레스 반응을 형성한다. 수많은 연구에서 안정형 애착, 회복탄력성, 감정 조절 사이에 상당한 연관성이 있는 것으로 밝혀졌다. 안정형 애착을 발전시키면 신경계 조절 능력이 향상되어 스트레스 요인에 직면했을 때 회복탄력성과 적응력이 높아진다.

어린아이가 자신의 정서적·신체적 요구를 잘 이해해주는 배려심 많고 세심한 어른과 강한 유대감을 형성한다고 상상해보자. 아이는 그 사람과 있을 때 안전하다고 느끼며 자신의 내적·외적 세계를 탐색하도록 지지와 격려를 받는다. 이것이 안정형 애착 관계이며, 이는 아이가 삶에서 맞닥뜨리는 새로운 경험과 스트레스 요인을 잘 처리할 수 있도록 원활한 신경계를 갖출 토대를 마련해준다.

이 유대감은 안전망 역할을 하면서 아이가 평생 느끼는 행복의 배경이 된다. 이는 마치 인식하지 못하는 순간에도 편안함과 안정감을 제공해주는 보이지 않는 응급 담요와도 같다. 이런 안전감과 괜찮다는 깊은 믿음은 살면서 어떤 일이 닥쳐도 대처할 수 있다는 자신감과 회복탄력성을 높여준다.

2단계인 조절 단계에서 포털을 이용해 체화된 안전감을 반복해서 느끼도록 연습한 것처럼 안정형 애착을 형성한 아이는 몸에서 느껴지는 안전감을 반복해서 경험한다. 그들은 어린 시절 내내 경계 엘리베이터를 오르내리며 항상 안전감을 느끼는 상태로 돌아오기를 수십만 번 되풀이한다. 그들은 삶의 스트레스 요인 때문에 옐로나 레드 상태로 이동했다가도 보호자의 존재나 위로로 다시 안전하다고 느끼면서 그린 상태로 돌아온다. 이렇게 경계 상태의 순환을 반복하면 신경계가 다른 경계 상태를 유연하게 넘나들다가 결국에는 항상 그린 상태로 돌아오도록 훈련된다.

하지만 어릴 때 이런 훈련을 받지 못했거나 일부 요소가 빠진 훈련을 받았더라도 성인이 된 지금 신경계의 유연성을 다시 훈련할 수 있다. 안정형 애착을 형성하도록 신경계를 훈련하는 일은 튼튼하고 견고한 집을 짓는 일과 같다. 집의 기초가 튼튼하고, 벽이 단단하고, 지붕이 안정적이어야 하듯이 안정형 애착을 위해서는 정서적 성장을 돕는 안정적 환경을 조성하는 여러 요소의 조합이 필요하다.

애착 형성을 위한 다섯 가지 핵심 욕구

안정형 애착의 구성 요소인 다섯 가지 핵심 욕구에 대해 알아보자. 이 핵심 욕구들은 하버드대학교 심리학자이자 애착 분야의 전문가인 대니얼 브라운Daniel P. Brown과 데이비드 엘리엇David Elliott의 책 『성인의 애착 장애』*Attachment Disturbances in Adults*에서 가져온 내용이다.

1. 기초: 안전과 보호

집의 기초는 안정성과 든든한 토대를 의미한다. 애착 형성에서 안전과 보호는 아이에게 안정감을 제공하는 기초다. 부모나 양육자는 신뢰, 정직, 경계의 존중을 통해 안전을 제공하며, 이는 아이가 이후에 맺을 인간관계에서도 안전하다고 느끼게 해준다.

2. 벽: 조율

집의 벽은 구조를 만들어주고 지지력을 제공할 뿐 아니라 내부의 생활 공간을 나누고 방을 서로 의미 있는 방식으로 연결한다. 애착형성에서 조율은 벽과 같아서 아이는 양육자가 자신을 지켜보고 있으며 양육자에게 이해받는다는 느낌과 유대감을 경험한다. 아이의 생각과 감정, 욕구에 적절히 대응하는 부모와 양육자는 벽과 같은 역할을 해 아이의 자아감과 정서적 이해를 발달시키고 궁극적으로 아이가 타인과 의미 있는 관계를 형성하는 능력을 키울 수 있도록 지지하는 안전한 환경을 조성한다.

3. 지붕: 위로와 편안함

지붕은 안전한 쉼터를 제공해 폭풍우 속에서도 아늑함을 느낄 수 있는 공간을 만들어준다. 위로와 편안함은 집의 지붕과 같다. 부모나 양육자는 아이가 힘든 순간에 기분이 나아질 수 있도록 부드러운 손길을 내밀고, 안심시키고, 정서적으로 지지한다. 양육자가 달래고 위로해줄 때 아이의 신경계는 괴로움을 느낀 후 그린 상태로 돌아가는 방법을 배운다.

4. 창문: 기쁨의 표현

창문은 집 안에 빛과 따뜻함을 가져다준다. 부모나 양육자가 자주 아이에게 기쁨, 사랑, 자부심을 표현하는 일은 창문과 같은 역할을 한다. 이는 아이가 높은 자존감이나 자아와 관련된 긍정적인 감정을 발달시키는 데 도움이 된다.

5. 정원: 최고의 자기 계발 지원

정원은 성장, 아름다움, 개성을 나타낸다. 정원은 아이가 고유한 장점을 발견하고 최고의 자아를 계발할 수 있도록 도와주는 부모와 양육자의 지원을 상징한다. 안정적인 부모와 양육자는 아이가 자신의 고유한 자질을 탐색하고 그것을 활용해 강한 정체성을 키울 수 있도록 격려한다.

주의 사항: 완벽한 양육자가 아니라 '괜찮은' 양육자를 목표로 하라

자녀를 돌보고 있다면 애착 형성에 필요한 다섯 가지 핵심 욕구를 충족시키기가 정말 어렵다는 사실을 잘 알고 있을 것이다. 외부 환경이 어렵다면 더욱더 그렇다. 예를 들어 직장생활과 가정생활을 병행하는 동시에 자신의 욕구도 충족해가면서 자녀가 필요로 하는 모든 정서적 지지를 제공하기는 힘들다. 양질의 의료나 교육, 영양, 강력한 사회적 지원 네트워크를 이용하기 힘들 때도 자녀의 다섯 가지 핵심 욕구를 모두 충족시키기 어렵다. 또한 자녀가 안전감을 느끼거나 진정되도록 도와줄 그린 상태의 부모를 필요로 할 때 부모는 장기간에 걸친 스트레스와 내장형 알람으로 인해 레드 또는 옐로 상태일 수 있다. 이로 인해 자녀는 안전하고 보호받고 있다는 느낌을 일관되게 받지 못할 수 있다. 이런 어려움은 양육자와 자녀의 안정적인 관계 구축과 정서적 회복력의 촉진이라는 가뜩이나 어려운 일을 더 어렵게 만든다.

그러나 애착 연구자들은 자녀가 안정형 애착을 형성하도록 키우기 위해 부모가 완벽할 필요는 없다는 사실을 보여주었다. '괜찮은'good enough 부모만 되어도 된다. '괜찮은' 양육은 1950년대에 소아과 의사이자 정신분석학자인 도널드 위니컷Donald Winnicott이 도입한 개념으로 애착 이론에서 널리 사용되는 개념이다. 최근 한 연구는 애착 형성의 관점에서 '괜찮은' 양육이 정확히 무엇을 의미하는지 조명했다.

유아기 애착 전문가인 수전 우드하우스Susan S. Woodhouse와 동료들은 유아와 엄마를 함께 연구했다. 연구자들은 양육자가 유아의 요구를 50퍼센트 정도 '제대로' 알고 적절히 반응할 때 유아의 애착 상태에 긍정적인 영향을 미친다는 점을 발견했다. 이 연구는 양육자가 실수하고 아이의 애착 욕구를 충족시키지 못할 때가 많아도 안정형 애착을 형성하는 '괜찮은' 양육을 할 수 있음을 보여준다.

우드하우스와 다른 유아 애착 연구자들은 '괜찮은' 양육에 아기띠 착용이나 모유 수유 같은 특정 육아법이 필요한 것이 아니라고 강조한다. '애착 육아'attachment parenting와 같은 일부 인기 있는 육아법은 유아를 양육하기 위한 구체적 방법을 옹호하지만, 과학적으로 특정 육아법의 사용과 안정 애착 사이에는 관련이 없다. 이런 양육법이 당신의 가족에게 좋을 수도 있지만, 연구에 따르면 아이가 안정형 애착을 형성하는 데 중요한 것은 아이가 방해받지 않고 자기 세계를 탐구하도록 지원해주고, 위로와 보호가 필요할 때 환영받는다는 느낌을 주는 것이다.

훌륭한 양육자가 되기 위해 항상 완벽한 애착 행동을 보일 필요는 없다. 자녀의 다섯 가지 욕구를 가능한 한 자주 충족해주려는 의지만 있으면 된다. 아이들은 매우 예민하므로 부모의 의도를 빨리 알아챌 것이다. 계획대로 되지 않으면 바로 수정하고 정정하라. 그 정도면 충분하다. 애착 관계가 단절되었을 때 이를 수습하는 방법은 관계 단계를 나룰 10장에서 더 자세히 설명할 것이다.

애착 상태: 어린 시절의 애착 형성이 신경계에 미치는 영향

애착 이론에 대해 들어본 적이 있다면 애착의 여러 범주 또는 상태, 즉 **안정형 애착**, **회피형 애착**, **불안형 애착**, **혼란형 또는 공포형 애착**에 대해서도 들어봤을 것이다. 대부분의 애착 전문가는 애착 상태가 완전히 범주화되어 있지 않고 스펙트럼의 성격을 띤다는 데 동의한다. 예를 들어 두 사람 모두 안정 애착 상태이지만 한 사람은 회피 행동을 더 많이 하는 안정 애착 상태이고, 다른 한 사람은 불안 행동이 더 많은 안정 애착 상태일 수 있다. 이 책의 다른 자기 평가와 마찬가지로 자신의 애착 상태를 아는 것은 자신을 알아가는 데 유용한 도구이지만, 그 분류가 자신을 제한하지 않도록 하라. 당신은 그 어떤 분류명보다 훨씬 복합적인 존재다.

안정형 애착

안정형 애착secure attachment인 성인은 일반적으로 다섯 가지 핵심 애착 욕구가 상당히 잘 충족된 이들이다. 그들은 친밀감과 독립성 사이에서 건강한 균형을 유지함으로써 스트레스를 잘 처리한다. 그들은 혼자 시간을 보내는 것도, 감정을 표현하고 타인의 지지에 의지하는 것도 편안하게 여긴다. 피할 수 없는 삶의 어려움과 가슴 아픈 일에 직면했을 때도 괜찮다는 느낌이 깊이 깔려 있어서 경계 엘리베이터를 유연하게 오간다. 일반적으로 안정 애착을 형성한 성인은 다음과 같이 행동한다.

- 개인적인 문제나 업무 마감일에 직면했을 때 다른 사람의 도움을 구하는 일과 자기 능력에 의존하는 일 사이에서 균형을 유지한다.
- 어려운 시기에 사랑하는 사람들과 자신의 감정이나 생각을 솔직하게 공유해 강력한 소통과 지원 네트워크를 구축한다.
- 필요할 때 자신 있게 다른 사람에게 도움을 요청하고 받아들이는 한편, 자신의 강점과 능력을 인정한다.
- 재충전과 성찰을 위한 혼자만의 시간과 회복탄력성을 기르고 건강한 삶을 유지하기 위한 자기 관리 활동을 즐긴다.
- 실직이나 결별과 같은 인생의 어려움을 헤쳐 나갈 때 자연히 발생하는 힘들고 고통스러운 감정을 느끼면서도 내적 자원과 타인의 지원을 모두 활용해 기본적으로 괜찮다는 느낌을 유지한다.
- 관계에서 건강한 경계를 설정해 개인적 공간과 사람들과의 관계를 모두 지킴으로써 균형 잡힌 상호의존성을 유지한다.
- 연애 관계에서 지나친 소유욕에 사로잡히지 않고 파트너를 신뢰하며 관계에 헌신하고 의존성과 독립성의 건강한 조화를 보여준다.
- 개인적 성장과 학습 기회를 받아들이고 필요할 때 지원을 받으면서 새로운 상황에 적응하고 변화에 대처한다.
- 갈등 상황에서 침착하게 문제를 처리하고, 다른 사람들의 관점을 이해하고자 하는 동시에 자신의 요구도 주장하며 해결을 위해 노력한다.
- 타인에 대한 공감과 이해를 보여주고 지원하며 격려하는 한편, 자신의 건강과 자립도 소중하게 생각한다.

회피형 애착

거부형 애착dismissing attachment이라고도 불리는 회피형 애착avoidant

attachment을 형성한 사람들은 관계에서 거리를 두는 경향이 있어 친밀한 관계를 밀어낸다. 어린 시절 그들의 몸은 정서적 교류와 친밀감에 대한 욕구를 인지하고도 억누르는 법을 배웠고, 욕구를 충족시키는 대신 주의를 분산시키거나 부정적인 감정을 억압하면서 편안해졌다. 예를 들어, 학교에서 힘든 하루를 보낸 후 가족이나 친구에게 자신의 감정을 이야기하기보다는 혼자 자전거를 타거나 방에서 그림 그리는 시간을 더 좋아했을 수 있다. 양육자와 힘든 감정을 이야기하는 것보다 혼자 노는 것이 더 위안과 안정감을 줄 때가 많았기 때문이다. 혼자 노는 시간이 정서적 욕구를 진정으로 해결해주지는 못했어도 그 시간을 통해 일시적인 안도감과 주체성을 느꼈을 것이다.

일반적으로 그들의 양육자는 특히 그들의 독립성을 격려하고 최고의 자기 계발을 지원하는 핵심 애착 욕구를 잘 충족시켰다. 하지만 아이의 필요와 감정을 잘 감지하지 못했고, 특히 아이가 부정적 감정이나 스트레스를 경험할 때 충분히 달래거나 위로해주지 못했을 수 있다. 아이의 신경계는 부정적인 감정을 진정시키고 기분이 좋게 만드는 대신 부정적인 감정을 억압함으로써 레드 상태에서 벗어나도록 배웠다.

성인이 된 그들은 내면의 경험과 단절되는 경향이 있으며, 상대방과 너무 가깝지 않은 관계에서 가장 편안함을 느낀다. 그들은 부모나 파트너 같은 사랑하는 사람들을 이상화하고, 슬픔이나 실망감을 느끼지 않기 위해 상대방의 잘못을 무의식적으로 못 본 척하는 경우가 많다. 스트레스가 많은 상황에서는 자신의 독립성을 과시하거나, 고통에서 벗어나기 위해 '문제 해결'을 시도하거나, 관계 욕구를 차단하는 활동에 몰두하는 방식으로 대처한다. 예를 들면 다음과 같은 식이다.

- 일 중독자가 되어 경력이나 사업에 집착한다.
- 지적 활동이나 연구에 지나치게 몰두한다.
- 누구의 도움을 받거나 책임을 나눠 맡지 않는다. 자녀의 학교 일정부터 학원 일정까지 자녀의 모두 관리하느라 부담을 느낀다.
- 녹초가 될 정도로 무리하게 운동하거나 강도 높은 스포츠에 참여한다.
- 쉬지 않고 여행하거나 강박적으로 새로운 장소를 탐험한다.
- 강박적으로 새로운 기술을 배우거나 여러 가지 취미 활동을 한다.
- 자원봉사 또는 지역사회 활동에 지나치게 전념해 자신을 위한 시간이 없다.
- 더 깊은 개인적 관계를 소홀히 할 정도로 인맥 쌓기나 사교 행사 참여를 열심히 한다.
- 다른 방면은 배제하고 예술적 또는 창의적 프로젝트에 모든 자유 시간을 할애한다.

불안형 애착

집착형 애착preoccupied attachment이라고도 하는 불안형 애착anxious attachment을 형성한 사람들은 흔히 자존감이 낮으며 다른 사람에 비해 자신이 부족하다고 여긴다. 어린 시절 그들의 신경계는 양육자에게서 필요한 관심, 안전, 위로를 받기 위해 정서적 괴로움을 증가시키는 법을 학습했다. 일반적으로 그들은 다섯 가지 핵심 욕구 중에서 기쁨의 표현과 최고의 자기 계발을 위한 지원 욕구를 충족받지 못했다. 그들의 양육자는 어느 정도 감정을 알아주고 달래주었지만 늘 그렇지는 않았다.

성인이 된 후 그들의 신경계는 애착 욕구가 충족되지 않은 데 대한 반응으로 불안이나 분노를 경험한다. 사람들과의 관계에서는 버림받을까 봐 걱정하고, 다른 사람으로부터 확신을 심어주는 말을 계속 듣고 싶어 하며, 혼자 있기 힘들어하는 경향이 있다. 그들은 무의식적으로 사랑하는 사람의 잘못에 집착하고, 부모, 장기적인 연인이나 배우자와의 관계에서 충족하지 못한 욕구를 생각하며 심각한 분노나 상처를 가슴에 품는 경우가 많다. 스트레스가 많은 상황에 대처할 때는 다른 사람에게 지나치게 기대거나 다른 사람을 자신의 감정 세계에 얽히게 하는 등 자기 가까이 두는 전략을 활성화한다. 불안형 애착을 형성한 사람은 일상 활동은 잘하지만 직장이나 가족, 친구와의 관계에서 다음과 같은 특징을 보인다.

- 동료, 상사, 친구, 가족 또는 연인에게 승인, 확인, 확신을 끊임없이 구한다.
- 필요하지 않은 경우에도 정서적 지지나 의사 결정, 도움을 받기 위해 다른 사람에게 지나치게 의지한다.
- 거절에 매우 예민하고, 비판을 개인적으로 받아들이며, 건설적인 피드백도 잘 수용하지 못한다.
- 빠르게 관계를 형성하거나, 동정심을 얻거나, 강한 유대감을 형성하기 위해 개인적인 문제나 감정을 다른 사람들과 과도하게 공유하는 경향이 있다.
- 특히 혼자 있는 것을 두려워해 설령 건강하거나 유익하지 않아도 친구와 연인을 포함한 관계에 매달린다.
- 소외되거나, 잊히거나, 버려질까 봐 사랑하는 사람이나 동료에게 자주 연락한다.
- 관계 욕구가 충족되지 않으면 극심한 불안이나 분노를 경험해 과잉 반응을 하고 갈등을 심화시킨다.
- 경계를 잘 지키지 못하고 가족이나 친구, 동료의 문제나 안녕에 지나치게 관여한다.

- 친밀한 관계를 유지하기 위해 요청받지 않은 경우에도 도움을 제공한다.
- 휴식이 필요할 때도 외로움을 피하려고 사교 행사나 의무에 과도하게 몰두한다.
- 다른 사람들의 인간관계, 우정, 인맥에 질투심이나 위협감을 느낀다.
- 동료들이 도와주지 않거나 자신을 무능하게 볼까 봐 업무를 잘 위임하지 못한다.

혼란형 또는 공포형 애착

인생 초기에 애착 형성이 특히 어려웠던 일부 사람들은 여러 전략이 혼합된 혼란형 또는 공포형 애착disorganized or fearful attachment을 형성하게 되는데 여기에는 집착과 무시 전략이 섞여 있다. 그들의 신경계는 두 가지 상반된 애착 전략, 즉 집착 전략과 거부 전략 사이에서 요동친다.

집착 전략이 활성화될 때는 자신의 괴로움에 지나치게 집중하고 위로나 관심을 받을 때까지 불안해하거나 화를 낸다. 거부 전략이 활성화될 때는 자신의 괴로움을 억누르거나 무시하며, 친밀한 관계까지도 밀어낸다.

이런 모순은 당사자를 무섭고 고통스럽게 한다. 혼란스러운 당사자는 불분명한 목표와 불안정한 정체감으로 무력감과 상실감을 느낀다. 어린 시절에는 다섯 가지 핵심 욕구가 충족되지 않거나 일관성 없이 충족되었을 수 있다. 가장 중요하게는 첫 번째 핵심 욕구인 안전하고 보호받고 있다는 느낌을 양육자로부터 충족받지 못했다. 그들은 양육자와 함께 있을 때도 안전하다고 느끼지 못한 경우가 많다. 모든 사람과 마찬가지로 그들도 사랑받고 소속되기를 원하지만, 다른 사람들에게 상처받거나 거부당하는 것을 극도로 두려워한다. 그런 두려움은 다음과 같은 방식으로 나타난다.

- ○ 정체성과 목표에 대한 고민이 무능감과 무력감으로 이어진다.
- ○ '지속적인 불안정성'stable instability 패턴을 특징으로 하는 관계로 인해 오래 지속되는 건강한 관계를 유지하지 못한다.
- ○ 타인에게 확신과 인정을 구하는 마음과 거절당하거나 버림받을까 봐 두려워서 타인을 밀어내는 마음 사이를 오간다.
- ○ 사회적 상황에서 다른 사람과 관계를 맺으면서도 정서적 경계를 지키는 균형을 찾는 데 어려움을 겪는다.
- ○ 갈등 상황에서 극도로 격렬한 감정의 분출과 물러서거나 마음을 닫는 태도를 왔다 갔다 해서 해결책을 찾기 힘들다.
- ○ 직장이나 개인적 관계에서 일관되고 명확하게 요구나 감정을 표현하는 데 어려움을 겪는다.
- ○ 극심한 불안감과 두려움을 경험해 인간관계에 지나치게 조심스럽거나 경계심을 갖는다.
- ○ 스트레스를 받을 때 다른 사람에게 크게 의존하는 마음과 전적으로 스스로 대처하려는 마음 사이에서 흔들리며 건강한 균형을 찾기 어렵다.

성인의 안정 애착 훈련

애착 상태는 고정된 것이 아니다. 애착 상태는 연속선상에 존재하며 그 연속선상 어디에 위치하든 언제나 치유와 안정 애착을 위해 노력할 수 있다. 안정형 애착에 가까워지면 감정을 더 잘 다루고, 회복탄력성을 높이는 동시에 다른 사람들과 더 깊은 관계를 맺는 데도 도움이 된다. 안정적인 파트너와의 관계가 이 과정에 도움이 될 수 있지만, 그것이 항상 가능하지는 않고, 두 사람 각자의 애착 문제로 인해 오히려 어려움을 겪을 수도 있다.

스트레스, 불안, 압도감에 시달리는 성인이 안정형 애착 상태가 되도록 훈련하는 데 도움이 되는 다양한 치료법이 있다. 매우 효과적인 방법 하나는 심리치료사이자 연구자이며 의사인 대니얼 브라운과 데이비드 엘리엇이 개발한 이상적 부모상IPF: Ideal Parent Figure 프로토콜이다. 놀랍게도 애착 상태를 바꾸기 위해 반드시 현실 세계에서 다른 경험을 할 필요는 없다. 상상력을 활용해 신경계가 더 안정적이고 유연하게 감정과 관계를 다루도록 훈련할 수 있다. IPF 프로토콜은 상상 속 양육자와의 안전한 애착 경험을 떠올리면서 애착 상태를 변화시킨다.

IPF 프로토콜을 통해 애착 상태를 불안정 애착에서 안정 애착으로 바꾸려면 일반적으로 6개월에서 2년 동안 매주 IPF 치료사와 상담을 해야 한다. 하지만 모든 애착 욕구가 충족되는 모습을 상상하는 **점진적인 변화**만으로도 신경계의 유연성을 높이는 데 큰 도움이 된다. 심리학자 페데리코 파라Federico Parra와 동료들의 연구에 따르면 애착 유형이 불안정형에서 안정형으로 바뀌지 않은 환자도 IPF 프로토콜을 사용한 지 5주 만에 복잡한 외상 후 스트레스 장애 증상이 현저히 감소했다.

안정형 애착은 신경계 조절과 마찬가지로 단순히 정신적 훈련으로 형성되지 않는다. 몸과 마음을 모두 훈련해야 한다. 머리로 생각하는 것만으로 안정 애착 상태가 될 수는 없다. 신경계가 더 안정되려면 내수용감각 또는 내부 감각 인식을 활용해야 한다. IPF 프로토콜은 다섯 가지 핵심 애착 욕구가 여러 상황에서 반복적으로 충족되는 체화된 느낌 또는 감각을 상상하게 함으로써 내수용감각을 활용한다. 예를 들어 이상

안정 애착 발전시키기

IPF 프로토콜은 숙련된 치료사를 필요로 하지만, 이 훈련은 IPF 프로토콜의 요소를 활용해 신경계에 안정 애착의 특성을 들여오기 시작한다. 이 훈련은 조용하고 편안한 상태에서 하는 것이 가장 좋다(참고: 이 훈련 중 언제든 압도되는 감각이나 감정을 경험하면 잠시 멈추고 조절 단계의 포털을 사용해 체화된 안전감으로 돌아와야 한다. 당신의 안전을 최우선으로 고려해야 한다. 혼자서 감정을 극복하기 어렵다면 IPF 프로토콜에 숙련된 심리치료사의 도움을 받으라).

1. 방해받지 않을 조용한 공간과 시간을 찾는다. 일지나 노트, 펜을 준비한다.

2. 코로 숨을 들이쉬고 입으로 뱉으며 심호흡을 몇 번 한다. 몸이 안정되고 정신이 맑아지게 한다.

3. 지켜봐주기, 귀 기울여주기, 소중히 여겨주기, 안전하게 지켜주기, 무조건 사랑해주기, 자유롭게 자신의 본모습을 보일 수 있게 해주기, 꿈을 추구하도록 지지해주기, 소속감과 중요한 존재로 느끼게 해주기 등 이상적인 부모

에게 요구하는 것이 무엇인지부터 파악하라. 어릴 적 당신이나 성인이 된 당신의 요구 사항을 생각해본다. 이 요구 사항을 일지에 적는다.

4. 이상적인 부모에게 요구하는 것이 무엇인지 명확하게 이해한 후, 실제 부모가 아닌 이상적인 부모상을 상상한다. 상상력을 발휘하면 새로운 가능성을 그릴 수 있다. 실제 부모에게 받거나 받지 못했던 것이 무엇인지 돌이켜 생각하는 대신 현재의 요구를 새롭게 그려보고 그것들을 충족시킬 방법을 내면화하는 데 집중한다. 실제 부모나 양육자가 '괜찮은' 양육을 했고 할 수 있는 최선을 다했더라도 그들도 인간이기에 당신의 모든 애착 욕구를 항상 충족해주지는 못했을 것이다. 상상 속에서 당신만의 고유한 애착 욕구를 매번 적절한 방식으로 충족해줄 이상적 부모를 통해 당신의 신경계를 훈련할 수 있다.

5. 이상적인 부모의 이미지를 그려본다. 그들과 함께 있을 때 어떤 느낌일지 상상하는 것이 가장 중요하다. 마음속으로 시각화하거나, 그림으로 그려보거나, 일기에 적어서 그들과 함께 있을 때의 느낌을 더 생생하게 상상해볼 수 있다. 자신에게 다음과 같이 물어본다.

- 이상적인 부모는 어떤 모습인가?
- 그들의 에너지는 어떤가?
- 그들의 목소리는 어떤가?
- 그들의 가치관과 신념은 무엇인가?
- 그들은 당신에게 어떤 느낌이 들게 하는가?
- 그들이 당신의 요구를 충족해줄 때 어떤 느낌이 드는가?

6. 이상적인 부모상의 이미지가 명확해졌다면 그들이 어린 시절 당신과 상호작용하며 당신의 애착 욕구를 충족해주는 모습을 상상해본다. 다양한 상황에서 그들이 당신에게 어떻게 반응할지, 당신에게 필요한 사랑과 지지, 안전을 어떻게 줄지 상상해본다. 3단계에서 파악한 당신의 애착 욕구 각각을 이상적인 부모가 적절한 방식으로 충족해주는 장면을 상상한다. 자신에게 딱 맞는 느낌이 드는 장면이 떠오를 때까지 장면을 몇 번이고 바꿀 수 있다. 이 상호작용을 일지에 기록한다.

7. 매일 또는 매주 시간을 내어 이상적인 부모를 떠올리고 일지에 기록한다. 이 새로운 이미지와 경험은 시간이 흐르면서 감정과 스트레스, 타인과의 관계를 더 안정적으로 관리하도록 신경계를 재훈련하는 데 도움이 될 것이다.

적인 부모가 기쁨을 표현하기 위해 어떤 말을 할지 생각하는 데서 그치면 안 된다. 당신이 아이라고 상상하면서 이상적인 부모가 당신의 있는 그대로의 모습을 기뻐할 때 당신의 몸은 어떤 기분일지 떠올린다.

• 직관력을 키우고 불안감을 가라앉히기

흔히 신비한 능력으로 인식되는 직관은 강한 내수용감각의 인식, 즉 심장 박동, 호흡, 기타 내부 감각 같은 신체 내부 신호를 감지하는 능력에서 온다. 직관은 인생을 살아가고 신경계를 조절하는 데 매우 도움이 된다. 직관은 자신이 무엇을 원하는지, 어떤 결정이 자신에게 가장 좋은지, 뭔가 옳지 않다고 느낄 때는 언제인지 파악하는 데 도움이 된다. 직관을 강화하면 의사 결정 능력이 좋아져 신경계의 조절, 내면의 평화, 자신감, 주변 세계와의 관계를 증진할 수 있다.

직관을 강화하려면 신체의 신호를 알아차리면서, 그 의미를 정확하게 이해하려고 노력할 필요가 있다. 이 신호들을 정확히 이해하려면 호흡 패턴이나 체온의 변화 같은 신체 내부 감각에 더 자주 주의를 기울여라. 신체 내부의 느낌과 주변에서 일어나고 있는 상황을 비교하라. 예를 들어, 심장이 빠르게 뛴다면 실내가 시끄러워져서 그런 건 아닌지 평가해보라. 이렇게 하면 신체 반응과 외부의 환경적 요인을 연결할 수 있다.

신체 내부 작용(내수용감각)에 대한 인식과 주변 세계의 관찰(외수용감각)을 결합하면 신경계가 다양한 상황에 어떻게 반응하는지 확인하는 훌륭한 방법이 된다. 더 중요하게는 그 반응이 자신에게 얼마나 효과적인지 알 수 있다. 신체 내부 감각 인식과 외부 세계 시각의 조합은 피드백 관찰에 특히 유용하다.

피드백 관찰은 이 장 앞부분에서 소개한 탄력적 태도를 조성하는 세 단계의 중요한 부분이다. 상황에 어떻게 대응하고, 그 대응이 얼마나 효과적인지 관찰함으로써 어려운 상황을 효과적으로 처리할 수 있다. 필요할 때 반응을 조정하고 변경할 수도 있다. 그렇게 스트레스 반응과 그것이 외부 상황과 어떻게 연결되는지 이해하게 되면 자신의 직관을 더 신뢰하게 된다. 그리고 직관력이 향상되면 삶의 난관을 더 효과적으로 헤쳐 나갈 수 있다.

직관인가, 불안인가?

누구나 내수용감각 인식을 더 폭넓고 정확하게 발전시켜 직관력을 높일 수 있지만, 신경계가 매우 예민한 사람은 자연히 신경계가 덜 예민한 사람보다 더 많은 정보를 받아들이고 처리하기 때문에 직관적 이해력이 더 높을 수 있다. 하지만 신경계 조절 장애가 있다면 불안한 생각과 스트레스로 인한 신체적 증상에 직관의 목소리가 묻혀버린다. 그렇게 되면 직관의 목소리와 불안의 목소리를 구별하기가 어려워진다. 이 때문에 새로운 직장을 구하거나 이사를 하거나 파트너, 친구와 함께 시간을 보내려 할 때 자신의 감정이 불안에 의한 것인지 직관에 의한 것인지 알기 어려울 수 있다.

내수용감각에 관한 최근 연구에서는 심박수의 변화를 감지하는 것과 같은 내수용감각 훈련이 불안을 크게 줄이는 것으로 밝혀졌다. 내수용감각 인식 능력이 낮은 사람은 신체 내부에서 일어나는 현상을 감지하거나 이를 자신의 경험과 결부하는 데 능숙하지 못하다. 이로 인해 자신의 감정을 이해하고 조절하는 데 어려움을 겪는다. 그들은 신체적 감각(빠른 심장 박동)과 감정(두려운 느낌)을 연결하지 못한다. 이런 연결이 이루어지지 않으면 자신의 감정과 기분을 관리하기가 어렵다.

직장에서 마감 기한이 촉박한 어려운 업무를 배정받았다고 상상해보자. 일을 시작하면서 자기회의가 생기고, 불안한 생각이 들기 시작한다. '나는 부족한 사람이야' '제시간에 끝낼 수 있을지 모르겠어' '실패하면 어떡하지?' 같은 생각을 하게 된다.

그런 생각을 되풀이하는 대신 개의 마음에서 사자의 마음으로 전환하고, 의식적으로 신체 감각에 집중하면서 내수용감각을 활성화하기로 결심한다고 하자. 그럼 호흡이 얕고 어깨가 긴장되어 있음을 자각하게 된다. 심장이 빠르게 뛰고, 손바닥에 땀이 나고, 속이 불편하다는 것도 알아차린다. 내수용감각이 작동해 내부에서 경험하고 있는 스트레스 반응을 인식하는 것이다.

이런 내부 감각에 어쩔 줄 몰라 하는 대신, 내수용감각 인식을 외부 환경과 연결 짓는 것이 중요하다. 잠시 주변 환경을 관찰하고 그 환경이 스트레스에 어떤 영향을 미치고 있는지 생각해본다. 사무실 공간이 어수선하고, 주변 동료들의 대화가 시끄럽다는 것을 깨닫는다. 이런 외부 요인을 인식하면 자신이 통제할 수 있는 범위에 있는 스트레스 요인을 해결할 수 있다. 업무 공간을 정리하고, 소음 차단 헤드폰을 쓰고, 도움이 되는 팀원이나 비슷한 문제를 해결했던 과거 경험 등 자신이 쓸 수 있는 자원을 떠올린다.

이런 조치를 한 후 몸의 반응을 관찰한다. 호흡이 더 깊고 편안해지고, 어깨가 풀리고, 몸 전체의 긴장이 사라진다. 따뜻하고 이완된 느낌이 퍼지면서 마음이 편안한 상태로 안정되어 난관에 대처할 준비가 된다. 이렇듯 신체의 반응이 어떤지 관찰함으로써 당신의 대처 행동이 얼마나 효과가 있었는지 알 수 있어 피드백 루프가 형성된다. 이런 식으로 내수용감각과 외수용감각을 통합하면 내적 스트레스 반응과 이를 유발하거나 완화하는 외적 상황을 모두 인식하고 해결할 수 있다.

이런 긍정적 변화를 경험하면 신경계가 잘 조절된다고 느낄 뿐 아니라 신경계 조절을 위해 스스로 할 수 있는 일이 있음을 알게 된다. 신경계 또한 자신에게 상황에 긍정적인 영향을 미치는 능력이 있음을 알게 된다. 이런 주체 의식은 회복탄력성을 키워 앞으로 다가올 도전에도 자신 있게 대처할 수 있다.

신경계 조절을 뒷받침하는 기본 루틴을 만들고 처음 세 단계를 거치면서 지금에 이르기까지 신경계 건강의 네 기둥 가운데 마음과 몸 기둥에 주로 초점을 맞춰왔다. 다른 사람들을 돕기 전에 자신의 산소마스크부터 착용해야 하듯이 신경계 조절을 위해서는 다른 사람의 복잡한 신경계를 치유 여정에 포함시키기 전에 자신의 마음과 몸에 주로 집중할 필요가 있다. 하지만 자신에게만 집중해서는 안 된다. 신경계가 정상적으로 작동하기 시작할 때 주변 사람들이나 세상과 깊은 관계를 맺어야 조절 능력이 더욱 향상되고 풍부한 인생의 의미를 찾게 된다. 4단계인 관계를 다룰 다음 장에서는 다른 사람들과 자연, 아름다움, 목적을 신경계 조절에 통합하는 법을 배울 것이다.

내수용감각 인식의 심화

심장 박동 인식

이 훈련은 다양한 수준의 신체 활동에 따른 심장 박동의 변화를 알아차려 내수용감각 인식을 향상한다. 연습하는 동안 각 활동 수준에 따라 심장 박동이 어떻게 달라지는지 기록한다.

1. 이 훈련을 할 수 있는 조용하고 편안한 장소를 찾는다.
2 휴식 상태에서 손목이나 목의 맥을 짚고 30초 동안 심장 박동에 집중한다.
3. 천천히 걷기나 가벼운 스트레칭 같은 최소한의 신체 활동을 30초 동안 한다.
4. 활동 후에 다시 30초 동안 맥박을 측정해 심장 박동을 관찰한다.
5. 빨리 걷기나 가벼운 조깅 등 중간 정도의 신체 활동을 1분간 한다.
6. 다시 30초 동안 맥박을 측정해 심장 박동을 관찰한다.
7. 마지막으로 달리기, 팔 벌려 뛰기, 버피 운동 등 격렬한 운동을 2분 동안 한다.
8. 30초 동안 맥박을 측정해 심장 박동을 관찰한다.
9. 이 훈련을 정기적으로 반복해 내수용감각을 인식하고 활동별로 신체 반응

이 어떻게 달라지는지 이해한다.

호흡 인식

이 훈련은 다양한 수준의 신체 활동에 따른 호흡의 변화를 알아차림으로써 내수용감각 인식을 향상한다. 훈련하는 동안 각 활동 수준에 따라 리듬, 깊이, 기타 감각 등 호흡에 어떤 변화가 있는지 기록한다.

1. 이 훈련을 할 조용하고 편안한 장소를 찾는다.
2. 휴식 상태에서 눈을 감고 30초 동안 호흡에 집중한다. 호흡의 리듬, 깊이, 기타 호흡과 관련된 감각을 느낀다.
3. 천천히 걷기나 가벼운 스트레칭 같은 최소한의 신체 활동을 30초 동안 한다.
4. 활동을 끝내고 나서 눈을 감고 30초 동안 자신의 호흡을 관찰한다.
5. 빨리 걷기나 가벼운 조깅 등 중간 정도의 신체 활동을 1분간 한다.
6. 활동을 끝내고 눈을 감고 30초 동안 호흡을 관찰한다.
7. 마지막으로 달리기, 팔 벌려 뛰기, 버피 운동 등 격렬한 신체 활동을 2분 동안 한다.
8. 활동을 끝내고 눈을 감고 30초 동안 호흡을 관찰한다.
9. 이 훈련을 정기적으로 반복해 내수용감각을 인식하고 활동별로 신체 반응이 어떻게 달라지는지 이해한다.

내수용감각 인식과 외수용감각 인식 통합하기

이 활동은 내부 신체 감각에 집중하는 내수용감각과 외부 환경에 집중하는 외수용감각 사이를 오가는 능력을 길러준다. 이 두 유형의 인식을 통합하면 의사 결정 능력, 신경계 조절 능력, 전반적인 건강이 개선된다.

1부: 내수용감각 인식

1. 방해받지 않고 몇 분 동안 편안하게 앉아 있을 수 있는 조용한 장소를 찾는다.
2. 눈을 감고 코로 깊게 숨을 들이쉬어 폐를 공기로 가득 채운다.
3. 입으로 숨을 내쉬는 동안 주의를 몸 안으로 가져와 몸 안의 감각에 집중한다.
4. 정수리에서 시작해 천천히 아래로 내려가면서 모든 신체 감각에 주목한다. 감각 도표(8장)를 참고해 각 신체 부위에서 3~5가지 감각을 식별한다.
5. 이 감각들을 알아차릴 때 판단이나 해석 없이 그냥 인정한다. 단순히 감각을 관찰하고 이름을 붙이고 나서 다음 신체 부위로 넘어간다.
6. 천천히 몸을 관찰하면서 현재 순간과 자신이 느끼는 감각에 집중하려고 노력한다. 생각이 흐트러지기 시작하면 다시 몸으로 주의를 돌려 관찰을 계속한다.
7. 전신을 관찰하고 심호흡을 몇 번 더 한 다음 천천히 눈을 뜬다.

2부: 외수용감각 인식

1. 눈을 뜬 상태에서 촛불, 화분, 벽에 걸린 그림 등 외부 환경에서 초점을 맞출 수 있는 지점을 찾는다.
2. 그 물체에 시선을 고정하고 주변의 소리, 냄새, 자극으로 인식 대상을 넓히기 시작한다.
3. 깊이 숨을 들이쉬고 공기 중의 냄새나 향기를 느낀다. 어떤 향기가 감지되

는가?

4. 주변의 소리가 포함되도록 인식을 더 확장한다. 어떤 소리가 들리는가? 특정 소리를 식별할 수 있는가?
5. 마지막으로 이런 외부 신호를 받아들이는 동안 발생하는 신체 감각으로 초점을 옮긴다. 긴장감이나 이완이 느껴지는가? 따뜻함이나 시원함이 느껴지는가?
6. 신체 내부 감각과 연결된 상태를 계속 유지하면서 현재에 집중하고 외부 환경을 인식한다.
7. 심호흡을 몇 번 더 한 후 천천히 일상 활동으로 돌아온다.

내수용감각과 외수용감각을 번갈아 인식하면 현재에 집중하면서 내부 환경과 외부 환경에 연결되는 능력을 훈련할 수 있다. 이 훈련을 통해 몸과 주변 세계에 대한 인식을 더 세밀히 조정하면서 감정을 조절하고 자신의 필요와 가치와 부합하는 의사 결정 능력을 향상할 수 있다.

4단계 '관계': 관계는 신경계를 튼튼하게 만든다

치유 여정이 나무의 성장과 같다고 상상해보라. 첫 번째, 인식 단계에서는 계속 성장하는 데 필요한 비와 햇빛을 인식하는 법을 배웠다. 두 번째, 조절 단계에서는 개별 잎을 만드는 법을 배웠다. 세 번째, 회복 단계에서는 뿌리를 키우기 시작해 폭풍우가 몰아쳐도 땅에 박혀 있도록 기초를 굳건히 했다.

네 번째 관계 단계는 숲에 있는 다른 나무들과 서로 뿌리가 얽히며 네트워크를 구축하는 것과 같다. 나무는 독립적으로 존재하는 것처럼 보이지만 실제로는 주변 생태계 전체와 깊이 엮여 몸통을 지탱한다. 실제로 많은 나무는 뿌리 구조가 서로 직접적으로 연결되어 있다. 한 나무가 어려움을 겪을 때 다른 나무들이 뿌리를 통해 영양분을 공급한다. 그와 마찬가지로 치유 여정의 4단계에서는 당신의 뿌리를 다른 나무와 연결하는 법을 배우며, 이는 신경계 조절 능력을 길러줄 뿐 아니라 자신을 넘어 생명 전반에 대한 신뢰감을 키우고, 삶의 의미와 목적을 찾을 수 있게 해준다.

지금까지의 여정은 주로 신경계 건강의 네 기둥 중 처음 두 기둥인 마음과 몸에 초점을 두었다. 이 장에서는 세 번째 기둥인 관계에 주목한다. 이 단계에서는 당신의 삶에서 다른 사람들이 얼마나 중요한지, 그 답례로 당신은 무엇을 제공해야 하는지 알게 될 것이다. 많은 잎과 견고한 뿌리 네트워크를 갖춘 튼튼한 나무를 만들어 더 많은 영양분을 얻을

다른 사람들과 공유하기

모든 사람에게 관계 맺음이 필요하지만, 특정 시점에서 당신에게 필요한 관계의 형태는 다른 사람들에게 필요한 것과 매우 다를지도 모른다. 마찬가지로 주변 사람들이나 세상과 연결되어 있다는 느낌을 주면서 서로 돕게 하는 활동도 다른 사람들과는 다를 수 있다.

이 단계에서는 관계 형성의 경로로 (1) 상위 목적, (2) 다른 사람들, (3) 자연 세계, (4) 아름다움과 창의성을 강조한다. 신경계가 삶과 완전히 통합되기 위해서는 기본적으로 이 네 가지가 모두 필요하지만, 지금은 이 중에서 한두 가지만 필요할 수 있다. 지금 공감되는 것에 집중하고, 나중에 필요하다고 느낄 때 다른 측면도 고려하면 된다.

이 단계에서는 다른 사람들과의 교류가 이전 단계에서보다 훨씬 더 중요하다. 어떤 사람들은 특정 공간에서 다른 공간보다 쉽게 관계를 맺는다. 많은 사람이 온라인 공간이나 공적인 그룹에서는 쉽게 관계를 맺지만, 친밀한 관계나 가족과의 관계에서는 그러기가 훨씬 더 어렵다고 느낀다. 당신이 어느 쪽에 해당하든 용기를 내어 지금 진행 중인 치유 여정을 이해해주는 사람들과 관계 맺기를 권한다. 사랑하는 사람이나 대면 집단, 온라인 커뮤니티를 찾아 일주일에 최소 5분에서 10분 정도는 자신의 여정을 공유하고 다른 사람들의 이야기를 들어보라. 특히 현재 주변이나 지역사회에 이런 관계를 맺을 사람이 없는 경우 온라인으로도 비슷한 생각을 하는 사람들과 소통할 수 있다.

수록 자신의 경계를 침범당하지 않고, 자신의 한계 안에서 다른 사람에게 치유 영양분을 제공하는 능력이 향상된다.

• 연대감 기르기

고요한 연못에 떨어진 물 한 방울이 미치는 영향을 상상해보라. 물이 떨어진 자리에 생긴 잔물결이 연못 전체로 퍼져나가면서 고요함을 움직임과 에너지로 변화시킨다. 이와 마찬가지로 우리의 삶도 주변 사람들이나 세상과 깊이 연결되어 있다. 우리의 신체 상태, 생각, 감정은 광범위한 파문을 일으켜 다양한 존재에 영향을 미친다.

현대 마음챙김의 시조로도 알려진 영적 지도자 틱낫한Thích Nhâ´t Ha.nh은 이런 연결성을 '상호존재'interbeing라고 부르며, 이 연결성이 우리와 세상의 건강, 평화, 조화를 증진하는 데 필수적인 역할을 한다고 강조한다. 우리가 서로나 환경과 형성하는 유대감은 스트레스 요인 속에서도 번창하고 변화하는 환경에 적응하는 데 필수적이다.

상호연결성은 단순히 철학적 또는 영적 개념이 아니라 우리의 생물학적 구조의 근본적인 측면이다. 관계에 대한 생물학적 요구는 우리 DNA에 암호화되어 세대를 거쳐 전해지며 우리의 본능, 행동, 심지어 생화학 반응까지 형성한다.

이 단계에서는 유대감을 강화하고, 깨진 관계를 회복하며, 주변 세계와 **연대감**을 기르도록 훈련한다. 잔물결이 연못 전체에 변화를 가져오듯 신경계를 조절하려는 당신의 노력은 주변 세계에 영향을 준다. 자석이 금속을 끌어당기듯 신경계 조절을 위한 당신의 노력에도 끌어당기는 힘이 있다. 파급 효과가 있다. 당신이 만든 긍정적인 변화는 당신에게만 도움이 되는 것이 아니라 주변 사람에게도 영향을 미친다. 그리고 그 영향력은 주변 사람에게만 영향을 주지 않고 더 많은 사람의 삶에 영향을 미치며 확산될 것이다.

연대감은 다른 사람들이나 주변 세계와 연결되어 있다는 개념뿐 아니라 서로 도움을 주고받으면서 그 관계를 활기차고 생동감 있게 만든다는 호혜성reciprocity 개념도 포함한다. 호혜주의 정신으로 관계에 접근할 때 상호작용에 임하는 당신의 행동과 태도가 다른 사람에게도 지대한 영향을 미치며, 마찬가지로 그들의 행동과 태도도 당신에게 영향을 미침을 인정하게 된다. 이런 지속적인 에너지와 자원의 교환은 진정한 연대감과 상호연결성의 기초를 형성한다.

• 삶의 목적과 연결 짓기

강한 유대감을 형성하고 연대감을 키우려면 삶의 여러 목적이 서로 연결되어 있어야 한다. 긍정심리학 분야의 저명한 연구자인 로버트 에먼스Robert Emmons는 그의 저서 『궁극적 관심사 심리학』*The Psychology of Ultimate Concerns*에서 목적의식이 심신의 건강에 미치는 영향에 관해 귀중한 통찰을 제공했다. 에먼스에 따르면 사람들은 일생 다양한 개인적 목표와 포부를 가지는데, 이 목표와 포부들이 자주 서로 모순되면 내적 갈등이 발생하고 전반적인 삶의 만족도가 떨어진다. 이에 에먼스는 '궁극적 관심사'ultimate concerns 개념을 도입했는데, 이는 삶을 인도하고 강력한 목적의식을 제공하는 고차원적 목표를 가리킨다. 궁극적인 관심사에 집중하면 갈등을 덜 경험하면서 더 큰 성취감을 느낄 수 있다.

궁극적인 관심사를 개발하면 구체적인 실행 계획과 목표를 포괄하는 더 넓은 관점을 가질 수 있다. 이 관점은 더 큰 목적의식을 중심으로 목표를 조직화해 스트레스에 직면했을 때 회복력을 높이고 삶의 목적의식을 심화하는 데 도움이 된다.

궁극적인 관심사의 개발은 근본적으로 삶을 바꾸는 정도의 거창한 일이 아니다. 그보다는 자신의 핵심 가치를 인식하고 이를 일상생활에 통합하는 일이다. 개인적인 목표를 궁극적인 관심사와 일치시키면 자신의 가치와 우선순위를 반영하는 결정을 내릴 수 있다. 또한 작은 목표를 삶의 목적과 연결 지을 때 심신의 건강이 향상된다는 연구 결과도 상당히 많다. 그뿐 아니라 더 의미 있는 관계를 맺고 다른 사람들과 더 강한 연대감을 형성할 수 있다.

인생의 목적 직시하기: 관점의 전환

임종 간호를 전문으로 하는 간호사 브로니 웨어Bronnie Ware는 『내가 원하는 삶을 살았더라면』(피플트리, 2013)에서 임종을 앞둔 환자들이 공통적으로 후회하는 점을 알려준다. 주로 언급되는 주제는 자신의 기대보다 타인의 기대에 부응하기 위해 살았던 것, 사랑하는 사람들과 보냈어야 할 좋은 시간을 희생해가면서까지 과로했던 것, 감정 표현이 부족했던 것, 친구들과의 연락이 끊겼던 것, 스스로 더 행복해지지 못했던 것 등이 있다.

웨어가 돌봤던 사람들처럼 흔히들 일상적 과업에 묻혀 정말로 중요한 것을 잊는다. 하지만 인생이 끝나갈 때가 되어서야 핵심 우선순위에 다시 집중할 필요는 없다. 지금 자신에게 진정으로 중요한 것이 무엇인지 확인하고 우선순위를 매긴다면 삶의 목적과 더 깊이 연결될 뿐 아니라 하루하루를 소중하게 보낼 수 있다. 자신에게 가장 중요한 것을 기억하고 그 목적과 연결되도록 도울 한 가지 방법은 죽음에 관해 숙고하는 불교 수행법 마라나사티maraṇasati다.

자신의 죽음을 떠올리는 것이 어려울 수도 있다. 대개 마음이 이런 인식을 막기 때문이다. 하지만 죽음에 관한 편안한 생각은 삶과의 관계에도 지대한 영향을 미친다. 죽음을 숙고하면 자신의 핵심 목적을 항상 염두에 두고, 순간순간 감사하며, 하루하루를 더 진지하고 현실감 있게 살아가는 데 도움이 된다. 죽음을 생각하면 자신의 목표와 행동이 더 명확해지고 가치관과 행동이 일치된다. 그럼으로써 당장 눈앞에 닥친 자기 이익을 넘어선 목적을 갖고 살게 되며, 이는 장기적인 행복에 긍정적인 영향을 미친다.

• 사람들과의 관계

신체 차원에서 알람을 해제하고, 안전을 확보하고, 신경계의 유연성을 회복하기 위한 모든 노력을 마친 지금, 당신은 새로운 시선과 건강한 관점으로 인간관계를 바라볼 수 있는 좋은 위치에 있다.

자기 인식과 조절이 더 원활해지면 인간관계에서도 약간의 변화를 경험하는 것이 정상이다. 자신의 필요를 충분히 이해함으로써 당신은 기존 관계를 위해 얼마나 노력할지, 새로운 사고방식과 감정에 맞는 새로운 인간관계를 언제 찾아볼지 선택할 수 있다. 몸과 감정에 주의를 기울이면 어떤 관계가 자신에게 필요한 지원과 사랑을 주는지 파악하는

일기 쓰기로 핵심 목적 발견하기

우선 방해받지 않을 조용하고 평화로운 장소를 찾는다. 여기 제시된 프롬프트 중에서 공감되는 한 가지를 선택한다. 타이머를 10~15분으로 맞춘다. 그 시간 동안 오로지 글만 쓸 것이다. 이제 일기장을 펼치고 선택한 프롬프트를 시작점으로 삼아 생각나는 대로 자유로이 글을 쓰기 시작한다. 글이 막히는 느낌이 들거나 뭐라고 표현해야 할지 잘 모르겠더라도 정한 시간 내내 펜을 계속 움직인다. 글이 잘 안 써지면 '모르겠다'라고 필요한 만큼 몇 번이고 써도 괜찮으니 계속 써라. 목표는 글쓰기의 흐름을 계속 유지하는 것이다. 이렇게 함으로써 내면의 장애물을 극복하고 더 깊게 생각할 수 있다.

프롬프트 1: 자신의 핵심 목적을 파악한다.

당신을 행동하게 하고 삶에 의미를 주는 주요 가치나 신념을 한두 문장으로 일기에 쓴다. 당신의 행동에 가장 깊은 의미를 부여하는 것은 무엇인가? 종교적 신념이나 다른 사람을 돕고 싶다는 바람 또는 완전히 다른 무언가일 수 있다.

프롬프트 2: 중요한 경험들과 연결한다.

당신에게 가장 중요한 순간들과 활동을 떠올린다. 당신의 핵심 목적이 그 경험에 어떻게 나타나는지 적어본다. 이 활동들의 공통점을 찾아본다.

프롬프트 3: 자신의 목적이 삶에 미치는 영향을 상상한다.

핵심 목적을 더 명확히 인식하면서 어떤 일을 하는 구체적 상황을 묘사해본다. 이러한 인식이 당신의 경험에 어떤 영향을 미치는가? 어떤 기분이 들게 하는가? 그 이유는 무엇이라고 생각하는가?

프롬프트 4: 자신의 목적을 일상생활에 적용한다.

일상 활동을 할 때 핵심 가치를 어떻게 염두에 둘지 생각한다. 이러한 인식이 삶의 여러 영역에서 당신의 존재감, 참여, 만족감에 어떤 영향을 미칠 수 있는지 적어본다.

간단한 '마라나사티' 연습: 죽음에 대한 성찰

시작하기 전에 주변이 안전한 환경인지 확인하고 힘든 훈련을 할 준비가 되었는지 직관적으로 판단한다. 개의 마음에서 사자의 마음으로 전환한 다음, 심장과 내장 등 내수용감각을 알아차림으로써 직관이 잘 작동하는지 확인한다. 차분함, 흥분, 흥미, 도전 의식 등이 느껴진다면 이 훈련을 할 준비가 되었다는 신호다. 자신의 죽음을 생각하기 전에 마음이 약간 동요되는 것은 정상이지만, 심각한 불안이나 공황 상태, 분노를 느낀다면 준비가 아직 안 되었다는 신호다. 지금은 이 연습을 잠시 미루고 나중에 다시 시작해도 괜찮다. 연습 도중 어느 시점에서든 심각한 불안감이 들기 시작하면 잠시 쉬었다가 다시 시작하라.

1. **편안한 공간을 찾는다.** 집과 같이 안전하게 느껴지는 장소를 선택하고, 필요하면 도움을 요청할 수 있도록 사랑하는 사람을 가까이 대기시키는 방안도 고려한다.

2. **죽음까지 남은 시간을 달리 상정하면서 일지나 이 페이지에 다음 문장을 완성한다.**

- 만약 살날이 일 년 남았다면 나는 ___________할 것이다.
- 만약 살날이 한 달 남았다면 나는 ___________할 것이다.
- 만약 살날이 일주일 남았다면 나는 ___________할 것이다.

3. **신체 반응을 확인한다.** 문장을 완성하는 동안 발생하는 신체 감각을 관찰한다. 그 감각을 의식하며 자신을 부드럽게 대한다. 불안감이나 다른 힘든 감정이 떠오르면 잠시 휴식을 취한다.

4. **답변을 검토한다.** 문장을 완성한 후 답변을 읽으면서 다음 질문들을 생각해 본다.

   - 남은 시간이 줄어들면서 우선순위와 활동이 어떻게 바뀌었는가?
   - 남은 시간이 달라도 변함없이 중요한 것은 무엇인가?
   - 포함할 가치가 없어 보였던 일상 활동은 무엇인가?

5. **긴장을 풀고 공유한다.** 긴장을 푸는 시간을 가진 후 마음이 편안해지면 자신의 생각과 경험을 다른 사람들과 공유한다. 이 활동의 목적은 죽음에 대한 의식을 받아들이도록 마음을 부드럽게 훈련하는 것임을 기억한다. 항상 자신의 건강을 최우선으로 생각하고 자기연민을 가지고 연습한다.

데 도움이 된다.

신체 상태는 관계를 평가하는 효과적인 도구다. 그것은 사랑에 대한 욕구를 충족하는 관계를 맺거나 그렇지 않은 관계를 멀리하도록 안내한다. 다른 사람과 있을 때 어떤 느낌이 드는지 신체 감각을 관찰함으로써 당신은 각 관계가 제공하는 안전감과 지원 수준을 인지하게 된다. 신체의 반응과 신경계 신호를 이해하고 신뢰할 수 있다면 당신과 호혜적인 방식으로 그 사람들과 함께할 수 있다. 이는 관계를 맺은 쌍방 모두의 회복탄력성과 조절 능력을 높인다.

이를 위해서는 안전한 관계를 형성하는 방법을 배우고 연습하는 것이 중요하다. 하지만 그 과정에서 어려움에 직면할 수도 있다. 다음에 다룰 내용은 안전하고 서로 지지하는 관계를 맺으려 할 때 흔히 겪는 어려움 몇 가지와 이를 극복하는 방법이다.

공감에서 연민으로

당신이 예민한 사람이라면 다른 사람의 경험을 이해하거나 느낄 수 있는 특별한 능력이 있을 것이다. 세상은 당신처럼 타인을 배려하고 공감하는 사람을 필요로 한다. 하지만 다른 사람의 감정에만 신경을 쓰면 당신이 매우 힘들어질 수 있다. 다른 사람의 감정을 계속 감지하는 것은 당신의 신경계에 지속적인 타격을 준다. 다른 사람의 긍정적인 감정을 느낄 수 있을 뿐 아니라 부정적인 감정도 감지할 수 있고, 이것이 당신의 안녕에 영향을 미치기 때문이다.

심지어 어떤 감정이 당신의 감정이고, 어떤 감정이 다른 사람의 감정인지 구별하기 어려워질 때도 있다. 이로 인해 감정 조절 장애나 불안을 겪기도 한다. 당신의 예민한 신경계는 종종 다른 사람의 감정 및 신경계 상태에 대한 단서를 찾기 위해 환경을 계속 주시하면서 인식 과잉 상태가 된다.

공감empathy은 고무적인 감정이든 괴로운 감정이든 다른 사람의 감정과 교감하며 그것을 느끼는 자연스러운 능력이다. 공감은 다른 사람과의 관계에서 중요한 역할을 하는 핵심 기술이다. 하지만 다른 사람의 고통에 압도될 때 '초공감자 번아웃'empath burnout, '초공감자 셧다운'empath shutdown 또는 '동정 피로'compassion fatigue를 경험할 수 있다. 이것들은 연구자들이 '공감의 괴로움'empathic distress이라고 부르는 경험의 결과다. 감정적 압도감과 피로감, 단절감, 냉소주의, 초연함의 징후가 나타나면 부정적 감정으로부터 자신을 보호하기 위해 물러나야 할 필요성을 느끼게 된다. 공감의 괴로움을 연민으로 전환하는 기술을 연습하면 큰 도움이 된다. 연민은 다른 사람의 고통을 함께 느끼기보다는 고통받는 사람들을 향해 사랑과 배려심을 느끼는 것이다.

연민compassion은 온정, 관심, 배려의 감정을 경험하면서 다른 사람의 감정을 수용할 안전한 공간을 확보하는 능력이다. 연민을 느낄 때는 사람들이 고통받기를 원치 않으며, 사람들을 행복하게 해주려는 동기가 유발된다. 연구자들이 자기와 관련된 감정으로 묘사하는 공감과 다르게, 연민은 타인에 관련된 감정이며 사랑과 친절 같은 감정으로 특징지어진다. 건강하고, 서로 연결되어 있고, 원활한 신경계를 위해서는 연민의 능력을 키워야 하며, 예민한 사람이라면 더욱더 그렇다.

자기연민과 타인에 대한 연민 모두 다섯 가지 과정으로 이루어진다.

1. 타인이 고통받을 때 이를 인지한다.

2. 모든 사람이 고통받으며, 아무리 운 좋은 사람이라도 병에 걸릴 수 있고 늙기 마련이며 결국에는 죽게 된다는 사실을 인식한다.
3. 고통받는 사람들에게 공감한다.
4. 분노나 두려움 같은 지극히 불편한 감정을 경험할 때도 사람들의 고통에 열린 마음을 유지한다.
5. 사람들의 고통을 덜어주기 위해 가능한 한 행동하려는 동기가 부여된다.

연구에 따르면 타인의 고통과 마주했을 때도 연민을 느끼도록 뇌를 훈련할 수 있다. 단 며칠 동안의 연민 훈련만으로 긍정적인 감정이 커지고 뇌 활동이 증가한다. 이 훈련은 다른 사람과의 관계를 증진할 뿐만 아니라 기쁨과 성취감을 늘리고 회복력을 높여 스트레스에 더 잘 대처하도록 도와준다.

신경계를 조절하기 위해 지금껏 해온 모든 작업은 공감에서 연민으로 전환할 때도 도움이 된다. 스트레스를 받았을 때 유연성을 유지하고 평온한 상태로 돌아온다면 주변 사람들이 그러지 못할 때도 조절 능력을 유지할 수 있으며, 이는 조절 장애가 있는 경우보다 스트레스가 많은 상황에서 다른 사람들에게 훨씬 큰 도움이 된다.

수치심, 자기비판 그리고 연민에 대한 탐구

예민한 사람들을 연구하다 보면 공감 능력은 뛰어난데 연민, 특히 자기연민이 부족한 사람들을 자주 발견한다. 왜 우리는 자신과 타인에 대한 연민을 잘 개발하지 않을까?

타인에 대한 연민과 자신에 대한 연민이 무관한 것처럼 느껴질 수 있지만, 먼저 자신에 대한 연민이 없으면 타인에게도 연민을 느낄 수 없다. 자기연민에 관한 과학적 연구에서는 자기연민 점수가 높은 사람은 더 건강하고, 만족스럽고, 진실한 삶을 사는 경향이 있는 것으로 나타났다. 자신에게 연민의 마음을 가질 때 연민을 베푸는 사람이자 받는 사람이 되어 연민이 주는 놀라운 혜택을 누릴 수 있다.

다른 사람으로부터 이런 안전감, 연대감, 무조건적인 수용을 받아 본 적이 없는 사람은 연민에 마음을 열기가 어렵다. 사람들 대부분은 자기연민보다는 자기비판에 훨씬 더 익숙하며, 자신에게 냉정하거나 심지어 자신은 동정받을 자격이 없다고 생각하는 경향이 있다. 이런 감정은 수치심에 뿌리를 둔다.

수치심이라는 짐을 짊어지고 있다면 자신에 대한 친절, 연민, 사랑에 마음을 열기 어렵다. 현대 문화와 양육 환경은 수치심이라는 메시지로 가득 차 있다. 대부분은 어린 시절에 수치심을 경험한 경우가 많다. 자주 무시당하고, 눈에 띄지 않는 존재라고 느끼며 자랐거나 당신의 독특한 자아를 양육자가 기뻐하고 축하해주지 않았다면 수치심을 내면화하지 않기가 거의 불가능하다.

양육자가 아이의 애착 욕구, 특히 애정과 기쁨 표현에 대한 욕구를 충족해주지 않으면 아이는 무의식적으로 자신에게 무언가 문제가 있고, 자신은 동정받을 자격이 없는 사람임이 틀림없다고 생각하게 된다. 이런 일이 자아의 특정 '부분'에만 일어날 수도 있다. 즉, 기본 자아는 수치심을 크게 내면화하지 않았어도 권력이나 정서적 유대, 성에 대한 욕구 같은 일부 선천적 욕구와 행동을 매우 부끄럽고 무가치한 것이라고 느낄 수 있다.

수치심에서 벗어나 치유되려면 자신의 욕구가 중요하고, 과거에 욕구가 충족되지 않은 것은 자신의 잘못이 아니며, 친절과 연민의 공간에서 자신과 타인을 보듬을 수 있다는 것을 배워야 한다. 온전히, 조건 없는 사랑을 받을 자격이 있는 사람이라는 느낌을 내면화해야 한다.

자기연민은 수치심이라는 고통스러운 감정을 향해 적극적으로 다가가고 불편하더라도 그 감정과 함께하는 것을 의미한다. 밀라레파처럼 악마의 입에 머리를 완전히 집어넣고 "원한다면 나를 잡아먹어"라고 말하는 것이다. 바로 여기, 이 순간, 당신의 몸에서 충족되지 못한 욕구를 전부 느끼도록 허용할 수 있다. 하지만 당신의 고통에만 머물 필요는 없으며, 모든 사람이 고통받고 있고 이 고통의 장소에서 서로 연결되어 있다는 현실에 마음을 열어야 한다.

경계를 통해 밀착된 관계 극복하기

당신은 자라면서 경계를 두는 것이 다른 사람들에게 받아들여지지 않거나 불공정하다는 생각을 내면화했을지도 모른다. 양육자에게 "아니요"라고 거절하면 당신을 돌보는 양육자의 능력이나 욕구가 줄어든다고 배웠을 수도 있다. 거절하기가 불편하거나 안전하지 않다고 느껴질 만큼 정서적 경계가 모호한 가족 관계를 '밀착' 또는 '속박'enmeshment이라고 한다. 밀착된 가족 관계는 흔히 양육자 자신의 정서적 요구가 충족되지 않은 탓에 정서적 지원을 얻기 위해 자녀에게 크게 의존하는 데서 비롯된다. 자녀의 경우 양육자와 밀착된 관계로 경계가 모호하면 자율성, 개인적 정체성, 정서적 독립성이 부족해질 수 있다.

인간관계에서 경계를 두는 것은 나쁘고, 잘못되고, 심지어 위험하다는 믿음이 어릴 적에 학습되어 당신에게 깊이 뿌리박혀 있을지도 모른다. 이는 성인이 된 후 친구 관계, 직장에서의 인간관계, 특히 연애 관계로 아주 쉽게 옮아간다. 이러한 믿음을 자각하고, 경계를 설정할 때

공감적 성찰을 통한 연민의 감정 기르기

1. **인식한다.** 내면의 목소리를 인식하고 특히 부정적이거나 자기비판적인 자기대화self-talk가 언제 일어나는지 알아차린다.
2. **중단한다.** 부정적인 자기대화를 하는 자신을 발견하면 가만히 멈추고 심호흡하며 성찰하는 시간을 낸다.
3. **사랑하는 사람을 떠올린다.** 친구, 가족, 반려동물 등 당신이 깊이 아끼는 존재를 머릿속으로 그린다. 그의 이미지를 떠올리며 그에 대한 사랑과 관심을 느낀다.
4. **관점을 바꾼다.** 지금 겪고 있는 상황이나 환경이 당신이 아닌 사랑하는 사람에게 일어나고 있다고 상상해본다. 그런 상황이라면 그들에게 어떻게 말하겠는가?
5. **지지와 연민의 말을 적어본다.** 그런 상황에서 사랑하는 존재에게 해줄 수 있는 지지와 연민의 말을 적어본다. 말투, 표현, 격려 내용에 주의를 기울인다.
6. **그 말을 자신에게 해준다.** 지지와 연민의 말을 써놓은 글을 읽으면서 그 말을 자신에게 해주는 상상을 한다. 사랑하는 사람에게 보여줄 친절과 공감을 자신도 받을 수 있게 하라.

7. **정기적으로 연습한다.** 일상생활에서 이를 실행한다. 많이 연습할수록 다른 사람에게 하는 것처럼 친절과 이해심을 가지고 자신을 대하기가 더 자연스러워질 것이다.

내적 대화를 좀 더 동정적이고 지지하는 어조로 바꾸려면 시간과 지속적인 노력이 필요하다는 점을 기억하라. 자신에게 인내심을 갖고 더 친절하고 공감하는 내면의 목소리를 키워가는 동안 자신의 발전을 축하해주어라.

몸으로 전해지는 두려움을 느끼며, 경계를 두어도 정말 괜찮다고 스스로를 안심시키려면 많은 노력이 필요하다. 하지만 장기적으로 신경계 조절을 지원하는 관계로 발전하려면 양측이 서로 존중하는 가운데 경계를 두는 것이 안전하고 건강하다는 점을 다시 배워야 한다.

알고 지내던 사람들에게 처음으로 경계를 두는 일은 대단히 어렵다. 수백만 년 동안 진화를 통해 프로그래밍이 된 버림받음에 대한 두려움이 당신에게도 깊이 새겨져 있기 때문에 경계를 설정하려 할 때 버림받는 것에 대한 원초적인 두려움이 다시 점화될 수 있다. 건전한 경계를 설정하려면 버림받음을 두려워하는 마음을 안심시키고 사랑과 연민으로 붙들어주어야 한다.

경계에 기반한 관계를 탐색하려면 용기와 확고함 그리고 자신과 타인에 대한 많은 용서가 필요하다. 당신이 처음 경계를 설정하려 할 때 밀착 관계인 사람들이 부정적으로 반응할 수 있으니 굳건하게 버티고 인내하는 것이 중요하다. 시간을 들여 연습하고 자기연민의 마음을 가지면 경계를 정하고 이를 존중하는 데 능숙해진다.

나의 멘토 중 한 명인 제리 콜로나Jerry Colonna는 거절에 대한 두려움에 맞서는 간단하면서도 강력한 이 문장을 가르쳐주었다. "그러고 싶지만 그럴 수가 없군요." 이 말을 적절히 사용하면 두 개인을 하나로 보는 시스템에서 벗어나 개별적이고 독특한 두 개인 간의 진정한 유대에 기반한 관계를 쌓을 수 있다.

다음은 효과적인 경계를 설정하기 위한 몇 가지 지침이다.

1. 항상 행동과 결과로 경계 설정을 뒷받침한다. 예를 들어, 통화할 시간이 5분밖에 없다고 말했다면 실제로 5분 후에 대화를 끝낸다.

2. 직설적이고, 단호하고, 우아하게 말한다.

3. 자신의 경계에 대해 논쟁하거나 방어하거나, 과도하게 설명하지 않는다.

4. 특히 초반에는 지원을 쉽게 받을 수 있도록 준비해둔다.

5. 굳건함을 유지하고 굴복하지 않는다.

건강한 경계의 설정은 정서적 안녕과 양질의 인간관계에 필수적이라는 점을 기억하라.

관계의 균열과 회복

우리는 태어나자마자 사람의 얼굴과 표정을 판독하는 법을 배우기 시작한다. 심지어 유아기에도 뇌의 우선 과제 중 하나는 다른 사람과 관계를 형성하고 관계가 깨졌을 때 이를 회복하는 방법을 알아내는 것이다. 유아와 아동의 신경계는 양육자의 표정을 통해 자신이 보살핌을 받을 수 있는 안전한 관계이니 마음을 놓아도 되는지 아니면 방심하지 않고 자신의 욕구를 충족하기 위해 계속 노력해야 하는지 파악한다. 양육자와 아기의 표정이 일치할 때 그들은 안전하고, 연결되어 있으며, 그런 상태로 쉴 수 있다는 신호를 감지한다.

건강한 양육자와 아기가 서로를 바라볼 때 둘의 표정이 대부분 일치해야 한다고 생각하겠지만, 사실 둘 간의 표정 불일치도 아기가 원활한 신경계를 발달시키는 데 매우 중요하다. 발달심리학자 에드워드 트로닉Edward Tronick은 그 유명한 '무표정 실험'을 통해 아기들이 어떻게 엄마의 표정과 상호작용하며 신경계를 조절하는 법을 배우는지 보여주었다. 트로닉은 자신이 측정했던 건강한 엄마와 아기의 관계에서 둘의 표정이 일치하는 시간이 약 30퍼센트에 불과하다는 사실을 발견했다. 나머지는 엄마와 아기의 표정이 일치하지 않는 균열rupture과 한쪽 또는 양쪽이 서로를 다시 일치시킬 방법을 찾는 회복repair의 시간이었다. 아이가 이런 균열과 회복의 상호작용을 반복해서 연습하면 유연한 신경계를 갖게 된다. 아이의 신경계는 다른 사람의 신경계와 동기화되는 법을 배우고 이를 통해 그린 상태로 되돌아갈 수 있음을 알게 된다.

다른 사람과의 관계에서 오해, 의견 불일치, 갈등과 같은 관계의 균열은 피할 수 없는 부분이다. 발전하는 관계는 관계의 균열을 피하지 않는다. 대신 균열이 발생한 후 관계를 회복하는 데 능숙하다.

초기 발달 과정에 양육자가 관계 회복 기술을 효과적으로 모형화하지 않았다면, 이후 삶에서 대인 관계 갈등을 헤쳐 나가기가 훨씬 더 어렵다. 관계 회복 기술은 우리 안에 있는 청사진과도 같다. 사소한 오해에서부터 큰 언쟁까지 균열이 생기는 순간에 수습할 수 있도록 안내해준다. 이 청사진이 없거나 불완전하면 갈등이 출구 없는 미로처럼 느껴질 수 있다.

관계의 회복을 가르치지 않는 부모의 유형 몇 가지를 예로 들어보자.

- 회피형 부모: 이 유형의 부모는 무슨 수를 써서라도 갈등을 피하려는 경향이 있다. 이들은 의견 충돌이 발생하면 주제를 바꾸거나, 농담을 던지거나, 자리를 뜬다. 이런 행동을 지켜보며 자란 자녀는 어떻게 갈등이 건강하게 해결될 수 있는지 결코 목격하지 못한다.
- 변덕스러운 부모: 이 유형의 부모는 감정이 폭발적이고 예측할 수 없다. 이들은 사소한 불일치에 과민하게 반응해 큰 갈등으로 만든다. 자녀는 이런 감정 폭발을 피하려고 조심스럽게 대처하는 법을 배우지만, 차분하고 신중하

경계 설정의 기본 과정: 실용적인 접근 방식

1. **상황을 파악한다.** 경계를 정하고 싶은 구체적인 상황을 파악한다. 예를 들어 개인적인 문제에 끊임없이 조언을 구하는 친구로 인해 기운이 빠지는 상황이다.
2. **일인칭 표현을 사용한다.** '나' '나의' '내 문제'로 말을 시작한다. 이렇게 하면 대화가 나의 감정과 필요에 집중되어 상대방이 방어적 태도를 보일 가능성이 줄어든다. 예를 들면, "나는 우리 대화가 자주 너의 개인적 문제를 중심으로만 이루어진다는 생각이 들어"라고 말한다.
3. **자신의 감정을 이야기한다.** 그 상황에 대한 자신의 감정적·신체적 느낌을 설명한다. 이는 상대방과 공감대를 형성하는 데 도움이 된다. "그럴 때 나는 기운이 빠지고 몹시 부담스러워"라고 말한다.
4. **요구 사항을 말한다.** 그 상황에서 자신이 원하는 점을 긍정적인 면에 초점을 맞춰 명확하게 표현한다. 예를 들면, "나는 우리 대화가 좀 더 균형을 이뤄야 우리 관계가 더 즐거울 것 같아"라고 말한다.
5. **원하는 결과를 설명한다.** 경계가 실제로 어떤 형태일지 설명한다. 예를 들어, "개인적인 문제를 번갈아 털어놓고 의논하면 어떨까 싶어"라고 말한다.
6. **연습한다.** 실생활에서 이 경계를 표현할 수 있도록 준비한다. 여러 번 소리

내어 말해보거나 글로 써서 표현에 익숙해지도록 한다.

7. **실행한다.** 준비되었다고 생각되면 당사자와 대화를 나눈다. 단호한 태도를 유지해야 한다는 점을 기억하고 이 경계가 자신의 건강에 중요하다는 점을 강조한다.

그러므로 마지막으로 이런 식으로 말한다. "우리 대화가 자주 너의 개인적 문제를 중심으로 이루어진다는 생각이 들어. 그럴 때 나는 기운이 빠지고 몹시 부담스러워. 나에게 필요한 것은 우리 대화가 좀 더 균형을 이루는 거야. 번갈아 가며 개인적 문제를 털어놓고 의논하면 어떨까 싶어."

게 갈등에 맞서고 해결하는 법을 배우지 못한다.

- 침묵으로 일관하는 부모: 이 유형의 부모는 기분이 상하면 차갑게 침묵하며 물러나고 문제를 논의하거나 해결책을 모색하기를 거부한다. 자녀는 갈등이 성장과 이해의 기회가 되기보다는 정서적 포기로 이어진다고 배운다.
- 달래주는 부모: 이 유형의 부모는 항상 평화를 유지하려고 하며, 대개 그 부담은 자신이 떠안는다. 이들은 단지 갈등을 피하기 위해 상대방의 의견에 동의하지 않는데도 동의한다고 말하기도 한다. 이들의 자녀는 갈등 상황에서 자신의 감정과 욕구를 솔직하게 표현하고 타협하려고 노력하기보다 억누르는 법을 배운다.
- 방어적인 부모: 이 유형의 부모는 갈등 앞에서 즉시 방어적인 태도를 보이며, 의견 불일치에 자신도 책임이 있다고 인정하기보다는 다른 사람을 탓한다. 이들의 자녀는 갈등 속에서 책임을 회피하거나 부인하는 법을 배우며, 이는 이해와 화해, 수습 과정을 방해한다.

각 예에서 아이는 관계 균열과 회복의 건강한 절차를 배우지 못한다. 협력적 관계에서는 관계 회복이 가능할 뿐 아니라 대체로 쉽기까지 하다는 사실을 배우지 못한 아이들은 관계의 균열을 두려워하거나, 무슨 수를 쓰든 피하거나, 상대방을 지배하는 등 비협력적인 방식으로 자신의 욕구를 충족하는 방법을 배우게 된다.

어렸을 때 관계의 균열을 회복하는 방법을 배우지 못했다면 성인이 된 후에도 갈등을 겪을 때 갈팡질팡하거나, 두려워하거나, 분노하거나, 방어적 태도를 보일 수 있다. 이런 불편한 상황을 다룰 전략이 없으므로 아예 피하려고 노력하기도 한다.

하지만 지금도 늦지 않았다. 새로운 언어나 새로운 기술을 배울 수 있는 것처럼 갈등을 피하지 않고 건강한 방식으로 맞서는 법도 배울 수 있다. 관계를 회복하는 법을 배우는 일이 특히 아름다운 이유는 이를 통해 더 강하고 깊은 관계를 만들어갈 수 있기 때문이다. 균열이 간 관계를 회복할 때마다 "우리 관계는 나에게 중요하고 나는 이를 위해 기꺼이 노력할 것이다"라고 스스로를 가르치기 때문이다.

관계 회복의 실제 사례

직장에서 힘든 하루를 보낸 미아가 집으로 들어온다. 어깨는 축 처져 있고 발걸음은 느리고 무겁다. 주방 싱크대를 흘끗 보니 씻지 않은 그릇들이 잔뜩 쌓여 있다. 파트너인 알렉스가 설거지를 하겠다고 약속하고는 하지 않았다. 좌절감에 울컥한 미아는 "왜 하겠다고 한 일을 하는 법이 없는 거야?"라고 쏘아붙인다. 알렉스가 미아에게 설거지하겠다고 약속해놓고 소홀히 한 것이 관계 균열의 시작이었고, 미아의 갑작스러운 분노 표출로 균열이 더 심해졌다.

당황한 알렉스는 반사적으로 방어 태세를 보인다. 그가 "나도 바빴다고!"라고 되받아친다. 균열이 심해지면서 실내 온도가 얼마간 올라간다.

하지만 잠시 불편한 침묵이 흐른 후 알렉스가 반성하기 시작한다. 약속을 지키지 않은 그의 행동을 변호하는 것보다 두 사람의 관계와 서로 존중하는 태도가 훨씬 더 중요하다는 사실을 깨닫는다. 이 깨달음은 여러 단계를 거쳐 함께 관계의 문제를 헤쳐 나가는 회복의 발판이 된다.

1. **인정:** 알렉스가 침묵을 깨며 "미아, 당신이 속상하다는 사실과 그 이유를 나도 알고 있어"라고 말한다. 그는 미아의 감정을 인정하고 있다. 이것이 중요

한 첫 단계다. 그가 계속 말한다. "당신 말이 맞아. 내가 설거지를 하겠다고 약속해놓고 안 했어. 내가 잘못한 거야. 내가 약속을 지키지 않아서 당신이 무시당했다고 느꼈을 거야." 이렇게 말함으로써 자신의 실수를 인정한 그는 인정 과정에 기여한다. 이에 공감받고 인정받았다고 느낀 미아는 관계의 균열이 커지는 데 자신이 일조했다고 인정해도 안전하다고 느낀다. "그릇들을 보자마자 반사적으로 화가 났어. 오늘 하루 스트레스가 많았는데 당신에게 화풀이했어. 그건 옳지 못한 행동이었어." 여기서 미아는 자신도 관계 균열의 책임을 진다. 이는 봉합 과정의 또 다른 중요한 요소다.

2. **의도**: 그런 다음 알렉스는 다음과 같이 자신의 의도를 분명히 한다. "미아, 당신에게 무시당하는 기분을 느끼게 하려던 의도는 없었어. 시간 가는 줄 모르고 있었을 뿐이야. 내가 일의 우선순위를 더 잘 정했어야 했어."
3. **사과**: 다음은 사과다. 알렉스는 미아를 바라보며 진심으로 말한다. "약속을 안 지킨 점은 뉘우치고 있어. 실망시켜서 미안해." 이 사과는 구체적이며, 알렉스는 책임을 전가하거나 그의 행동을 정당화하려고 하지 않고 그의 행동에 전적으로 책임을 진다. 미아도 알렉스에게 쏘아붙여서 미안하다고 사과한다.
4. **학습**: 알렉스는 다음에는 다르게 행동하겠다고 이야기한다. "당신이 집에 와서 그릇이 쌓여 있는 걸 봤을 때 기분이 어떨지 헤아리지 못했어. 당신 기분은 나에게 중요하니 다음부터는 시간 관리를 더 잘해서 당신과의 약속을 지킬게."
5. **정정**: 마지막 조치로 알렉스는 대화가 끝나자마자 설거지를 시작함으로써 상황을 정정한다. 또한 그는 미아가 약속을 잘 지킨다며 친근한 농담을 건네, 다시 미아가 공감받고 존중받는다는 느낌을 받도록 한다. 두 사람은 다시 서로를 향한 유대감과 사랑을 느끼며 관계 회복을 마친다.

알렉스가 설거지를 끝내고 나서 두 사람은 마주 앉아 앞으로 어떻게 집안일을 관리할지 이야기하기로 한다. 이 대화는 비슷한 관계 균열을 예방하기 위해 두 사람이 함께 노력하는 회복 과정을 보여준다.

이 이야기에서 관계 회복의 핵심은 관계에 대한 두 사람의 헌신, 실수를 기꺼이 인정하려는 마음, 사과할 준비가 된 자세 그리고 향후 균열을 예방하기 위한 노력이다. 이 요소들이 결합해 균열과 회복의 건강한 순환이 이루어지며 유대감을 강화하고 미래의 갈등을 효과적으로 헤쳐나가도록 가르친다.

관점의 변화는 사회적 관계를 어떻게 개선하는가

당신이 모든 것을 덜 친근하게 또는 더 어렵게 보이게 하는 안경을 쓰고 있다고 상상해보라. 그럴 때 당신은 사회적 관계가 불편하거나 불안하게 느껴지기 시작한다. 여러 사람과 함께 있을 때 당신만 밖에서 안을 들여다보는 것처럼 아주 안전하지도 않고, 거기 소속되지도 않은 사람 같은 느낌이 든다. 사람들에 둘러싸여 있을 때도 외로움과 단절감이 더 심해진다.

사회적 교류를 어떻게 바라보는지가 그 교류의 결과를 크게 좌우한다. 때로는 당신의 렌즈가 자기충족적 예언이 될 수 있다. 예를 들어, 아무도 당신을 좋아하지 않는다는 왜곡된 견해를 가지고 있으면 사람들에게 방어적으로 행동하게 되어 실제 사람들이 당신과 함께 있는 것을 즐겁게 여기지 않는다. 과학적 연구 결과에 따르면, 사람들이 나를 해치려 한다는 위협 중심적 관점에서 사람들을 잠재적인 친구나 협력적 파트너로 보는 협력적 관점으로 사회적 렌즈를 조정하면 외로움이 감소한다.

자신의 관점을 이해하고 이를 바꾸기 위해 의식적으로 노력할 때 사람들과 연결되어 있다는 느낌이 증가하고 고립감은 감소한다. 이런 관점의 변화는 사회적 관계를 개선하고, 신경계 조절 능력을 키우고, 전반적인 건강과 행복감을 증진한다.

비교의 함정에서 벗어나기

비교는 본능적인 인간 경험이다. 비교는 모든 사람이 흔히 자기도 모르게 하는 행동이다. 우리는 세상에서 자신의 위치와 정체성을 이해하기 위해 다른 사람들과 자신을 비교한다. 하지만 우리는 다른 사람들의 행복은 과대평가하고 어려움은 과소평가하는 경향이 있어서 혼자만 힘들다고 느낄 때가 많다. 바로 이 때문에 비교 행위는 자기의심과 고립의 길로 우리를 이끈다.

다른 사람과 자신을 비교하는 방식은 태도, 행동, 건강, 동기부여, 웰빙에 큰 영향을 미친다. 또한 대개 마음의 평화를 희생하면서 더 높이 오르기 위해 끊임없이 노력하는 계층 구조 안으로 자신을 밀어 넣는다. 하지만 꼭 그래야 할 필요는 없다. 비교가 자신에게 어떤 영향을 미치는지 이해하면 자신을 다른 사람과 비교하는 자연스러운 경향을 더 건강한 방식으로 바라볼 수 있다.

다른 사람과 자신을 비교하는 마음이 들기 시작할 때 원형 밸런스 보드에 올라가는 것과 같다고 상상하라. 그 보드는 여러 방향에서 내려올 수 있다. 어떤 방향으로 내려올 때는 비교의 함정에 빠지게 되고 그 안에서 위협과 불안을 느끼게 된다. 비교의 함정은 투쟁-도피 반응fight-or-flight response을 촉발하고 판단이 흐려지게 한다. 비교의 함정이 가져오는 결과 중 하나는 자신이 다른 사람보다 우월하다고 느끼면서 사람들을 '자기보다 아래'로 보는 경쟁적인 자세다. 또는 자신이 '기준에 미치지 못하거나' 자격이 없다고 인식해 분노, 두려움, 수치심을 느끼는 방향으로 갈 수도 있다.

그런 방향 대신에 호기심의 방향으로 내려올 수도 있다. 당신은 인식 단계에서부터 호기심과 연민을 연습해왔다. 호기심은 자신과 주변 세계를 편견 없이 관찰하고 이해할 수 있게 해준다. 호기심을 가지면 열린 마음으로 생각과 감정, 신체 감각을 인정할 수 있다. 다른 사람과 자신을 비교했던 경험을 호기심을 가지고 다시 바라볼 때 자신과 다른 사람에 대한 연민이 생겨나고 수용하는 마음과 협력하고 싶은 마음이 샘솟는다.

밸런스 보드에서 균형 잡는 법을 배우려면 떨어졌다 다시 올라가기를 반복해야 하듯이 비교의 함정에 빠질 때마다 재빨리 알아차리고 호기심 쪽으로 방향을 전환하라. 한창 비교 중인 자신을 발견하면 잠시 멈추고 개의 마음에서 사자의 마음으로 전환하라. '지금 내 기분은 어떻지?'라고 자신에게 물어보라. 안전하지 않거나 불편하다는 기분이 든다면 조절 단계의 포털을 활용해 안전감을 먼저 느껴라.

더 이상 불편한 감정에 압도되지 않게 되면 비교하는 마음이 드는 이유에 호기심이 생길지도 모른다. 예를 들어 비교는 지위나 인정, 재정적 안정, 자신감, 사회적 관심, 모험 정신과 같은 자질이나 업적에 대한 동경 또는 욕구에서 생겨난다. 당신의 성장 과정이나 문화적 배경에서 이런 열망이 미묘하게 억제되거나 가치 있게 여겨지지 않았을 수도 있다. 하지만 이런 인간의 욕구와 욕망은 보편적이고 자연스러운 것이다. 이 점을 인식하면 다른 사람을 부러워하는 부정적인 비교에서 벗어나 이런 영역에서 성공한 사람을 멘토로 삼을 수 있다.

우리 마음이 다른 사람과 자신을 비교하는 또 다른 이유는 단순히 우리의 강점을 이해하고 우리가 사회에 어떻게 적응할 수 있는지 알아보기 위해서다. 비교의 함정을 피할 수 있을 만큼 기본적인 자존감을 충분히 키웠다면, 자신과 자신의 장점을 다른 사람과 비교하고 평가하는 일이 매우 유용할 수 있다. BIG5 성격검사Big Five Personality Test와 같이 과학적으로 검증된 성격검사는 자신을 이해하고, 판단하지 않으면서 다른 사람들과 자신을 비교할 수 있는 한 가지 방법이다. 하지만 부정적인 자기 평가에 빠지거나 신체 감각이 좋지 않은 신호를 보낸다면 자존감을 더 키운 후에 사회적 비교를 해도 늦지 않다. 회복 단계로 돌아가 애착 훈련, 특히 핵심 애착 욕구 중 기쁨의 표현을 훈련하자. 이는 자존감을 높이는 가장 효과적인 방법이다.

비교는 인간의 정상적인 사회적 행동이며 본질적으로 나쁜 것은 아니다. 하지만 자존감이라는 탄탄한 배경이 없는 비교는 당신을 함정에 빠뜨릴 수 있다. 비교의 함정에 빠지면 건강하지 못한 관계를 맺거나 신경계 조절 능력이 떨어질 수 있다.

비교의 함정에서 벗어나려면 회복 단계의 활동을 통해 자존감을 키워라. 그리고 비교하는 마음이 드는 순간, 위협받는 개의 마음에서 호기심 많은 사자의 마음으로 전환하라. 자존심과 호기심이 있는 상태에서의 비교는 자신의 욕구, 필요, 성격에 관해 더 많은 것을 발견하는 건강하고 즐거운 활동이 된다.

외로움 치유하기: 개인적 행동과 사회적 변화

외로움은 건강에 큰 타격을 준다. 일부 연구에 따르면, 사회적 교류가 충분하지 않을 때 조기 사망 확률이 무려 50퍼센트나 증가한다. 외로움은 스트레스 수준을 상당히 증가시키고, 신경계 조절 장애에 일조하는 핀볼 효과가 발생하는 데 중요한 역할을 한다. 하지만 외로움에 대처하기 위해 우리가 할 수 있는 일은 아주 많다.

외로움에 대처하는 조치는 투 스텝 댄스로 생각하면 된다. 첫 스텝은 개인적 조치다. 이 책에서 지금까지 설명한 모든 조치가 여기에 포함된다. 두 번째 스텝은 다른 사람들과 관계 맺기다. 그룹 활동에 참여하거나, 지원 단체에 참가하거나, 공동 식사나 정원 가꾸기 프로젝트, 강습 등 지역사회 활동에 참여하는 것이다. 그리고 요즘 같은 디지털 시대에는 온라인 프로그램을 통해 같은 생각을 가진 커뮤니티에 들어갈 수도 있다.

개인 차원에서 외로움을 해결하는 것도 중요하지만, 많은 사회 정책과 문화적 습관도 개인의 외로움에 큰 영향을 미친다. 지방 정부는 심신 건강을 위한 자금 지원이나 지역사회 참여 촉진을 위한 계획 등 사회적 고립을 해결하는 정책을 시행하기도 한다. 토지 이용 규제법을 개정해 '제3공간'third place, 즉 사람들이 상품을 소비하기보다 함께 시간을 보내기 위해 사회적으로 모일 수 있는 집과 직장 밖의 편안한 장소가 늘어나도록 장려할 수도 있다. 공원, 커뮤니티 센터, 도서관 등 사회적 교류를 촉진하는 공공장소는 사람들이 모이는 데 도움이 되는 제3공간이다. 의료 전문가들은 정기 건강 검진에 사회적 관계에 관한 질문을 포함할 수 있다. 외로움을 겪고 있거나 앞으로 겪을 수 있는 사람들을 파악함으로써 건강 계획에 관계 맺기를 포함한다. 회사는 팀 빌딩 활동team building(개인들의 업무 능력, 소통 능력, 문제 해결 능력을 향상해 조직의 효율을 높이려는 경영 기법 – 옮긴이)이나 멘토링 프로그램, 휴식을 위한 공동 공간 설치 등 직원들 간의 사회적 관계를 장려하는 프로그램을 마련할 수 있다. 또한 보건의료 자원을 제공하고 일과 삶의 균형을 지원하는 문화를 조성할 수도 있다.

우리 모두가 행동, 대화, 지지, 투표를 통해 사회적 관계를 증진하고 외로움을 줄이는 정책과 문화가 실시되도록 이바지할 수 있다. 외로움을 덜 느끼기 위해서는 당장 실천할 수 있는 실용적인 전략을 활용해 충족감과 의미를 주는 사회적 관계를 더 많이 만들어야 한다. 여기 당신

사회적 유대를 높이기 위한 실천 전략	
단체 활동	**공유 경험**
• 음악 페스티벌 또는 콘서트 참석	• 동료 지원 단체 참여
• 종교 또는 영성 행사 참여	• 공동 식사 주최 또는 참석
• 스포츠 행사 참여	• 지역사회 정원 가꾸기 참여
• 사회 운동 및 정치 활동 참여	• 북클럽 참여
• 그룹 운동 강좌 등록	• 취미 또는 관심 단체 가입
• 문화 행사 또는 미술 전시회 참석	• 지역 단체에서 자원봉사
• 지역사회 연극 또는 공연 예술 참여	• 워크숍이나 강습 참석
• 사교댄스 행사 참석	• 게임의 밤 주최 또는 참석
• 지역 커뮤니티 축제 참석	• 동네 청소 참여
• 단체 여행 또는 모험 참여	• 기술 공유 모임 참여
• 그룹 명상 또는 요가 시간 참여	• 포틀럭 파티 주최 또는 참석
• 지역 가게의 퀴즈 행사 참여	• 지역 스포츠 또는 레크리에이션 팀 가입
• 지역사회 합창단 또는 합주단 참여	• 공동 DIY 프로젝트 참여
• 특정 주제의 사교 행사나 파티 참여	• 돌봄 그룹 참석
• 야외 예술 시설 또는 조각 공원 방문	• 자연 사진 나들이 참여
• 야외 콘서트 또는 라이브 음악 행사 참석	• 야외 스케치 모임 참여
• 자연 산책 또는 삼림욕 참여	• 야외 영화의 밤 주최 또는 참석
• 단체 조류 탐사 또는 야생 동물 투어 참여	• 창의적 글쓰기 모임 참여
• 야외 미술 또는 음악 워크숍 참여	• 시 낭독회 참석 또는 조직

에게 도움이 될 만한 실용적인 전략들을 정리해보았다. 이 목록을 참고해 사회적 유대감을 높이기 위해 시도할 수 있는 경험에 대한 아이디어를 얻어라. 이런 경험에는 더 큰 집단의 일원임을 느낄 수 있는 집단 활동이나 행사, 좀 더 친밀한 맥락에서 관계를 맺고 우정을 쌓을 수 있는 경험이 모두 포함된다.

• 자연과의 교감

내가 이탈리아에서 자랄 때 나를 포함한 모든 어린이에게 이탈리아 시를 암송하는 일은 중요한 과제였다. 그것은 조국의 풍부한 전통과 문학에 입문하는 통과의례였다. 암기를 몹시 싫어했던 내게도 성 프란치스코의 유명한 시 〈피조물의 찬가〉Canticle of the Creatures를 암송했던 일은 어린 시절의 소중한 추억이 되었다. 드넓은 숲을 배경으로 새, 늑대, 양과 이야기를 나누는 성 프란치스코의 겸손한 모습을 그림으로 그렸던 기억도 난다.

아시시의 성 프란치스코는 이탈리아인들이 사랑하는 13세기의 수도사였다. 그의 세계관이 지닌 본질은 자연과의 깊은 교감이다. 그는 모든 생물을 가족으로 여겼다. 어린 시절 나에게 큰 영향을 미친 〈피조물의 찬가〉에서 그는 이렇게 읊조린다.

> 저의 주님, 주님의 모든 피조물과 함께 찬미 받으소서,
> 특히 형제인 태양으로 찬미 받으소서.
> 태양은 낮을 가져오고 주님께서는 태양을 통해 빛을 주시나이다.

태양은 아름답고 찬란한 광채를 내며
지극히 높으신 주님의 모습을 담고 있나이다.
저의 주님, 누이인 달과 별들로 찬미 받으소서.
주님께서는 하늘에 달과 별들을 맑고 사랑스럽고 아름답게 지으셨나이다.

저의 주님, 형제인 바람과 공기로 찬미 받으소서,
흐리거나 맑은 온갖 날씨로 찬미 받으소서.
주님께서는 이들을 통해 피조물들을 길러주시나이다.

저의 주님, 누이인 물로 찬미 받으소서.
물은 유용하고 겸손하며 귀하고 순결하나이다.

저의 주님, 형제인 불로 찬미 받으소서.
주님께서는 불로 밤을 밝혀 주시나이다.
불은 아름답고 쾌활하며 활발하고 강하나이다.

저의 주님, 누이요 어미인 땅으로 찬미 받으소서.
땅은 우리를 지탱하고 다스리며
형형색색 꽃과 허브와 다양한 열매를 맺게 하나이다.

이 시는 단순히 기도나 시가 아니다. 사랑과 존중, 조화에 대한 교훈이다. 오랫동안 나와 함께해온 교훈이기도 하다.

성 프란치스코는 '누이요 어미인 땅'을 양육자 어머니, 즉 우리를 지탱하고 다스리는 존재로 보았다. 땅을 '누이'이자 '어머니'로 보는 것은 우리와 자연 세계의 관계에 대한 성 프란치스코의 심오한 이해를 보여준다. 그는 우리가 자연과 분리된 존재가 아니라고 인식했다. 지구상의 모든 생명체가 같은 어머니의 자식으로, 어머니가 제공하는 같은 자원을 공유한다고 보았다. 그는 태양을 '형제인 태양', 달을 '누이인 달' 등으로 부르며 자연의 모든 요소와의 깊은 유대감과 동등 의식을 보여주었다. 이 관계는 지배나 착취의 관계가 아니라 상호 존중과 감사의 관계였다.

자연과의 관계가 우리에게 미치는 영향에 관한 과학적 연구는 자연과의 관계가 신경계 건강에 중요하다는 고대의 지혜를 결과로 밝혀내기 시작했다. 자연이 신경계에 미치는 영향에 관한 한 가지 이론으로는 1984년 로저 울리히Roger Ulrich의 연구에서 나온 스트레스 감소 이론이 있다. 울리히는 자연경관이 보이는 창문이 있는 병실의 환자가 그런 창문이 없는 병실의 환자보다 수술 후 통증이 적고 회복도 빠르다는 관찰 결과를 보고했다. 그 이후에 발견된 중요한 추가 증거들이 이 이론을 확증하고 확장했다. 그 증거들에 의하면 자연환경에서 시간을 보내는 사람들은 인공적인 환경에서 거의 모든 시간을 보내는 사람들보다 스트레스를 덜 받고, 긍정적인 시각을 가졌으며, 전반적으로 인생에 대한 만족도 더 높았다.

자연이 우리 신경계에 미치는 심대한 영향을 설명하는 또 다른 유명한 모델로는 미시간대학교의 심리학자 스티븐 캐플런Stephen Kaplan과 레이철 캐플런Rachel Kaplan의 주의력 회복 이론이 있다. 캐플런 부부는 상당량의 데이터 수집을 통해 빠르게 돌아가는 현대 생활에서 오는 정신적 피로의 회복에 자연이 어떻게 도움이 되는지 보여주었다. 캐플런 부부의 이론에 따르면 자연은 우리의 바쁜 주의력을 부드럽게 분산시켜 긴장을 풀고 재충전할 수 있게 해준다. 자연은 고요한 광경과 소리로 부드럽고 세심하게 우리의 주의를 사로잡는다. 그러나 어떤 정신적인 노력도 요구하지 않아 과학자들은 이를 '부드러운 매혹'soft fascination이라고 부른다. 그저 과로한 마음이 숨을 돌릴 수 있게 해주므로 우리는 상쾌한 마음으로 돌아와 새로운 집중력과 에너지로 작업을 수행할 수 있다.

모든 감각을 열고 숲속을 걷고 있다고 상상해보라. 발밑에서 나뭇잎이 바스락거리는 소리, 멀리서 새가 지저귀는 소리, 나무를 스치는 바람 소리가 들려온다. 나뭇잎의 선명한 초록색, 빛과 그림자의 유희가 보인다. 흙내음, 나뭇잎의 싱그러움, 야생화의 은은한 향내가 난다. 손가락 아래에 닿는 나무껍질의 질감, 피부를 스치는 시원한 바람, 발밑의 고르지 않은 땅이 느껴진다. 운이 좋다면 새콤달콤한 산딸기나 시원한 샘물도 맛볼 수 있다.

자연 세계로 우리의 감각을 열 때 복잡한 잎맥, 부드럽게 구구거리는 비둘기 소리, 수관부를 뚫고 들어오는 햇빛 등 이전에는 간과했던 것들이 눈에 들어오기 시작한다. 시간이 지남에 따라 자연의 리듬과 주기 그리고 그 속에서 우리의 위치가 어떠한지 더 잘 알게 된다. 자연과의 이런 깊은 교감은 평화로움과 평온함을 느끼게 해준다. 마치 집에 돌아온 듯한 느낌이다. 자연과 분리된 느낌이 아니라 자연 속 우리의 위치로 돌아오는 느낌, 이것이 자연과의 관계의 **본질**이다.

오감으로 즐기는 삼림욕

이 방법은 리안다 린 하우프트Lyanda Lynn Haupt의 저서 『루티드』*Rooted*에 나오는 '흙을 묻히며 삼림욕 하기'에서 영감을 받은 것이다. 오감 삼림욕을 하면 신경계를 진정시키고 레드 또는 옐로 상태에서 그린 상태로 전환할 수 있다. 이 짧고 간단한 방법의 실천만으로 얼마나 빠르고 쉽게 신경계가 그린 상태로 바뀌는지 확인해보라.

오감 삼림욕을 꾸준히 실천하면 자연 세계와의 관계에서 훨씬 더 중요한 변화를 느낄 수 있다. 대지는 신경계가 근거하고 뿌리 내릴 또 다른 기반이 된다. 대지는 사랑하는 어머니처럼 항상 곁에 있으면서 당신을 지지하고 위로하며, 당신의 긴장과 걱정을 모두 받아줄 준비가 되어 있다. 정기적으로 오감 삼림욕을 하면 자연과의 관계가 강화된다.

숲속 산책은 단순히 다리를 쭉 뻗거나 폐에 공기를 채우는 행동이 아니다. 감각의 통솔을 따라 숲이 제공하는 모든 것을 온전히 경험하려는 행동이다.

- **발길이 이끄는 대로 걷기 시작하라. 신발 아래의 고르지 않은 숲길, 나뭇잎이 바스러지는 소리, 나뭇가지가 부러지는 소리를 느껴라. 마치 길에서 벗어**

나라는 은밀한 초대처럼 군데군데 자란 이끼의 감각에 놀라움을 느껴보라.

- 지나갈 때 팔에 스치는 덤불을 피하지 마라. 부드럽게 간질이는 나뭇잎이 마치 자연이 '안녕'이라고 속삭이는 듯하다. 운이 좋다면 숲이 은밀한 악수를 청하듯 우아한 나비 한 마리가 아주 잠시 손에 앉았다 날아갈 것이다.
- 코도 당신을 이끌게 하라. 축축한 흙에서 올라오는 짙은 흙내음, 톡 쏘는 솔향, 야생화의 달콤한 향기를 들이마셔라. 한 호흡, 한 호흡이 숲과의 대화 같아서 향기마다 각기 다른 이야기를 들려줄 것이다.
- 숲의 사운드트랙을 들어보라. 바스락거리는 나뭇잎 소리, 멀리서 지저귀는 새소리, 근처 개울물이 졸졸 흐르는 소리 등 숲이 들려주는 자장가를 들어보라. 숲은 들을 마음이 있는 사람에게 그런 식으로 비밀을 들려준다.
- 눈을 크게 뜨고 초록색 모자이크, 나뭇잎 사이로 어른거리는 햇살, 나무 위로 번개처럼 뛰어오르는 다람쥐를 감상하라. 각각의 광경은 숲이 마음을 살짝 내보여주는 선물이다.
- 맛은 어떤가? 그렇다. 숲의 맛도 보아라. 비가 온 후 약간 톡 쏘는 공기의 맛, 덤불에서 따온 달콤한 산딸기의 맛 등 숲 자체의 맛이 있다.
- 이 시간 동안 마음이 주변 숲과 진정으로 교감하게 이끌어라. 숲을 살아 숨쉬게 만드는 세세한 것들에 집중하는 시간을 가져라. 당신은 단순히 나무들 사이에 서 있는 것이 아니다. 당신은 숲의 맥박, 활력, 핵과 동기화되면서 한데 얽힌다. 세세한 것들에 마음이 부드럽게 사로잡히게 하라. 이것이 바로 부드러운 매혹의 본질이다.
- 삼림욕을 끝낼 무렵에는 숲 일부가 당신의 존재 속으로 스며들어 더 안정되고, 연결되어 있고, 살아 있는 듯한 느낌을 받는다. 당신을 보는 사람이라면 누구나 당신이 어디를 다녀왔는지 궁금해하고 당신의 발자취를 따라가고 싶은 갈망을 느낄 것이다.

• 아름다움, 창의성과 연결되기

티베트의 험준한 산봉우리에서 일곱 살 아이와 열두 살 아이가 부드러운 석회암에 작은 손과 맨발을 대고 자신들의 흔적을 남기며 깔깔거리는 소리가 산 전체에 울려 퍼진다. 아이들은 모르겠지만, 존재의 의미에 대한 더 깊고 상징적인 의미를 담은 그들의 순수한 행동이 만들어 낸 장난스러운 모자이크는 20만 년이 지나도 그대로 남을 것이다. 최근 데이비드 장David D. Zhang과 그의 연구팀이 발표한 연구에서 묘사한 이 모자이크는 예술의 원초적 본질을 보여주는 증거다. 다른 연구도 4만 년 전으로 거슬러 올라가는 선사 시대 예술 형태를 인도네시아와 유럽에서 찾아냈다. 이 모든 유적은 창의성과 미의 창조, 감상이 우리의 신경계를 우리 자신 너머로 연결하려는 고대 인류의 본능임을 상기시킨다. 그것들은 아주 깊이 자리한 우리의 본성을 주변 세계, 더 나아가 생명과 우주, 존재 자체의 위대한 신비와 연결 짓도록 도와준다.

예술이 신경계에 미치는 영향은 최근 신경미학neuroaesthetics에서 연구가 활발하게 이루어지고 있는 주제다. 신경미학이란 신경과학, 미술사, 심리학을 결합해 예술과 뇌의 관계를 이해하려는 새로운 학문 분야다. 아름다움을 창조하거나 감상하는 많은 활동이 신경계에 긍정적인 영향을 미친다는 사실이 과학적으로 입증되었다. 예를 들어, 스케치하기나 색칠하기는 불안 수준을 낮춰주는 간단한 활동이다. 연구에 따르면 이런 활동은 마음을 진정시키고, 심박수를 늦춘다. 한 연구에서는 만다라 색칠하기가 노인들의 불안을 줄이는 데 도움이 된다는 사실을 보여주었다.

명상 수련과 촉각 미술 경험을 결합한 마음챙김 기반 미술 치료

mindfulness-based art therapy 역시 객관적 이점이 있다. 이 치료는 수면을 개선하고, 불안과 스트레스 증상을 완화하며, 혈압까지 낮춰준다.

시를 읽거나 쓰면 독특한 뇌 영역이 활성화된다. 시의 리듬과 소리 패턴은 일반적인 말하기나 글쓰기와는 다른 뇌 영역을 자극한다.

스케치, 채색화, 점토 조각과 같은 시각 예술은 뇌에 실질적이고 긍정적인 영향을 미친다. 케이크 장식과 스크랩북 만들기 등 다양한 활동에 포함되는 창의적인 시각적 표현은 뇌의 보상 경로를 활성화한다. 한 연구에서는 45분 동안 예술 작품을 만들었을 때 스트레스 호르몬 수치가 크게 떨어졌는데, 이런 결과는 숙련된 예술가와 초보 예술가 모두 마찬가지였다.

전신을 사용하는 예술인 무용도 있다. 연구에 따르면 무용수들은 몸의 움직임을 통해 표현되는 감정에 더 예민하다고 한다. 따라서 전문 발레리나든 거실 카펫 위에서 춤을 추는 사람이든, 춤은 자신의 감정과 타인의 감정을 연결하는 데 도움이 된다.

528헤르츠Hertz의 음악이 스트레스와 불안을 줄인다는 연구 결과가 보여주듯 음악 소리의 주파수도 우리에게 영향을 미친다.

그러므로 그림을 그리든, 시를 쓰든, 좋아하는 노래에 맞춰 춤을 추든, 창의적인 자기표현에 몰두하는 활동은 신경계에 이롭다. 창의성과 아름다움은 그 순간 신경계의 조절 능력을 높여 신경계를 그린 상태로 쉽게 되돌린다. 또한 아름다움에 몰입하고 창의적인 활동을 하면 시간이 지남에 따라 신경계가 주변 세계와 연결되는 또 다른 연결 고리가 만들어진다.

창의적인 표현은 인간 존재의 기본적 측면이다. 예술 작품을 만들고, 자신을 표현하고, 아름다움을 감상하려는 타고난 창조 본능과 연결되면 신경계가 가장 친밀한 자아나 역동적인 주변 세계와 더 깊이 있게 연결되면서 장기적으로 전반적인 조절력, 유연성, 회복탄력성이 향상된다.

관계 단계가 끝나면 5단계 계획을 처음 시작했을 때보다 신경계가 훨씬 더 유연해지고 조절이 잘 되는 것이 느껴질 것이다. 오랫동안 신경계 조절 장애로 인해 누적된 신체 손상이 상당 부분 회복되기 시작하는 것을 느낄 수도 있다. 혹시 오래된 증상이 극적으로 감소하는 느낌이 없더라도 낙담하지 마라. 오랜 시간 신체 손상이 누적되었으므로 이를 되돌리는 것도 하룻밤 사이에 되지 않을 것이다.

하지만 이제 신경계가 원활하게 조절되기 시작했고 주변 세계와도 연결되었다. 마침내 신경계는 자체적으로 회복될 뿐 아니라 다른 신체 기관을 복구해 만성 증상을 완화한다. 일상생활에서 컨디션이 나아지기 시작하면서 마지막 단계인 확장 단계로 진입할 기회가 주어진다.

신경계가 조절이 비교적 매일 잘 이루어질 때까지는 확장 단계를 시작하는 것이 적절하지 않다(언제든 1장으로 돌아가 현재 신경계 조절 수준을 다시 테스트하자). 5단계 계획처럼 구조화된 계획을 따르지 않을 때 사람들이 흔히 저지르는 실수 중 하나는 신경계의 조절이 완전해지기도 전에 신체 회복력 강화나 마인드셋 연습 같은 훈련을 통해 신경계의 수용 능력을 확장하려고 시도하는 일이다.

이런 활동은 너무 일찍 시작하면 오히려 역효과를 불러와 치유 과정을 방해한다. 하지만 신경계 조절이 개선된 적절한 시기에 이런 활동을 도입하면 신경계 건강을 지탱하는 네 기둥이 튼튼해져 치유 여정에 큰 도움이 된다.

이것은 네 번째 기둥인 영성, 즉 삶에서 자신보다 더 큰 무언가와 연결되는 방법을 보여주는 단계이기도 하다. 다음 단계인 확장 단계에서 소개할 방법은 에너지와 활력을 불러일으키고, 삶의 모든 측면에서 당신을 더 안정감 있게 만들어줄 것이다.

자신을 표현하라

자신을 예술적으로 표현하는 일은 유대감을 키우고 신경계 조절 능력을 강화하는 데 매우 효과적인 방법이다. 아름다움을 감상하고 창의적으로 자신을 표현하는 데 도움이 되는 몇 가지 방법을 소개한다.

- **다양한 예술 형식을 탐색한다:** 예술에는 등급이 없다. 그림, 스케치, 춤, 글쓰기, 음악 등 모든 예술 형태에는 고유한 매력과 이점이 있다. 핵심은 탐구하고 실험하는 것이다. 예를 들어, 오늘은 저녁노을의 생생한 색채를 담아내는 수채화에 더 마음이 가지만, 내일은 시를 통해 자신을 표현하거나 춤의 리듬에 몰입하는 것에 더 끌릴지도 모른다. 예술의 아름다움은 다양성에 있다. 그러니 자신을 제한하지 마라.
- **여러 감각을 활용한다:** 예술은 여러 감각이 관여하는 경험이다. 그림을 그릴 때 캔버스 위 붓질을 느끼고, 색의 혼합에 주목하고, 물감 냄새를 맡고, 주변의 잔잔한 소리에 귀를 기울여라. 춤을 추고 있다면 발에 닿는 바닥의 느낌, 음악의 리듬, 몸의 움직임에 주의를 기울여라. 모든 감각을 사용함으로써 해당 활동과 주변 세계와 더 깊이 연결된다.
- **완벽할 필요는 없다:** 전문가나 직업 예술가가 아니어도 걱정하지 마라. 예

술은 개인적인 여정이며 결과물뿐 아니라 창작의 과정도 중요하다. 따라서 메모장에 끼적이든, 전원을 연결하지 않은 기타를 치든, 손으로 점토를 빚든, 완벽함이 아니라 표현하는 것이 중요하다는 점을 기억하라.

- **전문가에게 배워보라:** 필요하다면 안전한 표현의 공간을 제공하고 예술이 건강한 삶에 어떻게 기여하는지 알려줄 전문 미술치료사의 지도를 받는 것도 고려해보라.
- **예술 활동을 습관화한다:** 꾸준히 하면 예술의 이점을 더 누릴 수 있다. 매주 '예술 시간'을 따로 정해두라. 매주 토요일 아침 한 시간 동안 그림을 그리거나 매일 5분 동안 낙서하는 식이다.
- **사자의 마음으로 전환한다:** 창작하는 동안은 그 순간에 집중한다. 이야기를 쓰고 있다면 그 이야기에 몰입한다. 춤을 추고 있다면 동작과 음악에 몸을 맡긴다.
- **예술 활동을 통해 감정을 표현한다:** 예술은 감정을 표현하는 효과적인 출구가 된다. 예를 들어, 스트레스를 받고 있을 때는 원색의 강렬한 추상화를 그리고 싶어진다. 차분하고 평화로운 기분이 들 때는 평화로운 풍경 스케치를 선호할 수도 있다.
- **집단 예술 활동에도 참여한다:** 댄스 수업이나 지역사회 벽화 프로젝트, 북클럽 같은 그룹 활동에 참여해본다. 공동체 의식이 커지고, 새로운 아이디어가 떠오르는 등 예술 경험에 관계적 측면이 더해진다.

목표는 창작 과정을 즐기면서 자아와 주변 세계에 더 깊이 연결되는 데 있음을 기억하라. 그러니 붓이나 컬러링북을 집어 들고, 댄스화 끈을 묶고, 공책에 글을 쓰면서 창의력을 발산해보라.

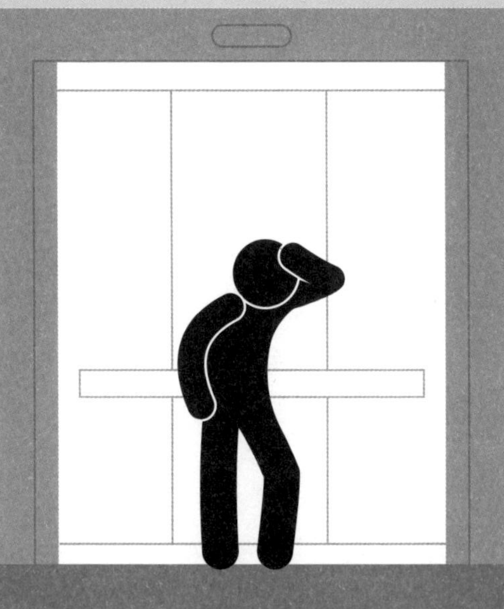

5단계 '확장': 더 큰 도전을 위한 역량 키우기

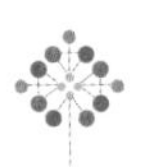

마침내 신경계 조절 장애의 치유를 위한 여정의 마지막 단계까지 왔다. 설명에 들어가기에 앞서 이전에 배웠던 것을 잠깐 복습해보자.

신경계 조절 장애에서 회복하기 위한 5단계 계획을 시작하기 전에 당신은 기본적인 일상 습관과 루틴을 세웠다. 이 습관들은 치유 여정 중 특히 힘든 시기에 버팀목 구실을 하는 기본 구조가 된다.

5단계 계획은 신체적·정서적 고통을 성급히 해결하려 하지 않고 온전히 받아들이는 데 집중하는 **인식**으로 시작된다. 개의 마음에서 사자의 마음으로 전환하고, 개방적이고 연민 어린 태도를 유지함으로써 고통을 있는 그대로 이해하고 받아들이는 연습을 한다. 이 단계는 당신의 반응에 '일시정지' 버튼을 눌러 고통과 함께할 시간을 마련해준다.

그 다음에는 인식에 **조절**을 추가한다. 조절 단계에서는 자기 몸을 다시 신뢰하기 시작한다. 신체 훈련과 감정 조절을 통해 두려움, 불안, 호기심을 줄이면서 스트레스 요인에 직면하게 해 결국 생각, 감정, 신체 감각에 주도권을 갖는다. 이 단계에서는 무력감을 느끼지 않고 스트레스 요인이라는 파도를 타는 법을 학습한다.

다음으로 가장 깊은 상처와 오래된 대처 전략을 마주하는 **회복** 단계를 추가한다. 이 단계는 느리고 신중한 접근이 필요한 섬세한 과정이다. 하지만 인내하며 대처 전략을 재평가하고, 어린 시절 놓쳤던 조절 패턴을 신경계에 훈련시키고, 내장형 알람을 해제하고, 직관을 되찾음으로써 신경계의 유연성을 재건한다.

네 번째 단계인 **관계**는 관계에서 자율성과 개성에 대한 새로운 감각을 경험하기 시작하는 단계다. 이 단계의 핵심은 다른 사람들이나 주변 세계와 더 잘 어울리게 되는 것이다. 이 단계에서는 여전히 연민을 느끼면서 감정을 절제하는 법을 배운다. 경계를 설정하는 데 능숙해짐으로써 지치지 않고 사람들과 어울릴 수 있음을 알게 된다. 더불어 자연과 조화를 이루는 능력을 기르고 자신만의 창의적인 표현을 통해 모든 생명체와 상호 연결되어 있다는 느낌을 강화한다.

이제 신경계 조절 장애를 되돌리기 위한 5단계 계획의 마지막 단계인 **확장**으로 넘어간다. 이 단계에서는 자신의 한계점을 넓혀 어디까지 나아갈 수 있는지 확인한다. 자신의 강점을 살려 호기심과 용기를 가지고 자신 앞에 펼쳐지는 인생을 마주한다. 이 단계에서는 마음의 경계를 넓히고, 몸이 느끼는 스트레스를 활용해 신경계 건강을 증진하고, 경외감을 경험함으로써 신경계의 역량을 확장한다. 경외감은 신경계 건강의 네 번째 기둥인 영성을 키울 수 있는 훌륭한 길이다. 확장 단계에서는 신경계 건강의 네 기둥을 모두 강화하는 데 집중한다. 네 기둥이 더 강해지면 신경계를 점점 더 잘 지탱해 충만한 삶을 사는 데 필요한 일들을 더 효과적으로 수행할 수 있다.

• 신경계의 수용 능력 확대

4장에서 조절 장애를 겪지 않고 스트레스를 유연하게 처리하는 능력을 구슬과 물로 가득한 컵에 비유했다. 물은 현재 신경계에 가해지는 스트레스의 양을 나타내고 구슬의 개수는 개인의 예민성 정도를 나타낸다. 컵에 물이 넘치면 신경계 조절에 이상이 생겨 결국 신체와 정신에 고통스러운 증상이 나타나게 된다.

이전 단계들을 거치면서 당신의 신경계는 컵에 담긴 물의 양을 관리하는 방법을 배웠다. 컵에 담긴 물의 양을 인식하는 방법(인식), 컵에서 물을 따라내는 방법(조절), 컵으로 새로 들어오는 물의 흐름을 관리하는 방법(회복), 삶의 목적과 사람, 창의성, 자연으로 구성된 더 넓은 생태계 안에서 물의 흐름을 관리하는 방법(관계)을 배웠다. 마지막 단계에서는 신경계 조절 유지의 다른 차원, 즉 컵 크기에 주목한다.

컵에 가득한 구슬과 물을 물병처럼 더 큰 용기에 전부 따른다고 상상해보라. 이 물병에는 예민성을 상징하는 예쁜 구슬을 모두 담고도 물을 더 부을 공간이 남아 있다. 신경계 역량을 확대하면 예민성의 아름다운 면을 전부 담아내면서도 스트레스 요인에 대처할 수 있다.

컵 크기, 즉 신경계 용량을 확대하는 전략에는 두 가지가 있다. 신체에 초점을 두고 신체 적응력을 강화하거나, 마음에 초점을 두고 뇌가 압도되지 않고 더 강도 높은 스트레스를 처리할 수 있도록 능력을 강화하는 전략이다. 두 가지 모두 매우 유용한 전략이며, 두 가지를 동시에 할 수 있다. 먼저 일시적으로 몸에 적당량의 스트레스를 주어 신체 능력을 확장하는 방법을 살펴보자.

• 스트레스를 활용한 신경계 역량의 확장

비교적 짧은 시간에 적당한 스트레스를 경험한 다음 다시 그런 상

배운 것을 계속 연습하라

신경계 건강의 개선을 위한 여정에는 결승선이 없으며, 5단계는 체크리스트처럼 하나씩 끝내고 넘어가는 계획이 아니다. 한 단계를 완전히 뒤로 하고 다음 단계로 가는 것이 아니다. 대신 꾸준히 실천하면서 이해의 깊이를 더해간다. 따라서 인식에서 조절, 회복, 관계, 마지막으로 확장으로 넘어가는 동안에도 이전 단계를 계속 발전시키고 심화시켜야 한다. 5단계는 당신이 성장하고 변화하는 동안 계속 진화하면서 당신의 일부로 남는다.

자기 조절 능력과 자신 있게 사람들과 관계를 맺는 능력을 점진적으로 발전시키면 세상의 어떤 일이든 이룰 수 있다. 당신은 안전지대comfort zone를 벗어나서 성장할 준비가 되었다고 느낀다. 마음 내킬 때 이 장에 소개하는 방법을 천천히 실험해보기를 권한다. 각각의 방법은 세상에서, 인간관계에서 그리고 당신에게 가장 의미 있는 활동 속에서 당신의 역량을 온전히 발휘할 수 있도록 도와줄 것이다. 하지만 그 과정에서 먼저 당신 자신에게 관대해져라.

신경계의 유연성 수준이 높아진 후에도 압도당하는 느낌이 들거나, 옐로와 레드 상태였다가 그린 상태로 돌아오는 데 어려움을 겪을 수 있다. 현대사회에서는 많은 사람이 성공으로 가는 가장 빠른 경로를 기대하지만, 그 생각에는 오류가 있다. 호흡과 마찬가지로 신경계 역량은 자연스러운 팽창과 수축 과정을 늘 동반하며, 여러 번의 확장과 축소 주기를 거쳐야만 전반적인 역량이 커진다. 확장 단계에서 훈련하는 동안 팽창과 수축의 파도를 즐겨라. 파도에 맞서 싸우는 대신, 앞으로 나아가는 추진력을 유지하면서 밀물과 썰물을 따라 우아하게 바다를 오르내리는 배처럼 파도를 헤쳐 나가도록 노력하라.

태로 돌아온다면, 몸은 앞으로 받을 스트레스에 더 강하고 탄력적으로 적응한다. '호르메시스hormesis 효과'는 소량의 유해 물질이 우리 몸에 오히려 유익할 수 있는 현상을 말하는데, 스트레스에 적응하는 메커니즘에도 적용할 수 있다. 심한 스트레스는 신경계 조절 장애를 유발할 만큼 해롭지만, 적당한 스트레스는 오히려 신경계 건강에 매우 유용하다.

호르메시스의 핵심은 최적의 스트레스 수준을 찾는 일이다. 어느 정도 스트레스가 있어야 성장과 회복력이 자극되므로 스트레스가 너무 적어도 안 되고, 신경계 조절 장애 및 그와 관련된 건강상 문제를 초래할 만큼 과도한 스트레스가 너무 오래 계속되어도 안 된다. 최적의 스트레스에 노출되면 노화 과정을 늦추고, 새로운 신경 경로 발달을 촉진하며, 신경계를 건강하고 원활하게 유지할 수 있다.

스트레스에 관한 과학적 연구들은 최적의 스트레스 수준을 유지하면 시간이 지나면서 스트레스에 대처하는 역량이 크게 향상됨을 입증했다. 스트레스에 대한 신체의 적응력이 강해질 때 숙달되었다는 느낌이 커지고, 삶의 더 큰 목적을 찾고, 자존감이 높아지는 등 삶의 다른 영역에서도 성장하게 될 것이다. 이런 개인적 발전은 앞으로의 스트레스 대처 능력을 더욱 향상시킨다.

• 호르메시스 효과: 신체 적응력의 촉매제

호르메시스는 최적 수준의 스트레스에 대응하면서 우리 몸이 더 강해지고 건강해지는 과정이다. 역사를 돌이켜보면 우리 조상들은 극한의 날씨와 격심한 노동, 식량 부족까지 여러 스트레스 요인에 노출되었다. 그들은 일시적이고 적당한 스트레스에 노출된 상태로 수백만 년간 진화하면서 생존 메커니즘을 발달시켰다. 하지만 생존 문제가 많지 않은 현대인의 생활 방식은 면역력과 신진대사 시스템을 약화했다. 호르메시스의 개입은 휴면 상태인 생존 메커니즘을 다시 활성화해 신체의 스트레스 반응 시스템을 강화함으로써 유연성과 회복탄력성을 높인다. 통제된 방식으로 가벼운 스트레스에 노출되면 신경계가 더 격렬하고 실제적인 스트레스에 대처할 수 있도록 훈련된다.

규칙적인 운동을 통해 근육이 강해지듯이 통제된 스트레스 요인에 정기적으로 노출되면 회복탄력성이 강화된다. 신경계의 유연성과 회복력을 향상하기 위해 일상생활에 적용할 수 있는 호르메시스 기법 몇 가지를 소개하기에 앞서 적당한 수준의 스트레스 요인이 어떻게 신경계 건강을 증진하는지 그리고 언제 이 과정을 치유 여정에 도입하는 것이 유익한지 좀 더 자세히 살펴보자.

신체 시스템에 미치는 파급 효과

호르메시스 효과를 낳는 적당한 스트레스 요인은 일련의 생리적 반응을 활성화한다. 우리 몸은 이 스트레스 요인에 대응해 세포 구조를 강화하고, 대사 과정을 개선한다. 세포는 더 많은 에너지를 생산하며, 면역 반응을 강화한다. 이를 통해 세포는 다음에 마주치는 스트레스 상황을 더욱 효과적으로 처리할 능력을 갖춘다.

2017년 한 과학자 그룹이 흥미로운 실험을 했다. 그들은 고대 조상들이 경험했던 것과 유사한 환경에 노출된 사람들의 건강에 어떤 영향이 나타나는지 알고 싶었다. 그래서 그들은 건강한 사람 55명을 데리고 열흘간 피레네산맥을 종주하는 여행에 나섰다. 이것은 일반적인 휴가가 아니었다. 참가자들은 거의 8킬로그램에 달하는 배낭을 메고 매일 14킬로미터가량을 걸어야 했다. 그들은 조상들처럼 열매, 과일, 직접 잡은 동물 등 야생의 재료로 스스로 준비한 음식을 먹었다. 물은 천연 수원인 근처 하천이나 웅덩이에서 떠서 마셨다. 밤에는 섭씨 12도에서 42도 사이 야외에서 잠을 잤다. 이렇게 연구자들은 수렵과 채집 생활을 했던 조상들이 마주했던 상황을 모방했다. 참가자들은 걷기 등 신체 활동을 하고, 갈증과 배고픔을 경험하고, 다양한 기상 조건에 적응해갔다. 이는 호르메시스 효과를 위한 적당한 스트레스의 예시이기도 했다.

열흘간의 여행이 끝난 후 연구진은 참가자들의 건강을 점검했다. 그들은 대사 기능, 즉 신체가 음식을 에너지로 잘 전환하는 기능에 특히 관심을 가졌다. 대사 기능은 신경계 조절 장애를 초래하는 핀볼 효과의 주요 요인이기 때문이다.

열흘간의 여행 강도와 육체적인 어려움을 고려하면 참가자들의 건강 상태가 나빠져서 현대사회의 안락한 생활로 되돌아가 회복할 시간이 필요했으리라고 예상할 수 있다. 하지만 연구진은 참가자들의 건강이 오히려 좋아졌다는 사실을 알게 되었다. 이 실험은 우리 조상들이 그랬듯이 적당한 스트레스 요인에 신체가 노출되면 실제로 건강과 신경계 기능이 향상될 수 있음을 보여준다.

호르메시스의 연습이 적절한 시기

호르메시스 효과의 이점은 부인할 수 없지만, 이를 생활에 도입할 때는 타이밍과 전략을 고려해야 한다. 사람들이 치유 여정에서 저지르는 가장 흔한 실수는 호르메시스 효과가 컨디션을 좋게 한다는 사실을 듣고 신경계가 조절되기도 전에 이를 실천해 오히려 증상을 악화시키는 것이다.

호르메시스 효과는 치유 여정에서 더 근본적인 문제의 해결을 회피하기 위한 응급조치나 우회 경로가 아니다. 신경계 조절을 위해 열심히 노력한 후인 5단계 계획의 마지막 단계에서 이 기법을 소개하는 이유도 그 때문이다. 신경계가 조절되고 스트레스에 유연하게 대응할 수 있게 된 후에 이 방법을 적용해야 한다. 여전히 치유 초기 단계이고 신경계 조절 능력이 아직 확립되지 않았다면 이런 스트레스 요인은 당신을 압도하며, 역효과를 내기 쉽다.

일상생활에서 호르메시스 효과 활용하기

신체 움직임은 치유 여정의 시작 단계에서부터 기본 요소였으며, 습관을 만들고(6장) 포털을 이용할 때(8장) 강조되었다. 근육은 신경계를 조직하고 조절하는 데 중요한 역할을 한다. 치유 여정이 점점 진행되면서 신경계 조절이 개선될수록 운동의 성격도 달라져야 한다. 초기에는 가볍게 신체를 활성화하고 수축을 완화하는 데 초점을 둔다. 하지만 가벼운 증상을 관리할 수 있게 되면 운동 강도를 높여야 한다. 상위 단계인 확장 단계에서는 운동으로 신경계를 조절한다는 의미보다는 신경계의 회복탄력성을 자극하고 향상해 신경계의 수용 능력을 강화한다는 호르메시스 효과로서의 의미가 크다.

격렬한 신체 운동은 호르메시스 효과가 있는 스트레스의 전형이다. 운동 중에는 심혈관계와 근골격계의 세포에 대한 요구가 커짐에 따라 스트레스를 받는다. 세포들은 향후 스트레스를 더 효과적으로 처리하도록 대비함으로써 신체의 회복탄력성이 향상된다. 연구에 따르면 규칙적인 운동은 건강하게 나이 들 가능성을 39퍼센트까지 증가시킨다.

격렬한 운동을 습관으로 만들어라. 이때, 조깅이나 자전거 타기처럼 지구력을 기르는 운동과 역기 들기 같은 근력 운동을 골고루 하라. 적당한 운동으로 시작하고 체력이 향상되면 점차 강도를 높여라.

고강도 인터벌 트레이닝

고강도 인터벌 트레이닝은 격렬한 운동과 덜 격렬한 운동을 번갈아 하는 운동 방식이다. 격렬한 운동을 하면 세포가 일시적으로 더 많은 산소를 소비하면서 '활성산소종'reactive oxygen species이라는 부산물이 생기는데, 이 부산물의 양이 많아지면 세포가 손상될 수 있다. 하지만 적당한 수준의 활성산소종은 호르메시스 효과를 활성화해 세포를 더 깨끗하고 튼튼하게 만든다. 예를 들어, 적당한 양의 활성산소종은 항산화 효소의 분비를 촉발하고 기타 보호 메커니즘을 작동시켜 세포의 유해 물질을 중화하고 스트레스 요인에 대한 세포의 회복력을 높인다.

평소 하던 운동을 30초~2분 정도 격렬하게 한 뒤, 1~4분 정도 덜 격렬한 운동을 함으로써 고강도 인터벌 트레이닝을 훈련하라. 달리기, 자전거 타기, 맨몸 운동 등 다양한 운동으로 고강도 인터벌 트레이닝을 할 수 있다.

온열 요법

사우나를 규칙적으로 하면 몸의 열을 내려 질 좋은 수면이 가능하다. 열에 노출되면 DNA 복구 경로가 활성화되고, 열충격 단백질heat shock protein(갑자기 체온이 올라갔을 때 열에 의한 세포의 단백질 변형을 막기 위해 몸에서 합성하는 단백질 – 옮긴이)의 합성이 증가하며, 코르티솔 수치가 낮아져 스트레스 반응과 전반적인 건강의 개선에 도움이 된다. 의도적으로 열 노출의 이점을 얻는 가장 간단한 방법 한 가지는 일주일에 두세 번, 총 한 시간 동안 사우나를 하는 것이다.

한랭 요법

찬물에 샤워하거나 차가운 호수나 강물에 들어가기 등으로 잠시 차가운 온도에 노출되면 면역 기능, 신진대사, 기분, 신경계 조절 능력이 개선된다. 특히 아침에 그렇게 하면 자연히 체온을 올리도록 자극해 생체 리듬을 조절하는 데 도움이 된다.

또한 한랭 요법은 미토콘드리아의 성장과 복제를 활성화해 효율적인 에너지 생산을 유도하고, 열충격 단백질의 형성을 촉진해 스트레스로 인한 손상으로부터 세포를 보호한다.

빔 호프 방식

호흡법과 한랭 요법, 명상을 결합한 단련법이다. '아이스맨'으로도 알려진 빔 호프Wim Hof는 심호흡과 숨 참기를 반복하며 호흡하라고 가르치는데, 이는 일시적으로 산소 결핍 상태인 저산소증을 유발해 가벼운 스트레스 반응을 불러일으킨다. 운동과 마찬가지로 저산소증은 호르메시스, 즉 적응적 스트레스 반응을 활성화한다. 빔 호프는 정기적인 찬물 샤워나 얼음 목욕 등 저산소증 유발에 한랭 요법을 결합하라고 한다. 추위에 노출되면 스트레스 반응이 일어나서 면역체계가 강화되고, 혈액순환이 개선되며, 정신 집중력도 높아진다. 마지막으로 명상으로 이런 스트레스 요인에 대한 생리적 반응과 심리적 반응을 통합하고, 스트레스에 직면했을 때 평온함과 주체 의식을 느끼도록 연습한다.

식단에 따른 호르메시스 효과

식단은 적응적 스트레스 반응을 활성화하는 또 다른 방법이다. 과일, 채소, 콩, 곡물 등의 식물성 식품에는 식물이 박테리아와 곰팡이로부터 자신을 보호하기 위해 생성하는 화합물인 파이토케미컬 phytochemical이 들어 있다. 파이토케미컬이 함유된 식품은 신체에 가벼운 스트레스 적응 반응을 유발해 회복력과 수명을 증가시킨다. 예를 들어, 적포도주와 포도에서 발견되는 레스베라트롤resveratrol과 브로콜리에서 발견되는 설포라판sulforaphane은 세포의 스트레스 반응을 활성화해 건강에 다양한 도움을 주는 대표적인 파이토케미컬이다.

식단을 활용해 적응적 스트레스 반응을 활성화하는 또 다른 방법은 일시적으로 칼로리 섭취를 줄이거나 간헐적 단식을 하는 것이다. 이런 식이요법은 대사 효율성을 향상하고 세포 복구 과정을 강화해 수명을 늘린다.

식단을 통해 호르메시스 효과를 보려면 다양한 식물성 식품, 특히 베리류, 다크 초콜릿, 녹차, 올리브유 등 유익한 파이토케미컬이 풍부한 식품을 먹으려고 노력하라. 간헐적 단식이나 칼로리 섭취의 제한을 실천해보되 항상 의료 전문가와 상의해 자신의 필요에 맞게 방법을 찾거나 강도를 조정하라.

• 유용한 마인드셋 기르기

지금까지 스트레스에 대한 신체적 반응과 호르메시스 효과를 활용해 신경계의 수용 능력을 높이는 방법을 알아보았다. 마음은 어떨까? 연구에 따르면 스트레스에 대한 이해 역시 스트레스에 대처하는 능력에 영향을 미치며, 신경계의 수용 능력을 확장하는 또 다른 포털이 된다.

'긍정적인 마인드셋'positive mindset을 기르거나 긍정 확언positive affirmation을 실천하라는 아이디어가 대중문화에 퍼져, 지나치게 단순하고 신속한 해결책처럼 사용될 때가 많다. 일부 영향력 있는 인물들은 긍정적인 마인드셋이라는 개념을 사용해 태도나 관점을 바꾸는 것만으로 뿌리 깊은 생리적 문제를 마법처럼 없앨 수 있다고 주장한다. 그 결과 신경계 조절 장애의 치유라는 맥락에서 '마인드셋'의 개념에 대한 평판이 다소 실추되기에 이르렀다.

이 책 전반에 걸쳐 보여주었듯이 신경계 조절 장애는 단순히 긍정적으로 생각하는 것만으로는 해결할 수 없는 복잡한 문제다. 그렇지만 신경계 조절이 이뤄진 후에는 마인드셋을 개선하는 것이 신경계의 역량을 높이는 데 큰 도움이 된다.

그렇다면 '마인드셋'이 정확히 무엇일까? 마인드셋의 핵심은 삶의 여러 영역에 가지고 있는 신념이나 가정이다. 마인드셋은 세상을 바라볼 때 쓰고 있는 렌즈와 같아서 인식과 경험에 색을 입힌다. 마인드셋은 성장 환경, 문화, 미디어, 영향력 있는 주변 사람, 심지어 자신의 의식적 선택 등 다양한 요인에 영향을 받아 형성된다.

스탠퍼드대학교의 마음과 몸 연구소Mind and Body Lab를 이끄는 심리학자 앨리아 크럼Alia Crum 박사는 마인드셋을 '의식적 과정과 무의식적 과정 사이의 관문'이라고 설명한다. 그녀는 마인드셋은 '마음의 기본 설정'과 같다고 말한다. 마인드셋은 사물에 대한 의식적인 사고방식뿐만 아니라 무의식적 반응과 행동에도 영향을 미친다.

흥미로운 점은 여기에 있다. 마인드셋의 일부인 믿음은 결과적으로 행동에 실질적이고 가시적인 영향을 미친다. 예를 들어 스트레스에 대한 믿음은 실제 신체의 생리 시스템에 영향을 미친다. 연구에 따르면 스트레스에 대한 오해를 해소하면 마인드셋을 개선할 수 있고, 이는 신경계에 직접적으로 긍정적인 영향을 미친다.

스트레스에 대한 흔한 오해

스트레스는 무슨 수를 써서라도 피해야 하는 적처럼 해롭기만 하다는 말을 어디선가 들은 적이 있을 것이다. 하지만 그것은 스트레스에 대한 오해다. 사실 스트레스를 받는 것은 잘못된 일이 아니다. 스트레스 반응은 도전과 역경에 대한 자연스러운 반응이며, 우리 몸이 행동에 나설 준비를 하도록 설계된 것이다.

스트레스가 신경계가 삶을 헤쳐 나가도록 돕는 정상적인 반응이라는 사실을 이해할 때 힘든 사건들을 바라보는 시각이 달라진다. 스트레스를 유발하는 힘든 상황을 위협이 아닌 도전으로 보기 시작한다. 스트레스 반응을 통해 이러한 도전에 응할 에너지를 더 많이 얻는다는 사실을 깨달을 수도 있다. 스트레스 반응은 행동을 준비하도록 돕고, 정보를 더 빨리 처리할 수 있게 하며, 근육을 키우고 학습하는 데 도움을 주는 호르몬이 분비되게 한다. 스트레스 반응은 자신에게 해가 되는 것이 아니라 오히려 도움이 된다는 사실을 인식하는 것만으로도 몸에 긍정적 반응이 몸에 나타나는 것을 확인할 수 있다.

스트레스에 대한 이해가 우리 몸에 긍정적인 영향을 미친다는 사실은 단지 희망적인 상상이 아니다. 스트레스를 성장의 기회로 보는 사람들이 더 건강하고, 행복해지고, 전반적인 성과가 더 높다는 사실은 연구 결과로 입증되었다. 어려운 상황이 닥칠 때마다 이를 축하해야 한다는 말이 아니라 신경계의 스트레스 반응이 해결책이 될 수도 있고 스트레스 반응이 없을 때보다 더 나은 결과를 가져온다는 사실을 인식한다는 말이다.

신경계가 매우 예민한 사람이라면 스트레스가 더 크게 다가올 수 있으므로 스트레스를 다시 정의하는 것이 특히 중요하다. 다른 사람에게는 보통 정도의 스트레스를 유발하는 프로젝트나 업무가 당신에게는 심각한 스트레스를 유발할 수 있다. 당신은 과거에 스트레스로 인해 많은 어려움을 겪어서 옐로나 레드 상태로 만드는 상황을 습관적으로 피할지도 모른다.

하지만 신경계 조절을 잘하게 될수록 스트레스의 이점도 더 많이 누릴 수 있다. 지금까지 5단계 계획을 따라 하면서 스트레스를 겪은 후에 원래 상태로 돌아오게 하는 방법을 많이 터득했으므로 더 이상 스트레스 상황에 두려움을 느끼거나 통제 불능 상태에 빠지지 않을 것이다. 신경계가 매우 예민한 사람은 스트레스가 주는 어려움에 더 크게 영향을 받는 것처럼 스트레스의 이점에도 더 잘 반응한다.

일단 신경계가 잘 조절되면 스트레스는 큰 이점이 된다. 스트레스는 그 상황의 어떤 부분이 당신에게 중요한지 알려주고, 당신이 그 일을 얼마나 소중하게 생각하고 있는지 보여준다. 매우 예민한 사람이라면 특히, 적당한 스트레스는 당신을 더 성장하게 하고, 정보를 깊이 처리하게 하고, 일에서 아름다움이나 정확성, 창의성을 더 크게 발휘하게 할 것이다.

신경계 조절에 성공한 다음, 스트레스를 도전에 맞서게 하는 추가 에너지라고 다시 정의함으로써 인생에서 극적인 변화를 이룬 사람들

가운데는 창작자, 기업가, 부모, 자원봉사자, 비영리단체 대표 및 각종 지도자가 있었다. 중요한 사람이나 프로젝트에 깊이 관여할 때 스트레스를 받을 기회도 늘어나지만, 스트레스가 주는 에너지를 통해 긍정적인 영향을 미칠 기회도 그만큼 많아진다.

스트레스를 의미 있게 만들기

스탠퍼드대학교의 건강심리학자 켈리 맥고니걸Kelly McGonigal은 "의미 있는 삶은 스트레스를 받는 삶"이라고 말한다. 직관에 어긋나는 생각 같을 수 있지만, 당신에게 가장 중요한 것이 무엇인지 생각해보라. 많은 사람이 부모나 파트너, 친구, 전문가로서 자신의 역할을 꼽는다. 이제 이 질문을 생각해보라. 이런 역할이 기쁨이나 만족감과 함께 스트레스를 가져오지 않는가? 스트레스는 단지 피할 수 없는 삶의 부정적인 면이 아니라 목적으로 가득한 삶을 살고 있다는 신호다.

부모 노릇을 예로 들어보자. 자녀를 키우는 일은 상당한 스트레스를 동반한다. 하지만 미소와 웃음, 풍부하고 의미 있는 경험도 따라온다. 동시에 엄청나게 도전적이고, 힘들고, 자주 걱정의 원인이기도 하다. 이것이 바로 스트레스의 역설이다. 스트레스의 원천은 곧 기쁨의 원천이기도 하다.

우리는 스트레스를 덜 받거나 덜 바쁘면 더 행복하리라고 생각할 때가 많지만, 연구 결과는 그 반대라고 말해준다. 일반적으로 사람들은 바람과 달리 이상적 수준을 훌쩍 넘는 많은 일을 곡예라도 하듯 처리하더라도 바쁠 때 더 행복하다. 은퇴 후에 갑자기 바쁜 일상이 사라지면 우울증에 걸릴 위험이 커지는 것도 그 때문이다.

물론 모든 스트레스가 인생에 의미를 가져다주는 일 때문에 발생하는 것은 아니지만, 자신이 맡은 역할이나 참여 중인 행사에 관심이 크기 때문에 스트레스를 받는 경우가 얼마나 많은지 알면 놀랄 것이다. 연구에 따르면 왜 스트레스를 받는지, 그것이 자신의 가치관과 어떻게 연결되는지 알아차리고 기억할 때 스트레스에 압도당하지 않고 우아하게 대처하는 능력을 키울 수 있다.

바뀌지 않는 상황 받아들이기: 근본적 수용

인생에는 당신이 요청한 적 없고, 없어졌으면 좋겠으나 도무지 제거할 수 없는 스트레스 요인들이 있다. 예를 들어 만성 질환 관리로 인한 스트레스는 없앨 수도, 사라지기를 바랄 수도 없다.

이런 힘든 상황에 접근하는 한 가지 실용적인 방법은 '근본적 수용'radical acceptance(이론적 기원은 불교의 가르침에서 찾을 수 있으나 이 용어는 변증법적 행동 치료의 창시자인 마샤 리네한이 1993년에 처음 만들었다-옮긴이)이다. 근본적 수용은 끔찍한 일 또는 삶을 뒤바꾸는 일이 일어났음을 온전히 인정하는 것이다. 이는 이미 일어난 일을 고쳐 쓸 수는 없다는 사실을 기꺼이 인정하는 사고방식이다. 근본적인 수용을 받아들임으로써 어려운 상황에 관련된 죄책감, 수치심, 슬픔, 분노 같은 고통스러운 감정의 영향을 완화해 그와 맞서 싸우려는 생각에서 벗어날 수 있다. 그러면 정신적으로나 감정적으로 여유가 생기고 신경계가 새로운 현실에 적응하는 데 도움이 된다.

근본적인 수용이 일어난 일을 묵인하거나 승인하라는 의미는 아니다. 무언가를 받아들인다고 해서 그것을 도덕적으로 지지하거나 자기 인생에서 그것을 원한다는 의미는 아니다. 단지 지금 있는 그대로의 현실을 인정한다는 의미다.

자신의 가치관 기록하기

심리학자 제프리 코헨Geoffrey Cohen과 데이비드 셔먼David Sherman은 15년 이상의 연구 논문을 분석한 결과, 자신의 가치관을 적어보면 스트레스 대처 능력을 크게 변화시킬 수 있음을 발견했다. 스트레스가 심한 상황에 부딪혔을 때 자신의 핵심 가치를 상기하는 것은 매우 효과적인 대처 전략이다.

워털루대학교에서 진행한 한 연구에서 연구자들은 참가자들에게 "당신의 가치관을 기억하세요"라는 문구가 새겨진 팔찌를 주었다. 그 결과는 놀라웠다. 참가자들은 그 팔찌를 착용하는 것만으로 스트레스를 더 효과적으로 관리할 수 있었다.

다음은 스트레스 요인이 삶에 가져다주는 가치를 깨닫거나 기억하는 데 도움이 되는 간단한 활동이다. 연필과 종이 또는 일지를 꺼내고 방해받지 않고 생각할 수 있는 조용한 공간을 찾아보라. 타이머를 10~15분으로 맞추고 휴대전화는 무음으로 설정해 산만해지지 않고 이 활동에만 집중할 수 있도록 하라.

1. **당신의 삶에서 스트레스를 주는 역할이나 행사가 무엇인지 생각해본다.**

2. 이 역할이나 행사가 당신에게 왜 중요한지 적어본다. '이런 종류의 역할을 맡지 않거나 이런 종류의 행사에 참여하지 않으면 인생에서 어떤 중요한 것들을 놓치게 될까?'라고 자문해본다.
3. 방금 쓴 글에서 눈에 띄는 내용을 한 가지 이상 골라낸다. 자기연민이나 건강, 자녀, 관계, 기쁨과 흥분, 자신보다 큰 무언가에 대한 헌신 등과 같은 가치가 예가 될 수 있다.
4. 노트북에 메모하거나, 컴퓨터나 휴대전화 배경 화면으로 설정하거나, 냉장고나 현관문에 색인 카드로 붙여두고 이 가치를 계속 떠올릴 방법을 고려해본다. 또는 이 가치를 상징하는 물건을 찾아서 집안 곳곳에 두고 자신이 무엇을 중시하는지 상기할 수도 있다.

켈리 맥고니걸은 "자신의 가치관을 기억할 때, 스트레스 반응이 더 이상 자신의 의지와 통제력에 반해서 발생하는 일이 아니라 자신의 우선순위를 지키고 심화시키는 일로 바뀐다"라고 말한다. 스트레스는 의미와 목적이 풍부한 삶을 살고 있다는 신호일 수 있다. 스트레스 요인이 발생했을 때 자신의 가치관을 기억하면 어려웠던 문제가 개인적 성장의 기회로 여겨지고 강도 높은 스트레스를 처리하는 신경계의 전반적인 능력이 향상된다.

당신이 부모의 부재로 힘든 어린 시절을 보냈다고 가정해보자. 그 일은 당신에게 고통을 주었다. 그것은 당신이 바라지 않았던 상황이었다. 성인이 된 지금도 버림받았다는 느낌이 당신에게 남아 있다. 이 경우에 근본적 수용은 일어난 일을 용서하거나 정당화하는 것이 아니다. 대신 당신이 어렸을 때 부모가 곁에 있어 주지 않았고 그 때문에 상처받았다는 사실을 인정하는 것이다. 이를 인정한다고 해서 그 상황이 옳았다거나 공정했다고 말하는 것은 아니다. 단지 그 일이 현실이었음을 인정하는 것이다. 이 인정 행위로 당신은 감정을 처리하고, 치유하며, 앞으로 나아갈 힘을 얻는다.

2019년 심리학자 에킨 세친티Ekin Secinti와 동료들은 암으로 진단받은 환자들의 수용 행동에 관한 연구 논문들을 검토한 결과, 근본적 수용이나 그와 유사한 행동을 했던 환자들은 자신의 상태에 덜 고통받는다는 사실을 알아냈다.

근본적 수용은 체념이나 투지와는 다르다. 체념은 자신이 처한 상황에서 할 수 있는 일이 없다고 생각해 삶을 개선하기를 포기하는 수동적 대응이다. 반면에 투지는 상황을 바꾸기 위해 계속 노력하는 적극적인 대응이다. 두 가지 모두 미래가 어떻게 될지 예측하거나 미래에 영향을 미치려 한다. 체념이나 투지와 달리 근본적 수용은 미래가 어떻게 될지 가늠하기 전에 무슨 일이 있었는지, 무엇이 사실인지 인정하는 일이다. 다음은 근본적 수용이 유용한 몇 가지 실제 상황이다.

- **간병 스트레스: 사랑하는 사람을 간호하는 경우, 스트레스가 매우 심할 수 있다. 사랑하는 사람의 상황과 간병인이라는 현재 자신의 역할에 대한 근본적 수용은 어떤 판단도 없이 어려움을 인정하고 자신이 통제할 수 있는 일에**

집중하게 해준다.

- 만성 질환: 본인이나 사랑하는 사람이 만성 질환을 진단받았을 때 근본적 수용은 상황을 현실로 인정하며 '만약'이라는 생각을 버리고 질환을 관리하는 최상의 방법에 집중하게 한다.
- 사랑하는 사람의 죽음: 사랑하는 사람을 잃는 경험은 고통스럽고 힘들다. 근본적 수용이 이 고통을 줄여주지는 못하지만, 상실을 현실로 받아들이고 애도 과정을 거치는 데는 도움이 된다.
- 절교: 연애 관계든, 우정이든, 업무적 관계든 어떤 관계가 끝나면 매우 힘들 수 있다. 근본적 수용은 끝을 인정하고 앞으로 나아가는 데 도움이 된다.
- 실직 또는 이직: 특히 자신이 원한 상황이 아니라면 예상치 못한 어려움이 될 수 있다. 근본적 수용은 상황을 있는 그대로 받아들이고 다음 단계에 집중할 수 있도록 도와준다.
- 노화: 나이가 든다는 것은 많은 사람이 겪는 삶의 현실이다. 근본적 수용은 노화에 따른 변화를 거스르려고 하지 않고 받아들이는 데 도움이 된다.

불교 신자들과 중독 회복 커뮤니티에는 "고통을 피할 수는 없지만 그로 인한 괴로움은 선택 사항이다"라는 격언이 널리 퍼져 있다. 우리가 처한 상황에는 스스로 아무리 노력해도 결코 바꿀 수 없는 고통스러운 측면들이 있다. 하지만 현실에 맞서 싸우기보다 지금 상황을 인정하는 근본적 수용을 선택함으로써 그로 인한 전반적인 스트레스와 괴로움을 크게 줄일 수 있다. 피할 수 없는 고통 앞에서 근본적 수용을 실천하면 아무리 어려운 상황이라도 똑바로 마주할 수 있도록 신경계의 능력이 확장된다.

• 경외감: 역량 확장의 궁극적 경로

커다란 산맥을 바라보면서 장대한 규모에 놀라움을 느낀 적이 있는가? 아니면 어떤 음악에 심취해 그 음악이 자신의 일부처럼 느껴졌던 적이 있는가? 혹은 영적 수행에 몰두하거나 자신의 한계를 넘어서는 황홀한 여정을 떠난 적이 있는가? 이것들은 각자 다른 경험처럼 보이지만 **경외감**이라는 한 가지 공통점을 지닌다.

경외감은 광대함, 웅장함 혹은 어떤 식으로든 평소의 이해를 뛰어넘는 경험에 대한 정서적·신체적 반응이다. 이런 경험은 세상에 관한 인식을 재평가하도록 고무한다. 경외감을 경험할 때 우리는 경이로움, 놀라움 또는 겸손함을 느낀다.

경외감은 수 세기 동안 인류를 매료시켰지만, 과학적 관점으로 연구되기 시작한 것은 최근 일이다. 연구에 따르면 경외감은 자신보다 더 큰 무언가와 연결되어 있다고 느끼게 하기 때문에 건강한 삶과 창의성, 감정이입에 긍정적인 효과가 있다. 경외감을 많이 경험할수록 신경계는 아무리 극심한 스트레스 요인에도 조절 장애를 겪지 않고 유연하게 대처할 수 있는 능력이 생긴다.

신경계가 잘 조절되고 있다고 해도 그런 상태에 항상 머무르는 것이 아니라, 바깥 상황에 따라 여러 경계 상태를 유연하게 오간다. 근육을 사용하지 않으면 시간이 흐르면서 굳어지는 것처럼 기존의 정신 구조에 전혀 부담을 주지 않으면 신경계의 유연성이 떨어진다. 근육을 쭉 펴주는 스트레칭처럼 경외감은 신경계를 풀어주고 신경계의 유연성을 키워 스트레스 요인을 처리할 수 있는 능력을 키운다.

경외감 연구자들에 따르면, 경외감은 우리의 정신 구조에 맞지 않는 경험이다. 경외감이 들게 하는 경험은 광대해서 우리 머리로 완전히 파악하거나 담아낼 수 없다. 상상할 수 없을 만큼 광활한 우주를 예로 들어보자. 우리가 빛의 속도로 여행할 수 있다고 해도 우리 은하계의 반대편에 있는 은하까지 가려면 2만 6천 년이 걸린다. 이는 인류가 농사를 지어온 세월의 두 배 이상이며, 동네 마트에서 사시사철 토마토를 살 수 있게 된 기간의 500배가 넘는 세월이다.

허블 망원경을 통해 천문학자들이 기록할 수 있었던 은하는 1천억 개가 넘는다. 그뿐 아니라 천문학자들 대부분이 그보다 훨씬 많은 은하가 존재한다고 추정한다. 우리가 도무지 헤아릴 수 없는 수준의 방대함이다. 우리가 이해할 수 있는 범위를 넘어서는 무언가를 감지할 때 신경계가 확장되어 수용 능력이 향상되고 다양한 건강상의 이점을 누릴 수 있다.

별 보기나 과학 실험실, 사원, 숲, 미술관 등 어떤 경험에서 비롯되었든 경외감은 우리 신경계의 능력에 일종의 '슈퍼푸드' 역할을 한다. 2023년 캘리포니아대학교 버클리 캠퍼스의 마리아 먼로이Maria Monroy와 대커 켈트너Dacher Keltner 연구원은 경외심이 다양한 변화를 일으킨다는 연구 결과를 발표했다. 경외감은 신체적으로 심박수를 늦추고, 염증을 줄이며, 일부 신체 질환의 위험까지 감수시킨다. 정신적으로는 기분을 개선하고, 불안과 우울 수준을 낮춘다. 또한 의미 있는 삶을 살고 있다는 느낌을 증가시킨다. 사회적 차원에서는 유대감과 소속감을 높이고, 다른 사람들에게 더 협력적인 태도를 보이게 한다. 그리고 영성 차원에서는 자신과의 관계를 변화시켜 지나치게 자기중심적인 경향을 줄여준다. 모든 경외감은 신경계의 유연성과 회복력을 높인다는 직접적인 이점을 가지고 있다.

경외감의 다섯 가지 유형

심리학자 대커 켈트너와 조너선 하이트Jonathan Haidt은 경외감이 하나의 표준적 경험이 아니라 위협감, 아름다움, 능력, 미덕, 초자연적 인과성 등 다양한 특징과 유형이 미묘하게 혼합된 경험이라고 말한다.

- **위협적 경험에 대한 경외감**: 이 유형의 경외감에는 두려움과 경이로움이 혼재한다. 빠르게 다가오는 폭풍이나 강력한 리더와 같이 강하거나 위협적인 무언가를 마주할 때 생기는 경외감이다. 세상에 나보다 더 크고 강력한 힘이 존재한다는 사실을 일깨워주어 심장이 뛰게 하는 경험이다.
- **아름다움에 대한 경외감**: 이 유형의 경외감은 이례적인 아름다움을 목격할 때 생긴다. 숨 막히게 아름다운 풍경, 눈부신 석양, 감동을 주는 예술 작품 등 미적 매력으로 마음을 사로잡는 모든 것에 의해 생겨난다. 이것은 세상의 아름다움에 대한 감사로 가득하게 하는 고요하고 평화로운 경외감이다.
- **능력에 대한 경외감**: 이것은 놀라운 기술이나 재능을 발휘하는 누군가를 볼 때 느끼는 경외감이다. 놀라운 위업을 달성하는 운동선수, 복잡한 곡을 나무랄 데 없이 연주하는 음악가 또는 특출한 재능을 보여주는 누구든 그 대상이 될 수 있다. 이 유형의 경외감은 인간이 연습과 헌신으로 성취할 수 있는 경지에 경이로움을 느끼는 것이다.
- **미덕에 대한 경외감**: 이 유형의 경외감은 강인한 성격, 도덕적 선함, 특별한 친절을 목격할 때 생긴다. 성인들의 이야기에서 영감을 받을 수도 있고, 생활 속에서 특별한 미덕을 보여준 일상의 영웅들로부터 영감을 받을 수도 있다. 이 유형의 경외감은 영감을 줄 뿐 아니라 더 나은 사람이 되고자 하는 동기를 유발한다.
- **초자연적 인과성에 대한 경외감**: 이 경외감은 초자연적이거나 설명할 수 없

는 것처럼 보이는 경험에서 촉발된다. 유령을 보거나, 기적을 목격하거나, 기묘한 우연이 겹치면 경외심이 생긴다. 이것은 현실을 새롭게 바라보게 하고 미지의 가능성에 마음을 열게 하는 신비롭고 흥미로운 형태의 경외심이다.

연구자들은 두려움이나 위험에 기반한 경외감, 예컨대 자연재해를 당하거나, 매우 강력한 신의 심판을 받는다고 느끼거나, 폭력적인 시위에 연루되는 경우처럼 **위협적 색채**의 경외감은 일반적으로 다른 유형의 경외감처럼 신경계에 강력한 긍정적인 영향을 주지 못한다는 사실을 발견했다. 오히려 이 유형의 경외감은 만성 스트레스 및 신경계 조절 장애와 연관성이 있는 경우가 더 많다. 경외감을 느끼도록 장려할 방법을 모색할 때 신경계의 역량을 확장하는 효과를 최대로 누릴 수 있도록 아름다움, 능력, 미덕, 초자연적 인과성에서 비롯된 경외감에 초점을 맞춰라.

일상에서 경외감을 경험하는 네 가지 실용 전략

1. **자연**: 자연 속에서 시간을 보내는 것은 경외감을 불러일으키는 가장 쉬운 방법이다. 간단히 가까운 공원에서 산책할 수도 있고, 야심 차게 산으로 캠핑을 갈 수도 있다. 자연에 몰입해 그 아름다움과 복잡함에 감탄하는 시간을 가져보라. 자연 속에서 하이킹이나 자전거 타기, 래프팅 같은 활동을 하면 경외감을 더 쉽게 느낄 수 있다.
2. **영성과 신앙심**: 영적이거나 종교적인 사람이라면 의식이나 의례, 기도에 참여하는 것이 경외감의 원천이 될 수 있다. 종교가 없더라도 명상이나 찬송 같은 영적 활동에서 경외감을 느낄 수 있다. 이 전략의 핵심은 더 높은 힘, 우주

또는 더 큰 인류 공동체 등 자신보다 더 큰 무언가와 연결될 방법을 찾는 것이다.

3. **집단 경험:** 음악, 춤, 노래와 같은 집단 활동에 참여하는 것도 경외감을 불러일으킨다. 합창단 가입, 콘서트 참석, 수업 듣기, 문화 축제 참여 등이 이에 해당한다. 이런 활동에서 느끼는 일체감과 공유되는 경험은 경외감의 유력한 원천이 된다.
4. **환각제:** 최근 연구에 따르면 환각제를 안전한 환경에서 사용할 때 강렬한 경외감을 유발할 수 있다고 한다. 환각제의 사용은 반드시 의료진의 감독하에서나 임상 연구 환경에서 안전하고 합법적으로 이루어져야 한다.

경외감의 핵심은 자연, 공동체, 신, 우주 전체 등 당신 자신보다 더 큰 무언가와 연결되어 있다고 느끼는 경험이라는 점을 기억하라.

영성에 이르는 길

경외감을 경험하면 소속감과 목적의식이 깊어지고, 주변 환경뿐 아니라 다른 존재들과 더 넓게 연결된다. 자신을 넘어선 무언가와 연결되어 있다는 느낌은 대개 겸손함을 느끼게 한다. 거대한 계획 속에서 자신이 얼마나 작은 존재인지 깨닫는 동시에 자신이 더 큰 전체의 의미 있는 일부라고 느낄 수 있다. 이런 역설적 경험은 신경계 건강의 네 번째 기둥인 영성의 본질이다.

영성은 우리 자신보다 더 큰 존재, 더 대단한 힘, 신성한 존재 또는 광활한 우주와 연결되어 있다는 느낌이다. 모든 사물이 연결되어 있고 신비한 힘이 생명을 움직이고 있다는 인식이다. 영성은 우리 삶에 훨씬 더 큰 목적과 방향성, 의미를 부여해 몸과 마음, 영혼의 연결을 완성한다.

경외감을 불러일으키는 경험은 영적 교감을 더 깊게 한다. 깊은 협곡의 가장자리에 서서, 별을 바라보며 또는 감동적인 의식에 참여하며 느끼는 경외감은 숭고함, 비범함, 존재의 심오한 의미를 엿볼 수 있게 한다.

경외감은 단순히 황홀감이나 흥분이 아니다. 삶 앞에 자신을 열고, 그 신비를 받아들이며, 그 안에서 자신의 위치를 인정하는 경험이다. 자신이 연결되어 있고, 살아 있고, 나 자신보다 더 큰 무언가의 일부라고 느끼는 경험이다. 자신보다 더 큰 무언가와 연결되어 있음을 인식하고 감사하는 것은 신경계의 수용 용량을 확장하는 데 강력한 영향을 미친다. 더 큰 맥락 안에서 자신의 위치를 더 깊이 이해할 때 신경계는 더 유연해져서 새로운 도전에 더욱더 우아하고 품위 있게, 겸손과 연민의 마음으로 대응하게 된다.

5단계 계획의 마지막 단계로 신경계의 수용 능력을 확장하는 방법들을 배우면서 당신은 신경계 조절 장애를 회복하는 여정의 시작을 알리는 인생의 새로운 장에 접어들었다. 또는 이미 5단계를 모두 해내고, 이제 다른 프로젝트와 모험에 집중할 준비가 되었을 수도 있다. 나의 경우 신경계 조절에 더는 그렇게까지 집중할 필요가 없어진 후, 가정을 꾸리고 다른 사람들에게 신경계 치유 여정을 안내해야겠다고 생각하게 되었다. 새롭게 알게 된 평화와 열린 마음 덕에 내 인생의 사건들이 서로 연결되면서 이전에는 완전히 이해가 안 되었던 것들이 이해되는 경험을 했다. 이를 바탕으로 내 삶의 내러티브를 만들어낼 수 있었다. 이것은 현재 진행 중인 과정이지만, 이 여정에서 우리가 함께 다진 기초는 당신이 더 빨리 자신만의 탐험을 시작하는 데 필요한 도구를 제공할 것이다. 다음 장에서는 나의 개인적 여정을 공유하면서 나의 성장과 치유, 자아 발견의 길에서 매우 유용했던 '선조들과 연결 짓기'를 마지막 방법으로 소개할 것이다.

생활 속에서 경외감 발견하기

자신이 일상에서 경외감을 얼마나 자주 느끼는지 궁금하다면 이 평가를 해보자. 2006년 경외감 연구자들이 개발한 긍정적 감정 성향 척도 Dispositional Positive Emotion Scale는 경외감을 포함한 긍정적 감정을 느끼는 성향을 측정한다. 이 평가에서 경외감에 초점을 둔 부분의 문항들을 여기서 소개한다. 다음 6개의 문장을 읽고 각각 1점부터 7점까지 점수를 매겨라. '매우 그렇지 않다'라면 1점, '매우 그렇다'라면 7점으로 표시한다. 너무 깊이 생각하지 말고 솔직하게 답해야 한다.

1. 나는 종종 경외감을 느낀다.
2. 나는 내 주변에서 아름다움을 본다.
3. 나는 거의 매일 경이로움을 느낀다.
4. 나는 주변 사물에서 패턴을 자주 찾아본다.
5. 나는 자연의 아름다움을 볼 기회가 많다.
6. 나는 세상을 새롭게 바라보는 경험을 추구한다.

각 문항에 답한 후 점수를 합산한다. 총점으로 당신이 평소 얼마나 자주 경외감을 느끼는지 알 수 있다. 24점에서 42점 사이의 높은 점수는 경외감을 자주 느낀다는 뜻인 반면에, 6점에서 23점 사이의 낮은 점수는 경외감을 느끼는 빈도가 낮다는 뜻이다.

이 평가는 객관적 진단용이 아니라 자신의 경험과 감정을 되돌아보는 도구다. 이 평가로 당신이 생활하면서 경외감을 얼마나 느끼는지 확인해보라.

치유의 여정은 거대한 서사다

그 잿빛 겨울날 황량한 육교 위에서 나는 휴대전화로 고승 밀라레파에 관한 이야기를 읽었다. 악마를 쫓아내는 대신 마주하는 법을 배운 밀라레파의 이야기는 내 몸에 강한 울림을 주었다. 그 글을 읽는 동안 나의 내면 깊은 곳에서 무언가 변화가 일어났다. 인생의 전환점이 된 순간이었다.

겉으로 보기에 내 삶은 훌륭했고 사람들의 부러움을 샀다. 나는 성공한 외과 의사이자 성장 중인 디지털 헬스 스타트업의 CEO였고 자선 활동도 활발히 하고 있었다. 공적 영역에서는 이탈리아의 디지털 의료 및 스타트업 분야의 혁신가로 인정받고 인지도를 쌓은 덕에 한 행사에서 이탈리아 대통령과 함께 발표도 했다. 모든 일이 내 뜻대로 풀리는 듯했다. 하지만 속으로는 그렇지 못했다. 정서적으로 소통할 사람 없이 얕은 인맥만 넓었고, 치유는커녕 인식도 하지 못한 묵은 상처를 계속 끌어안고 있었다. 나는 언제나 나처럼 성공하고, 업무 능력이 뛰어나고, 열심히 일하는 사람들에게 끌렸다. 하지만 그들도 나와 마찬가지로 활동은 잘했지만 정서적 소통에는 약했다. 그들과 교류할 때 내 마음은 불안했고 근본적 욕구도 충족되지 않았다. 심지어 나는 그런 상황을 아직 인식하지도 못했다.

나는 명확하고 건강한 경계를 주장하는 법을 배운 적이 전혀 없었다. 직장에서 명확한 경계가 없으니 모든 문제와 좌절을 내면화했다. 직업과 개인 생활 사이의 경계가 모호해서 책임의 무게가 나를 압도해왔다. 성공적인 삶이었고, 특권을 누렸지만, 만성적 스트레스와 불안에 시달렸다.

시간이 지나면서 만성 스트레스 증상이 신체와 정신 건강 문제로 더 뚜렷이 나타나기 시작했다. 먼저 지속적인 주사피부염이 생겼다. 주사피부염으로 내 자존심은 한 방을 제대로 맞았다. 빨갛게 충혈된 반점들은 짜증스러울 뿐 아니라 매우 창피했다. 내 내면의 혼란을 모든 사람에게 드러내는 물리적 흔적처럼 느껴졌다. 그냥 하는 말이 아니라 정말로 나는 항상 피부에 자신이 있었다. 그러나 주사피부염으로 그 자신감이 무너지기 시작했다. 내 모습이 어떻게 보일지 늘 걱정했고, 사람들이 내 피부만 쳐다보고 있는 듯한 피해망상이 생겼다.

벌건 피부 때문에 자존감이 떨어지자 나는 이탈리아의 디지털 헬스 케어 스타트업 업계의 혁신가라는 인정과 인지도도 마다하고 공적 영역에 나서지 않았다. 점차 사교 행사에도 가지 않았고, 미디어뿐만 아니라 친구나 사랑하는 사람들과도 거리를 두기 시작했다.

숨어 지내면서 정서적 고통과 주사피부염이 더 심해져서 고립 욕구도 덩달아 강해졌다. 잔인한 악순환이었다. 피부 때문에 스트레스가 심해질수록 실제 증상도 심해지는 듯했다. 그리고 주사피부염이 심해지면서 스트레스와 불안감이 더 커졌다.

주사피부염은 신체적 괴로움을 알리는 첫 신호에 불과했다. 나는 지속적인 복통에 시달리다 과민대장증후군으로 진단받았다. 지속적인 통증에도 일상에서 책임을 다하기 위해 나 자신을 몰아붙이다 보니 진이 다 빠져버렸다.

과민대장증후군이 정말로 극심했던 날, 나는 애틀랜타에서 개최된 네트워킹 행사장을 막 빠져나오는 길이었다. 활기찬 문화에 흠뻑 젖거나 동료들과 인맥을 쌓기는커녕 장이 뒤틀리고 꼬이는 듯한 고통에 몸이 접혔다. 처음에는 그냥 넘기려고 했지만, 통증은 더욱 심해졌다. 날카롭고, 가차 없고, 압도적인 통증이었다.

지나갈 불편 정도가 아니라는 생각이 불현듯 들었다. 통증은 수그러들 줄 몰랐고, 통증의 강도를 보건대 중대한 위험 상황이란 느낌이 들었다. 생명의 위협을 느낀 나는 직원에게 구급차를 불러달라고 요청했다. 곧 나는 차량 뒷좌석에 태워졌고, 도시의 불빛이 점점 흐릿해 보일 정도로 정신이 아득한 상태로 병원으로 급히 이송되었다. 그 병원 의사들은 내가 평생 합병증이 남을 수 있는 심각한 질환인 췌장염에 걸렸을지도 모른다고 했다. 나는 통증이 멈추기만 바랐다. 하지만 통증은 멈추지 않았다. 삭막한 병실에서 계속되는 통증에 몇 시간을 시달렸다.

추가 검사 결과 췌장염이 아니라 '그냥' 과민대장증후군으로 밝혀졌다. 하지만 내게는 '그냥' 과민대장증후군이라고 넘길 일이 아니었다. 극심한 통증이 가라앉은 후에도 여전히 평정을 찾을 수 없었다. 신체적으로 불편할 뿐 아니라 명확한 설명이 부족해서 화가 났다. 이유를 모르니 혼란스러웠고 모든 게 내 잘못인 것 같았다. 무시하는 듯한 의사들의 말투는 마치 내가 겪은 극심한 고통이 내 머릿속에만 있는 것인 양, 마치 고통과 괴로움을 내가 불러일으켜서 아무것도 아닌 일로 소동을 벌인 것처럼 느껴지게 했다. 이런 혼란과 자책감은 이미 힘든 상황에 좌절감까지 더했다.

혼란에 빠진 것은 내 몸만이 아니었다. 내 감정 상태도 한없이 추락했다. 나는 고기능성 불안증high-functioning anxiety의 전형이었다. 친구, 동료, 환자들에게 나는 여전히 유능하고 성공한 전문가로 보였다. 하지만 닫힌 문 뒤로는 마치 쳇바퀴를 돌리는 햄스터처럼 끊임없이 최악의 시나리오를 떠올리고, 과거의 실수나 미래에 다가올 상황을 반복적으로 생각했다. 이런 정신적 소음은 나를 지치게 했고 만성 스트레스, 과민대장증후군, 주사피부염 등 신체 증상을 악화할 뿐이었다.

당시에는 이해하지 못했지만 내 신경계는 극도의 조절 장애 상태였다. 정신적 증상이 육체적 증상으로, 육체적 증상이 정신적 증상으로 이어지는 핀볼 효과에 갇혀 신경계가 옐로와 레드 상태에 계속 머물렀다. 무엇이 이런 극도의 조절 장애를 가져와 내 삶을 외적 성공과 내적 혼란이라는 역설로 몰고 갔을까?

내 동굴의 어둠 속에 악마가 숨어 있었다. 하지만 육교 위에서 밀라레파의 이야기를 읽었던 그 순간까지 나는 그들의 존재를 진심으로 인정하지 못했다. 그런데 이제 악마들이 속삭이는 것이 아니라 포효하고 있었다. 이 악마들, 즉 거친 내면의 목소리는 내가 충분하지 않다고, 중요한 존재가 아니라고 계속 말했다. 그 냉담한 목소리는 내가 가진 모든 의심과 불안을 끊임없이 상기시켰다. 나는 치유를 향한 여정이 단지 그 목소리와 그에 수반되는 증상들을 침묵시키는 것이 아니라 악마들을 마주하고, 그것들을 이해하고, 그것들에게 절하는 것임을 곧 알게 되었다.

그 육교에서 얻은 깨달음, 즉 악마들과 솔직하게 마주하는 데 전념해야 한다는 깨달음이 전환점이 되어 신체적·정서적 증상이 갑자기 좋아지기 시작했고, 내 치유의 길도 상승세를 탔다고 말할 수 있었으면 좋겠다. 하지만 그건 진실이 아니다. 사실 처음으로 악마와 대면하기 시작했을 때는 상황이 더 악화되었다.

하지만 이런 신체적 증상의 폭풍 한가운데서 나는 이상하게 평화로움을 느끼기 시작했다. 이 평화는 다른 사람들에게 인정받기 위해 유지하던 내 이미지를 버리고 나를 수용하기 시작하면서 생겨났다. 물론 내 안에 악마들은 여전히 존재했지만, 예전만큼 무섭거나 압도적이지 않았다. 나는 호기심과 수용하는 마음으로 그들에게 다가가기 시작했다. 밀라레파처럼 악마들과 함께 지낼 것이라는 사실을 받아들였기 때문에 그것들을 물리쳐야 할 적이 아니라 이해해야 할 나의 일부로 바라보기로 했다.

이전과 다르게 나를 조건 없이 지지하고 이해하려 노력했고, 스스로 만족스러운 점이 아무것도 없다던 거친 목소리를 더 친절하고 자비로운 목소리로 바꿨다. 나는 비현실적인 기대를 내려놓았고, 그렇게 함으로써 나를 지배하던 악마들의 힘을 약화시켰다.

새롭게 발견한 자기연민과 호기심, 자기수용을 통해 상황이 개선되기 시작했다. 즉각적이거나 직선적 변화는 아니었지만, 마침내 나는 가차 없는 자기비판에서 벗어나 진정한 자기이해와 배려를 향한 길로 들어서게 되었다.

• 치유의 길에서 길잡이 찾기

2012년 치유의 여정에 처음 나섰을 때 나는 대부분 혼자였다. 요즘에는 정신 건강에 관련된 공개적인 대화가 오가고 그에 따른 인식도 높아졌지만, 당시에는 그런 대화가 거의 이루어지지 않았다. 마찬가지로 마음과 몸이 연결되어 있다는 개념이나 스트레스에 대한 신체 반응에 대한 이해는 아직 주류에 들지 못한 채 주변부에 머물렀다. 스트레스에 관한 과학 문헌은 드물었고 소셜 미디어에서도 이 주제를 거의 다루지 않았다.

망망대해에 떠 있는 기분이 들 때도 있었다. 내가 나아지고 있는 건지 그냥 방향을 잃고 헤매고 있는 건지 알 수 없었다. 혼란스러웠고 나에 대한 확신도 없었던 시간이었다. 그런 혼란과 자기의심에 빠져 있던 나는 멘토, 심리치료사, 스승 같은 길잡이가 얼마나 중요한지 깨달았다. 지원받을 커뮤니티가 없는 상황에서 이런 길잡이는 내게 나침반이 되어주었다. 그들은 신경계를 치유하는 혼란스러운 과정에서 내가 길을 찾도록 도와주었고, 인정 많은 귀와 안내하는 손으로 든든한 존재감을 보여주었다. 그들은 내가 혼자가 아님을 알려주었다.

막 싹트기 시작한 극단적인 솔직함과 무조건적인 수용을 연습하고 강화할 수 있는 안전지대의 발견은 대단히 중요했다. 내 길잡이들과 새롭게 맺은 관계는 내게 안전한 피난처가 되어주었다. 나는 다른 사람들의 도움을 받아들이는 법도 배워야 했다. 나는 늘 지독히 독립적이었고, 애정과 인정을 받기 위해 다른 사람에 의지하는 것을 두려워했다. 다른 사람의 도움과 지지를 받아들인다는 생각에 마음을 열면서 나도 모르게 회피형 애착 성향을 치유하고 있었다.

존경받는 불교계 스승이자 영적 상담자인 조쉬 코다Josh Korda는 나의 치유 여정에서 중추적인 역할을 했다. 그의 뉴요커 정신, 유대인의 뿌리, 펑크 정신은 우리의 소통에 진정성을 불어넣었다. 내게 선생님 그 이상의 존재였던 코다는 내가 자기수용, 정직, 자기연민을 실천할 수 있는 안전한 공간이 되어주었다. 그의 일관되고 무조건적인 지원 덕분에 의존성에 대한 두려움에 맞설 수 있었고, 뿌리 깊은 방어 성향도 점차 치유되었다. 그는 지금도 꾸준하고 배려심 넘치는 안내자로 내 인생에

남아 있다.

신경과학, 신체 기반 치료, 고대 불교의 지혜를 통합한 코다의 독특한 교수법은 몸과 마음이 연결되어 있다는 사실을 더 깊이 이해할 수 있게 도와주었다. 그는 감정 상태, 신체 증상, 영적 연결 사이의 연관성에 대해 배우고, 탐구하고, 관점을 넓히도록 나를 격려했다. 전통 서양의학을 전공한 나에게는 완전히 새로운 아이디어였다. 몸과 마음, 영성의 융합이라는 아이디어는 내 눈을 뜨게 해주었을 뿐만 아니라 결국 내 진로도 바꾸어놓았다. 나의 호기심에 불이 붙었다. 그때는 책이 삶의 지혜와 다양한 관점을 알려주는 든든한 동반자가 되어주었다.

코다와 함께 공부를 시작한 지 얼마 지나지 않아 그는 제리 콜로나 Jerry Colonna에게 연락해보라고 제안했다. 유명한 벤처 투자자에서 경영코치로 변신한 콜로나는 그날 육교에서 내 관점을 뒤바꾼 글을 작성한 바로 그 사람이었다. 나는 콜로나의 비싼 코칭 서비스를 받을 형편이 안되어서, 친구이자 멘토로서 콜로나에게 연락해보라는 코다의 권유에 걱정이 앞섰다. 내 가치에 끊임없이 의문을 품게 만드는 마음속 깊은 무가치감 때문에 내가 존경하는 콜로나 같은 사람이 나와 관계를 맺는 것은 고사하고 이메일에 답장이라도 해줄지 의문스러웠다. 하지만 나는 심호흡을 한 번 하고는 그에게 이메일을 보냈다.

나는 그 메시지에 진심을 담아 그의 말이 내 관점에 얼마나 깊은 변화를 가져왔는지 설명했다. 놀랍게도 콜로나가 답장을 보내왔다. 내가 두려워했던 무시하는 반응과는 거리가 먼 따뜻하고 반가운 답장이었다. 내 인생에 상상할 수 없는 방식으로 영향을 끼친 오랜 우정이 그렇게 시작되었다. 이탈리아라는 공통의 문화유산 덕에 우리는 곧바로 유대감을 느꼈다. 콜로나는 멘토이자 안내자가 되어 다양한 직업적 어려움과 개인적인 문제에 귀중한 조언과 지원을 주었다. 멘토로서 그의 역할은 나에게 더없이 중요했다. 그는 리더이자 기업가로서 나의 잠재력을 알아보고 내게 확인시켜주었다. 이는 내가 오랫동안 갈망했지만 아직 받지 못했던 검증이었다.

여과 없는 솔직함과 진실을 직시하라는 일관된 격려가 섞인 콜로나의 지지는 그가 말하는 '근본적 자기 탐구'radical self-inquiry와 어우러져 내가 가치 있는 존재라는 느낌과 안정감을 주었다. 동시에 현실을 직시하고 대처하라는 독려가 되기도 했다. 미묘한 균형을 유지하며 확신을 심어주는 동시에 도전하라고 말해준 콜로나 덕택에 우리의 멘토와 멘티 관계는 나의 치유와 자기수용의 여정에서 강력한 추진력이 되었다.

• 내 치유 여정의 전환점

리더이자 기업가로서의 나에 대한 콜로나의 믿음은 내가 수년 동안 나 자신에게 해왔던 이야기, 즉 나를 작고 보잘것없는 존재로 묘사했던 이야기와 큰 대조를 이루었다. 콜로나의 격려는 내가 갈망했던 외적인 인정이었을 뿐 아니라 마침내 내가 내면의 갈등이라는 진실과 마주하게 해주었다. 나는 세상을 변화시키기 위해 끊임없이 움직이고 있었지만, 그 이유를 돌아볼 시간은 전혀 가지지 못했다.

나는 11년 전에 구강 의학 공부를 마쳤고, 2년간 골수 이식이 구강에 미치는 영향에 관한 임상 연구를 진행했다. 그 연구를 하면서 몇 달 동안 격리 병실에서 유리창 너머로만 사랑하는 사람들을 볼 수 있었던 환자들과 소통해야 했다. 몇 명은 이식 수술에서 살아남지 못하고 소중한 삶의 마지막 시간을 격리 병실에서 보냈다. 이로 인한 무력감과 슬픔은 나를 짓눌렀고 어떤 노력도 무의미하게 느껴졌다. 도움이 되기는커녕 그들의 고통을 지켜보고만 있자니 내가 참으로 부족하고 부끄럽게 느껴졌다.

5년간의 전문의 수련과 연구에도 불구하고 스스로 부족하고 무가치하다는 느낌과 씨름하는 나 자신을 발견했다. 나는 그저 인체의 작은 특정 부분을 외과적으로 다루는 구강 전문의였을 뿐이었다. 내 안에서 좀 더 '가치 있는' 전문 분야를 선택했어야 했다고 속삭이는 목소리가 끈질기게 들렸지만, 그게 무엇인지 명확히 알 수는 없었다. 인간의 건강이라는 훨씬 더 넓고 복잡한 지형을 피상적으로만 다루고 있으면서 어떻게 실질적인 변화를 만들어낼 수 있단 말인가? 의사란 직업은 재정적 안정과 독립을 가져다주었지만, 나는 더 깊고 포괄적인 삶의 목적에 대한 갈증을 느꼈다.

나는 직장 밖에서 이 목적을 찾기 시작했다. 나는 자원봉사에 몰두했다. 브라질과 아프리카로 가서 비정부기구가 운영하는 병원에서 진료했다. 정치 및 인권 옹호 활동과 환경 운동에도 참여했다. 할 수 있는 자원봉사는 전부 다 했다. 하지만 아무리 많은 사람을 돕고, 아무리 대의를 위해 많이 활동해도 그 일이 광활한 바다에 떨어지는 작은 물방울 하나처럼 느껴졌다.

마사이족과 삼부루족이 여전히 유목 생활을 하는 케냐 북부의 한 외딴 마을에 진료를 나갔을 때의 일은 아직도 잊히지 않는다. 그 마을은 눈부신 고대의 전통과 극명한 대비를 이루는 잔혹한 현실 속 세계였다. 그곳 사람들은 끊임없는 에이즈의 위협 속에 살고 있었다. 어느 날 오후 그곳 병원에서 한 소년의 이를 뽑아주게 되었다. 8~9세쯤으로 보이는 소년은 이미 에이즈로 부모를 잃은 고아였고, 자신도 에이즈와 싸우고 있었다. 그를 데려온 자원봉사자들은 그의 상태가 심각해서 그리 오래 살지 못할 거라고 말했다.

두려움과 혼란으로 가득한 소년의 눈을 보면서 이미 고통스러운 아이가 이까지 뽑으면 더 아프겠다고 생각했던 기억이 난다. 그때까지 느껴본 적 없는 무력감이었다. 짧은 생에 이미 내가 상상할 수 있는 이상의 고통과 아픔을 겪은 아이를 보며 마음이 아팠다.

나는 최대한 부드럽게 이를 뽑아주었다. 소년이 소리 낮춰 흐느끼며 나간 후 나도 분노를 가득 품은 채 진료실에 앉아 울었다. 소년의 엄청난 고통에 비해 내가 작고 하찮은 존재로 느껴졌다. 내가 이룬 모든 업적, 목표, 선행이 하찮게 느껴졌다. 이 충격적인 경험을 했음에도 나는 오랫동안 끈질기게 더 많은 책임을 맡고 더 많은 행동에 나섰다.

수년 후, 콜로나를 만나고 내가 세상을 바꾸려는 의욕은 넘치면서 나 자신을 들여다보기 위해 멈춘 적은 한 번도 없었던 이유를 이해하면서 그 소년의 엄청난 고통 앞에 내가 그토록 작게 느껴졌던 이유를 깨달았다. 스스로를 증명하지 않으면 존재 가치를 느끼지 못하는 마음속 깊은 생각 때문이었다.

변화를 일으키고 사람들에게 도움을 주려는 나의 끈질긴 열망은 내 안의 충족되지 않은 욕구에서 기인한 것이었다. 나는 세상을 구하느라 너무 바빠서 내면을 들여다본 적이 한 번도 없었다. 나 자신을 이해하기 위한 노력을 외면하고 진짜 문제를 회피하고 있었다.

내가 작아지는 느낌은 세상의 고통이 크기 때문이라고 생각했는데, 그 근원이 세상이 아니라 내 안에 있음이 보이기 시작했다. 그것은 수용 욕구, 가치감에 대한 욕구, 자기애 욕구 등 채워지지 않은 나의 내적 욕구의 발로였다.

이 깨달음은 나의 치유 여정에서 중요한 전환점이 되었다. 나는 비로소 밖이 아니라 안으로 시선을 돌렸다. 나는 다른 사람을 치유한다는 것이 단지 세상에 나가 불을 끄는 일만은 아니라는 사실을 이해하기 시작했다. 그것은 오랫동안 방치했던 자기의심과 자기부정 같은 내면의 불길을 잡는 일이기도 했다.

더는 내게 존재 가치가 있다는 것을 확인하기 위해 세상을 구할 필요가 없었다. 대신 내 존재 안으로 깊이 뛰어들어 두려움과 불안감을 인정하고 연민과 이해로 안아주어야 했다. 이것은 세상에서 움츠러드는 일이 아니라 수용과 자기애를 위한 내적 역량을 확장하는 일이었다.

이러한 통찰 이후 외적인 성취로 존재 가치를 검증받으려 했던 나의 집요한 사슬을 풀고 자아를 발견하고 수용하는 길로 나아갔다. 달리기를 멈추고 내면을 바라보기 시작할 용기가 생겼다. 치유에 대한 접근 방식을 바꾸고 목적의식을 재정의한 기념비적인 변화였다. 그 순간부터 나는 세상을 치유하는 일이 나 자신의 치유에서 시작된다는 것을 깨달았다.

• 내 몸 존중하기

나의 내면부터 치유해야 한다는 새로운 깨달음과 함께 내 치유 여정은 개인적인 방향으로 새롭게 나아갔다. 이 여정은 더 이상 단순히 건강과 질병에 관한 문제가 아니었다. 이 여정은 그보다 깊은 자기 발견과 이해의 여정이 되었다.

코다와 함께 애착 패턴, 대처 전략, 내장형 알람 같은 내 조절 장애의 근본 원인을 해결해가기 시작하면서 신경계가 안정되기 시작했다. 그리고 첫 번째 중요한 개선점이 나타났다. 소화력이 좋아지기 시작했다. 계속되는 고도의 긴장 상태로 인해 너무 오랫동안 손상되어 있던 장 건강이 저절로 나아지기 시작했다. 예전에 자주 겪었던 복부 팽만감, 가스, 불편감을 더 이상 경험하지 않게 되었다. 장이 섭취한 음식의 영양분을 더 잘 흡수하기 시작했고, 그 결과 에너지가 증가하기 시작했다.

그러나 주사피부염은 사정이 달랐다. 다른 측면의 건강은 크게 개선되었지만, 주사피부염은 내 삶의 새로운 변화에 저항이라도 하듯 계속 제자리걸음이었다. 나는 여러 피부과 전문의의 의견을 구했지만 모두 비슷한 소견을 내놓았다. 내 피부 질환은 치료가 안 되니 그런 채로 살아야 한다는 것이었다. 그러다 마우로 바르바레스키Mauro Barbareschi 박사를 만났다.

바르바레스키 박사는 달랐다. 그의 대화 방식에 나는 차분해지고 안심이 되었다. 그리고 다른 의사들과 달리 그는 나를 그저 피부 질환 환자로 보지 않았다. 대신 나를 피부보다 더 깊이 있는 문제와 씨름하는 한 사람으로 봐주었다.

바르바레스키 박사는 다년간의 경험과 큰 그림을 보는 안목으로 다른 누구도 해주지 않았던 말을 해주었다. 그는 내 피부가 다른 신체 부분과 마찬가지로 정서적·심리적 안녕과 밀접한 관련이 있다고 했다. 내가 앓는 주사피부염은 독립적인 문제가 아니라 내 몸의 스트레스 반응과 본질적으로 연결되어 있다고 설명했다.

그는 자신의 의학 지식이 증상 관리에는 도움이 되겠지만, 근본적인 치료를 할 수는 없다고 인정했다. 대신 치유 과정의 중요한 부분은 내 손에 달렸다고 말했다. 내가 스트레스의 근원까지 더 깊이 들어가 직면해야 한다고 강조했다. 그런 다음에야 내 주사피부염이 영구히 사라질 것이라고 단언했다.

그 말을 듣는 순간 내 머릿속에서 불이 켜지는 듯했다. 내가 의학 교육을 받으면서 그리고 코다와 대화하면서 이미 의심하기 시작했던 사실을 노련한 의료 전문가가 다시 확인시켜주었기 때문이다. 나의 몸과 마음은 별개가 아니며 서로 연결된 복잡한 시스템의 일부였다. 나는 그의 솔직함뿐 아니라 앞으로 내가 해야 할 엄청난 일에 깜짝 놀랐다.

그날 나는 오랫동안 느끼지 못했던 희망과 힘을 느끼며 그의 진료실을 나섰다. 나의 회복 능력에 대한 그의 믿음으로 모든 것이 달라졌다. 치유는 더 이상 피부 질환의 치료에 국한되지 않았다. 그보다는 희망에 다시 불을 붙이고 스스로 건강을 관리할 수 있다는 통제감을 키우는 일부터 시작해야 했다.

몇 년 후 나는 주사피부염에서 벗어났고, 지금도 종종 바르바레스키 박사의 영향력을 느낀다. 그는 단순히 피부염을 치료해준 게 아니었다. 진짜 치료는 내 안에서 이루어져야 한다는 사실과 그럴 힘이 내게 있음을 알려주었다. 나는 그에게 내 몸에 귀를 기울이고 신뢰하는 법을 배웠다.

논리적인 사고를 칭송하고 몸의 지혜를 경시하는 서구 문화에서 자란 나는 마음과 몸이 분리되어 있다는 뿌리 깊은 믿음을 간직하고 있었다. 나는 마음의 이성과 의지력을 높이 평가하도록 배운 탓에 몸이 끊임없이 내게 말을 건넨다는 사실을 깨닫지 못했다. 바르바레스키 박사, 코다와 다른 사람들의 도움으로 나는 몸이 보내는 신호를 듣는 법을 서서히 배워갔다. 내 몸은 지혜로 가득했다. 내 몸을 치유하려면 무엇보다 그 지혜를 높이 사고 존중해야 함을 배웠다.

그 여정에는 관점의 근본적인 전환과 일반적 기준에서 벗어나려는 의지가 필요했다. 나는 그렇게 함으로써 그저 개별 증상을 치료하는 데서 벗어나 내 마음과 몸의 연결성을 키우고 회복하는 길을 발견했다. 내가 겪은 고통과 혼란은 대단히 힘든 것들이었지만, 건강한 삶에 대한 새로운 접근 방식으로 나를 이끄는 중요한 역할을 했다.

• 치유의 유대감

나는 치유 여정을 통과하며 내 몸의 진실과 마주하고, 불편함을 받아들이고, 불편함으로부터 배우고, 불편함과 친구가 되는 법을 배웠다. 피부 상태가 본질적으로 내적 감정과 연결되어 있음을 알게 되면서 그 감정의 근원, 즉 불안정한 자존감의 근간인 관계 패턴을 검토하고 해결하려 노력했다. 내 몸과 그 안에 내재된 치유 능력을 이해하게 되면서 내 삶의 또 다른 중요한 측면인 인간관계를 들여다보게 되었다.

예전의 관계는 회피와 감정적 줄다리기로 얼룩진 전쟁터에 있는 듯했다. 하지만 알레시오가 내 인생에 등장하면서 그런 패턴에서 완전히 벗어났다. 알레시오와 함께 있을 때는 온전히 내 자신이 될 수 있었다. 가식도, 가면도, 나 자신이 아닌 사람이 될 필요도 없었다. 온전하고 솔직하게 나일 수 있었다. 이전 관계에서는 전혀 알지 못했던 새로운 느낌이었고 안정감이었다.

알레시오와의 관계는 어떤 점이 달랐을까? 이전의 관계들과 달리 이번에는 평소와 같은 기대감 없이 접근했다. 체크리스트도, 불가능한 기준도 없었다. 나는 완벽한 파트너와 완벽한 관계를 맺으려고 하지 않았다. 대신 내 몸을 통해 배운 대로 현재를 존중하고 '있는 그대로의 관계에 함께하기로' 했다.

내 몸의 직관을 믿고, 어떤 선입견이나 계획도 없이 몸의 신호에 귀를 기울이겠다고 다짐했더니 이전에 경험하지 못했던 친밀감의 문이 열렸다. 내가 늘 추구하거나 상상했던 것과는 달랐지만 정확히 내게 필요했던 것이었다.

내가 가장 나약해진 순간에 알레시오가 나를 받아준 것이 주효했다. 주사피부염이 최악의 상태일 때도 그는 내 곁을 지켜주었다. 그의 사랑과 인내심은 내가 완벽하거나 특별한 무언가를 성취하지 않아도 사랑받을 가치가 있는 존재라는 증거였다. 나는 관계에서 진정으로 중요한 것은 상대방이 내 기준에 얼마나 부합하는지가 아니라 우리 두 사람이 관계를 얼마나 소중히 여기는지와 갈등이 발생했을 때 노력하고 회복하려는 의지가 우리에게 있는지에 달려 있다는 사실을 깨달았다.

나는 알레시오를 통해 전에는 알지 못했던 무조건적 사랑, 가식이나 겉치레를 요구하지 않는 사랑을 경험했다. 그 경험은 나 또한 그런 사랑을 할 수 있는 능력이 있음을 보여주는 거울이었다. 나는 이상화된 이미지가 아니라 내 앞에 있는 실제적인 사람에게 똑같이 무조건적 수용과 사랑을 줄 수 있음을 깨달았다.

우리 관계가 완벽하지는 않았다. 사실 지금도 기복이 있다. 그렇지만 관계가 꼭 완벽할 필요는 없었다. 있는 그대로의 나로 충분하다는 이해 덕분에 나는 정직과 신뢰, 수용의 자세로 우리 관계에 접근할 수 있었다.

우리의 불완전함을 받아들이면서 나는 관계에 대한 헌신에서 중요한 부분은 끊임없는 회복과 노력이라는 것을 배웠다. 갈등을 실패의 징후로 보는 대신 우리가 함께하는 여정에서 피할 수 없는 측면으로 보기 시작했다. 다툴 때마다 서로를 더 잘 이해하고, 더 깊이 소통하고, 유대감을 강화할 기회로 여겼다.

사랑을 회복과 성장의 지속적인 과정으로 이해하는 새로운 관점이 내 안에 자리 잡으면서 나는 관계의 회복 과정이 알레시오와의 관계뿐 아니라 내 인생의 모든 관계와도 관련이 있음을 깨달았다.

• 나의 치유, 내 가족의 치유

나 자신과 내 몸을 받아들이는 법을 배우고, 알레시오와의 관계에서 무조건적 사랑을 주고받은 것은 나의 개인적 치유 여정에서 큰 도약이었다. 거기에서 한 걸음 더 나아가 선조들의 역사를 이해하게 된 것은 오늘날 내가 누리는 평화에 결정적인 역할을 했다.

스토리텔링은 증조할머니로부터 할머니 그리고 어머니까지 우리 가족 안에서 대물림된 재능이었다. 그들 모두 이 재주를 아름답게 구사했지만, 이탈리아에서 유명한 작가인 어머니가 우리 선조 중 한 명에 관한 책을 쓴 후 비로소 나는 스토리텔링을 통해 고통을 이해하는 것이 얼마나 심오한 치유의 힘을 지니고 있는지 완전히 이해하게 되었다.

어머니의 책 『물장수』*L'acquaiola*는 놀라운 회복탄력성을 지녔던 나의 외고조할머니 마리아의 이야기를 담고 있다. 그 시대의 사회 규범은 여성을 남성에게 종속된 존재로 인식하게 만들었다. 근면하고 자립심이 강해도 여성은 가치가 덜한 존재로 간주되었다. 예를 들어, 마리아는 매일 샘에서 물을 길어 그 지역 부유한 가문의 저택으로 나르는 고된 육체노동에 시달렸다. 그런 고단한 생활에도 불구하고 그녀는 자신을 표현하고 의미 있는 삶을 영위할 방법을 찾아냈다. 그녀의 회복력은 놀라웠지만, 그녀가 생존을 위해 치러야 했던 대가도 만만치 않았다. 책은 마리아 할머니가 치른 개인적인 희생, 그것이 관계에 미친 영향과 그녀의 삶에 끼친 타격을 이야기한다.

그 이야기는 내 선조들의 희망과 꿈, 투쟁에 다시 생명을 불어넣어 주었다. 그 책을 읽는 동안 생명력과 사랑, 수많은 극적 사건으로 가득한 내 할머니의 이야기에 깊은 인상을 받았다. 마리아 할머니의 이야기를 알아가면서 그분의 손녀인 나의 할머니에 대한 기억이 다시 떠올랐다.

내가 난다 할머니라고 불렀던 나의 외할머니 난디나는 나에게 사랑, 강인함, 회복탄력성 그 자체였다. 할머니는 이탈리아 남부 몰리세주의 중산층 가정에서 다섯 자녀 중 장녀로 태어났다. 똑똑하고 감수성과 호기심 풍부한 소녀였던 그녀는 학교에 다니면서 새로운 것을 배우기를 좋아했다. 하지만 얼마 후 모든 상황이 바뀌었다.

1943년 7월 16일, 열여섯 번째 생일을 맞이한 지 얼마 되지 않아 난디나의 인생은 돌이킬 수 없을 정도로 달라졌다. 그날 그녀는 당시 그녀의 가족이 살았던 로마 중심부에 있는 시험장에 앉아 다른 수십 명의 소녀와 함께 고등학교 기말시험에 열중하고 있었다. 시험장 분위기는 기대감과 긴장된 에너지로 가득했다. 난디나는 눈앞에 놓인 시험지에 시선을 고정한 채 손을 부지런히 움직이며 답안 작성에 몰두하고 있었다. 하지만 정확히 11시 3분, 아침의 평화는 무참히 깨졌다. 사이렌이 울리기 시작했고, 그 섬뜩한 소리는 교실의 석벽과 어린 학생들의 심장에 울려퍼졌다.

그날 4,000개가 넘는 연합군의 폭탄이 로마에 쏟아져 3,000명의 목숨을 앗아가고 11,000명의 부상자를 남겼다. 순식간에 난디나가 알던 세상은 끝이 났다. 그토록 긴장하며 준비했던 시험은 잊히고 무시무시한 생존 시험이 시작되었다. 신청한 적도 없었던 생존 시험은 그녀에게 지대한 영향을 미쳤다. 그녀는 청소년기를 건너뛰고 몇 개월 만에 어른이 되었다.

그녀의 아버지는 무솔리니의 파시스트들에게 인질로 잡혀간 뒤로 생사조차 알 수 없었다. 생존을 위해 그녀와 가족은 조상들이 살던 몰리세로 곧바로 피신했다. 그곳에서 그들은 후퇴하는 독일군과 진격하는 연합군 사이에 껴 곤란한 처지가 되었다. 어린 동생들과 임신으로 몸이 무거운 어머니를 데리고 숲속에 숨어 있던 난디나는 보호자이자 부양자 역할을 해야 했다. 식량 부족으로 극단적인 수단에 의존할 수밖에 없었던 그들은 때때로 풀뿌리로 연명했는데, 난다 할머니는 훗날 그때의 기억을 내게 들려주곤 했다.

그녀는 기회로 가득한 미래를 꿈꾸던 총명한 학생에서 전쟁이라는 잔혹한 현실에서 길을 잃고 꿈이 산산이 조각난 어린 소녀가 되었다. 하지만 엄청난 혼란과 두려움 속에서도 그녀는 나이답지 않은 어른스러운 강인함으로 버텼고, 그런 강인함이 평생 그녀를 지탱했다.

전쟁이 끝난 후 난디나는 가족의 경제적 안정이 무너졌음을 알게 되었다. 과거 든든한 가장이었던 그녀의 아버지는 파시스트에 의해 불구의 몸이 되어 예전처럼 가족을 부양할 수 없었다. 그녀는 교육을 받을 수도, 그녀 앞에 열려 있던 기회를 추구할 수도 없었다. 이런 어려움 속에서도 난디나는 전쟁 중에 해군이었다가 이후 경찰이 된 할아버지와 가정을 꾸리게 되었다.

그들은 새로운 삶을 꾸리기 위해 쉬지 않고 일했으며, 이탈리아 북부 밀라노로 이주해 도시가 제공하는 기회와 도전 속에서 세 자녀를 키웠다. 그들의 이야기는 끊임없는 노력, 고된 노동, 수많은 희생으로 가득 차 있다. 전쟁 중 겪은 충격적인 경험으로 그녀의 신경계는 조절 장애를 겪었을 것이고, 그녀는 자신에게 내장된 알람과 평생 싸웠을 것이다.

그러나 그녀에게는 자신의 고통을 해결할 시간과 자원이 거의 없었다. 그보다는 기본 생필품을 확보하고, 가족을 부양하고, 자녀를 양육하는 등 당면한 책임에 집중해야 했다. 가혹한 삶의 현실은 그녀를 생존 모드로 몰아갔고, 그녀에게는 다른 어떤 것도 생각할 여유가 없었다.

이 이야기를 더 깊이 파고들면서 익숙한 패턴 하나가 내 눈에 들어오기 시작했다. 늘 부족한 듯한 느낌, 자신을 증명해야 한다는 끊임없는 충동, 끝없는 조급함 등 나의 고충이 내 할머니들의 삶에서도 똑같이 발견된다는 사실을 알아챘다. 마침내 전체 그림이 연결되기 시작했다. 이것들이 단지 내가 씨름해온 개인적인 어려움이 아니라 여러 세대에 걸쳐 전해진 패턴임을 깨달았다.

이 패턴은 생존이 끊임없이 위협받고 삶이 고난으로 가득했던 시대에서 비롯된 것이었다. 할머니들은 긴박감이 필수적인 생존 메커니즘이었던 극심한 역경의 시대를 살았다.

내 할머니들에게는 안주할 여유가 없었다. 그들의 세계는 경계 엘리베이터를 재빠르게 오르내리고, 변화하는 상황에 빠르게 적응하도록 요구했다. 시간이 지나면서 이런 긴박감은 일종의 훈련으로 굳어졌고, 가족의 생존과 보호를 위해 자신에게 엄격해야 한다는 믿음이 뿌리 깊이 자리 잡게 되었다.

할머니들의 이야기와 함께 자신에게 가차 없고 엄격할 필요가 있다는 긴박감이 나에게까지 전해졌다. '부족함 없는 존재'여야 하고, '부족함 없는 행동'을 해야 하며, 끊임없이 최악의 시나리오에 대비해야 한다는 강박적 충동은 여러 세대를 거치며 엄격한 내부 규정으로 변모한 생존 메커니즘이었다. 사랑받을 자격을 얻으려면 스스로 끊임없이 완벽해져야 한다는 생각을 어떻게 물려받았는지 이해함으로써 내가 왜 그렇게 터무니없이 높은 기준을 자신에게 부과했는지 새롭게 깨달았다. 그것은 나의 결점이 아니라 이제는 쓸모없는 유산이 된 생존 메커니즘이었다.

그들의 삶을 이해하면서 내가 배운 스스로에 대한 연민을 그들에게도 대입하기 시작했다. 그리고 좋든 나쁘든 그들 각자가 자신에게 주어진 상황에서 최선을 다했음을 깨달았다.

그리고 이런 새로운 이해와 함께 나는 기회를 보았다. 이 세대의 상처를 치유하고, 대를 이어온 고통의 고리를 끊을 기회였다. 무엇을 물려주고 무엇을 내 세대에서 끝낼지는 내가 결정할 문제였다. 나의 네 자녀는 우리 가족에게 전해진 아름다운 재능, 즉 타인에 대한 감수성과 공감, 스토리텔링 재능, 지식에 대한 사랑, 불타는 열정, 끈질긴 회복탄력성을 큰 대가 없이 물려받았다.

변화를 일으킬 힘은 이제 내 손 안에 있다. 그것은 심오한 깨달음이었다. 나는 이 유산을 물려받은 사람이기만 한 것이 아니라 그것을 형성하고 재정의할 힘도 가지고 있었다. 나에게는 치유할 힘이 있다.

• '신경계 치유' 커뮤니티의 창설

10여 년 전에 시작된 나의 자아 발견과 치유 여정은 내 안에 심오한 변화를 일으키기 시작했고, 사람들을 위해 봉사하는 목적을 새롭게 바꾸어놓았다. 내면의 공허함을 메꾸려는 강박적 욕구는 사라졌다. 그 자리에는 온전한 충만감, 기쁨, 다른 사람들에게 베풀고 싶다는 바람이 들어찼다.

나는 마침내 내가 세상의 고통을 없앨 수는 없다는 현실을 이해했다. 하지만 고통과 싸우는 사람들을 지원하면서 그들이 더 강해지고 유능해지도록 도울 수는 있었다. 나는 내 아이들이 안전하고 평화롭게 자랄 수 있는 세상을 만드는 데 이바지하고 싶다.

이런 바람으로 나는 의사, 연구자, 코치들로 구성된 팀이 사람들에게 신경계 조절 장애 치유라는 복잡한 과정을 헤쳐 나갈 간단한 방법을 알려주는 공간인 '신경계 치유' 커뮤니티를 시작하게 되었다.

신경계 조절 장애에서 회복하기 위한 5단계 계획에 완결이란 없지만, 앞으로 나아갈수록 그 단계들이 점점 삶에 녹아들면서 치유와 성장 여정이 계속된다. 새로운 통찰을 얻고, 한 걸음씩 나아갈 때마다 다른 사람들이 걸어갈 치유의 길을 더 쉽게 만들어주는 것이 내 목표다. 과거에 내가 겪은 어려움, 혼란, 고립감은 이 책에서 설명한 내용의 원천이 되었다.

내가 함께 만들어가고 싶은 세상에서는 누구도 신경계 치유 여정에서 길을 잃거나 외로움을 느낄 필요가 없다.

• 치유의 여정에서 연대감 느끼기

당신이 끝없이 펼쳐지는 풍경 속에 서 있다고 상상해보라. 한쪽 어깨 너머로 끝없이 이어지는 여성들의 행렬이 보인다. 이들은 세월을 거슬러 올라가 이어지는 모계 조상들, 어머니들이다. 당신은 핀볼에서 큰 역할을 하는 세포 발전소인 미토콘드리아 DNA를 어머니로부터 직접 물려받았다. 거기에 아버지의 영향은 전혀 없다. 당신의 어머니는 그녀의 어머니로부터 그리고 그분은 또 그녀의 어머니로부터, 우리는 모계로부터 미토콘드리아 DNA를 직접 물려받았다.

미토콘드리아 DNA는 시간이 지나면서 변화하거나 변이가 일어나므로 당신이 4대 위 할머니와 정확히 똑같은 미토콘드리아 DNA를 가지고 있지는 않다. 하지만 당신이 부모에게 물려받은 다른 DNA들과 마찬가지로 세대마다 혼합되고 재조합되지도 않는다. 과학자들은 미토콘드리아 DNA 분석을 통해 현재 살아 있는 모든 인류가 적어도 한 명의 모계 조상을 공유하고 있다는 사실을 발견했다. 과학자들이 '미토콘드리아 이브'라고 이름 붙인 그 조상은 15만 년에서 20만 년 전에 살았던 것으로 추정된다. 당신을 창조하는 데 도움을 준 모계 혈통을 쭉 거슬러 올라간다고 상상하면 결국 미토콘드리아 이브까지 가게 될 것이다. 당신은 그녀로부터 수천 세대를 끊이지 않고 이어진 이 장엄한 사슬의 일부다.

이제 반대쪽 어깨 너머를 보라. 거기에는 부계 혈통이 늘어서 있는 것을 볼 수 있다. 미토콘드리아 DNA가 어머니에게서만 전달되는 것처럼 아버지의 성을 결정하는 Y 염색체는 릴레이 경주에서 바통을 이어받듯 아버지에서 아들로 직접 전달된다. 당신의 부계 혈통 또한 모든 인류가 공유하는 조상이 적어도 한 명 포함되어 있다. 과학자들이 'Y 염색체 아담'이라고 부르는 이 조상은 18만~30만 년 전에 살았던 것으로 추정된다.

우리는 모두 공통 조상이라는 끈으로 연결되어 있다. 이는 우리의 공통된 인간성과 우리 종의 끈질긴 여정을 겸허히 상기하게 해준다. 수많은 세대의 남성과 여성이 사랑하고, 유희를 즐기고, 힘들게 일하며 살아남아 자녀를 낳았다. 그들의 유산에 이제 당신도 포함된다.

당신 안에는 과거의 역경들이 반향을 일으키고 있을 뿐 아니라 조상들의 힘, 회복력, 치유가 간직되어 있다는 사실을 기억하라. 조상들이 풍요로운 시대에 번성하고, 인류 역사를 장식하는 엄청난 고통 속에서도 견딜 수 있게 했던 정신이 이제 당신 이야기의 일부를 이루고 있다. 현재 당신 모습의 일부분이다. 이 회복탄력성의 기백이 당신의 신경계에 왕성하기를 바란다. 당신은 온갖 역경을 딛고 여기까지 온 수많은 세대의 어깨 위에 서 있다는 사실을 항상 기억하기를 바란다.

이런 연대감을 깊이 느낄수록 일상에서 다른 사람들과 공감하며 관계를 맺는 능력도 동시에 향상된다. 우리 선조들의 회복탄력성이 현재 당신의 상호작용에 연민과 이해를 불어넣으며 힘을 북돋아주기 때문이다.

선조들의 계보를 잇는 여정

몇 년 전 나는 가족 별자리와 세대 간 트라우마 분야의 존경받는 스승이자 퍼실리테이터(회의 등에서 최적의 결론에 효과적으로 도달할 수 있도록 논의 과정을 돕는 사람-편집자)인 니르 에스터만Nir Easterman이 이끄는 훈련에 참석했다. 그 경험은 깊은 울림을 주었고, 내가 배운 교훈을 나만의 훈련 방법으로 만들어야겠다는 영감을 주었다. 이 훈련은 신경계에 깊은 치유 효과가 있어서 조상 대대로 내려오는 회복탄력성을 깨우는 동시에 조절 장애의 가장 깊은 뿌리 일부를 버릴 수 있게 해준다. 이 훈련을 시작할 준비를 하는 동안 괴로운 기억을 억지로 마주해서는 안 된다는 점을 명심하자. 계속 연민 어린 태도로 부드럽게 자신을 대하라. 당신은 당신의 여정을 통제할 수 있으며, 이 훈련이 감당하기 힘들어지면 한 걸음 물러서도 괜찮다는 것을 항상 기억하라.

1. **눈을 감고 당신이 주변을 의식하며 우뚝 서 있는 모습을 상상한다. 신체적 존재감, 느껴지는 감정, 생각의 흐름 등 몸에서 느껴지는 감각에 집중한다. 주의가 어디로 향하는지 주목한다. 어떤 경험을 하든 그대로 둔다.**
2. **당신의 선조 중 한 명의 삶에서 일어난 매우 힘들었던 사건으로 생각을 인**

도한다. 이 사건은 외상성 스트레스 요인이었을 수도 있고, 그들이 직면한 기념비적 도전이었을 수도 있다. 이 과거 사건을 당신이 서 있는 자리의 뒤쪽 공간 중 적절하다고 생각되는 곳에 배치한다. 하지만 아직 주의를 기울이지는 말고 그냥 그것의 존재와 영향력만 인식한다. 한 번 더 당신의 몸을 살핀다. 과거 사건의 인식이 현재 당신의 상태를 어떻게 만드는지 주목한다. 마음속 이미지가 어떤 형태든 편안하게 여겨지면 상관없다. 단, 사건의 세부적 내용에 몰입하는 것이 아니라 몸의 반응에 집중하면서 계속 호흡에 유념하는 것이 중요하다는 점을 기억하라.

3. 이 어려움을 견뎌낸 당신의 선조를 머릿속에 떠올린다. 그 시련을 진짜로 경험한 사람은 당신이 아니라 그분이었다. 그분의 시련이 당신의 마음에 각인되었을 수 있지만, 그 사건이 일어났을 때 당신은 그 자리에 없었다. 당신의 의식에 그분이 들어올 때 몸에 어떤 영향을 미치는지 주목한다. 호흡한다.
4. 선조들을 더 깊이 들여다볼 준비를 한다. 이 힘든 사건을 겪은 조상보다 한 세대 혹은 여러 세대 이전에 존재했던 선조에게로 시선을 돌린다. 이 힘든 사건의 영향을 받지 않은 선조를 찾을 때까지 여러 세대를 거슬러 올라간다. 그분에 관해 아무것도 모르지 몰라도 이 시련으로 고통받지 않은 사람이 있었음을 믿어라.
5. 심호흡을 하고 이 시련을 겪은 선조가 당신에게 이렇게 말해준다고 상상한다. "나의 자손아, 이 시련은 나의 것이었다. 내가 견뎌냈지. 내가 고통받은 것으로 충분하다." 이제 그가 자신의 시련을 스스로 감당할 수 있으므로 당신은 더 이상 그 짐을 질 필요가 없다고 말해주는 모습을 상상한다.
6. 당신의 몸을 다시 점검해본다. 이런 상상이 당신의 몸에 어떤 영향을 미쳤는가? 선조의 과거를 상상하고 연결 지음으로써 집안의 이야기가 고난의

원천이 아니라 건강과 치유의 원천으로 바뀔 수 있다. 당신의 선조에게 그 고난의 짐을 전부 내려놓을 만큼 힘과 용기가 있었다는 상상을 하면서 당신은 자율성을 되찾는다. 그들로부터 물려받은 재능과 짐들을 통제할 수 있게 된다. 그들이 이루지 못했던 치유의 순환을 완결하고 짐은 원래 속했던 과거로 돌려보내는 동시에 재능만 정중히 받기로 선택한다.

이 훈련이 거의 끝나갈 때 심호흡한다. 의자에 앉은 몸의 무게나 바닥을 딛고 있는 발의 무게를 느끼면서 현재로 부드럽게 의식을 되돌린다. 몸을 움직여주고, 필요하면 스트레칭을 하면서 주변 공간을 느낀다. 시간을 거슬러 올라가는 이 여정이 당신 안에 자리 잡게 하고, 그 여정에서 만났던 회복력과 힘을 전부 당신의 것으로 가져온다.

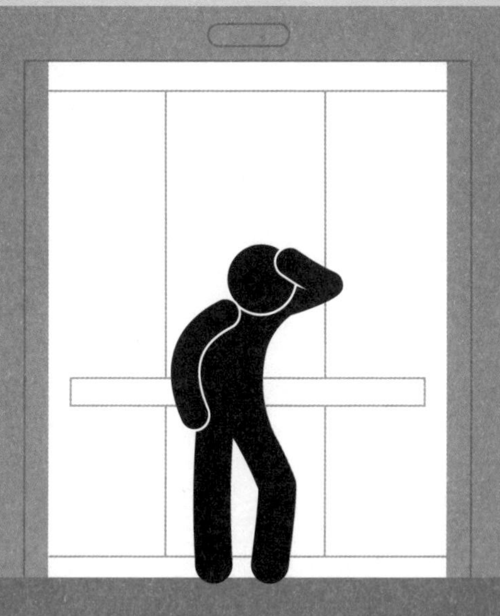

다른 사람에게 영감을 불어넣어라

2019년 7월 찜통더위에, 파트너와 아이들을 데리고 이탈리아에 사는 가족들을 방문했을 때였다. 나는 어린 자녀를 키우고, 오래된 관계를 유지하면서 일도 해내야 하는 어려움과 씨름하면서 기복이 심한 치유 여정을 몇 년째 이어가고 있었다.

넷째를 임신한 지 6개월째에 접어든 나는 더위에 땀으로 끈적끈적한 상태로 침대에 누워 있다가 우연히 책 한 권을 발견했다. 나는 평소에도 자연과 강한 유대감을 느끼고 환경 문제에 관심이 많았다. 하지만 젬 벤델Jem Bendell의 책, 『심층적응』(착한책가게, 2022)을 읽으면서 비로소 다가오는 기후 재앙을 실감했고, 그 도전에 맞서야겠다는 자극을 받았다. 기후 위기의 전망을 보고 아이들의 미래를 생각하니 이제껏 경험하지 못한 깊고 참담한 슬픔과 불안감이 느껴졌다.

신경계 조절 장애 치유를 시작하기 전에는 환경 파괴에 대한 불안감을 정면으로 마주할 수 없었다. 하지만 치유 여정을 거친 나는 맑은 정신과 열린 마음으로 이 주제와 맞설 수 있었다. 내가 느꼈던 깊은 충격은 경각심을 불러일으켰고, 문제를 더 깊이 파고들게 하는 원동력이 되었다. 그래서 나의 강점을 활용해 기후 위기 해결에 동참할 방법을 알아내야겠다고 그 어느 때보다 굳게 결심했다. 처음에는 슬픔과 혼란을 느꼈지만, 위기를 해결하겠다는 결심으로 다시 일어설 수 있었다.

나와 같은 생각을 하는 사람들과 소통하면서 놀라운 패턴 하나를 발견했다. 이들 다수는 나처럼 매우 예민하고 배려심이 깊은 사람들이었다. 이들은 예민성 덕분에 환경 위기를 단지 **지적으로** 이해하지 않을 수 있었다. 우리는 그 심각성과 실존적 위협을 몸으로 깊이 느꼈다. 예민성은 우리의 우려를 공동의 긴박감과 책임감으로 바꾸었다. 마치 우리의 집단적 공감력이 지구의 조난 신호에 귀 기울이고 행동을 촉구하는 명령을 듣게 만든 것 같았다. 이 경험을 통해 나는 개인적 치유와 집단 회복탄력성이 서로 깊이 연관되어 있다는 깊은 통찰을 얻게 되었다.

외상성 스트레스를 겪은 후 개인의 신경계가 재구성되고 치유될 수 있는 것처럼, 우리 지역사회와 국제사회도 치유되고 재편성될 수 있다. 우리 개개인이 치유될 때, 우리는 더 큰 공동체에 변화를 불러일으키고, 궁극적으로 더 탄력적이고 참여도가 높은 사회가 되도록 이바지할 수 있다.

고통, 슬픔, 두려움에 맞서는 것은 단지 개인적인 일이 아니라 삶의 상호연결성을 인식하는 신성한 일이다. 우리가 직면하는 모든 고난, 우리가 맞서는 모든 두려움, 우리가 견뎌내는 모든 상실이 **우리를 형성한다**. 이 경험은 모든 생명체가 직면하는 어려움에 마음을 열게 한다. 세상의 모든 혼란과 고통 속에서 분별력을 가지게 하고 우리 스스로를 연민의 등불로 만들어준다. 생존에서 번영으로 나아가는 여정에서 우리는 사회와 환경을 향한 책임감을 가지게 된다. 우리는 단순히 자신을 치유하는 데 그치지 않고 세계의 치유에 기여한다.

이런 상호연결성, 각 개인의 신경계 조절, 예민성이 세상에서 얼마나 중요한 역할을 하는지 알게 되면서 나는 신경계 치유 커뮤니티를 만들게 되었다. 우리 커뮤니티는 전담 전문가팀의 지원을 받아 신경계를 치유 중인 사람들의 활기찬 글로벌 네트워크다. 개인이 자기 몸과 마음에 대한 이해를 높이고 치유를 향한 저마다의 길을 탐색할 때 도움을 구할 수 있는 자비로운 공간이다. 그러나 신경계 치유 커뮤니티의 사명은 개인의 치유를 넘어선다. 우리의 더 큰 목적은 사람들이 개인적으로 이루는 모든 성장과 치유로 지역사회와 국제사회, 지구와의 관계에서 집단 회복력을 촉진하는 것이다. 우리 커뮤니티의 힘은 각 회원의 치유 여정에 의해 증폭되며, 회원 모두가 우리 시대의 더 광범위한 도전 과제를 탐색하고 긍정적인 영향을 미치도록 영감을 준다.

신경계가 점점 조절되면서 당신은 자신을 하나의 개별 신경계가 아닌 지구 전체에 걸쳐 있는 훨씬 더 광범위한 신경계의 일부로 느끼기 시작할 것이다. 마치 아주 오래전에 우리 조상들이 우리가 모든 생명체와 밀접하게 연관되어 있다는 사실을 집단으로 잊어버렸던 것처럼, 이제 우리는 우리가 모두 연결되어 있다는 사실을 서서히 기억해내고 있다. 이런 깨달음은 당신의 마음에 깊은 울림을 준다. 당신은 결코 삶과 단절된 적이 없으며, 인간의 상호연결성은 세월이 흐르고 여러 세대를 거치면서 잊힌 진실일 뿐이다. 이를 깨닫는 순간 당신은 깊은 안도감을 느낄 것이다.

이런 깨달음은 눈물과 함께 찾아오는 경우가 많다. 그 오랜 세월 당신이 고립되고 분리되었다고 믿으면서 겪었던 고통과 아픔을 인식하면서 극심한 슬픔을 느낄 수도 있다. 특히 많은 사람이 여전히 그런 고립감과 씨름하고 있는 모습을 볼 때는 더욱더 그렇다.

시간이 지나면서 우리의 집단적 상호연결성을 점점 더 깨달아가면 자연스럽게 다른 사람을 돕고 싶은 마음이 생긴다. 당신의 신경계를 조절하기 위해 연마한 기술들은 가족, 커뮤니티, 사회, 지구 전체라는 더 큰 신경계에도 적용할 수 있다. 신경계 치유가 당신의 삶에 안전감, 연결성, 의미, 회복력을 주었듯이 당신도 더 큰 세상에 안전감, 연결성, 의미, 회복력을 줄 수 있다.

이 책의 서두에서 나는 잘 조절되는 신경계를 양치류에 비유했다. 양치류가 스트레스를 받으면 휘었다 금방 제자리로 돌아오듯이 잘 조절되는 신경계도 마찬가지다. 하지만 양치류 비유에는 더 깊은 의미가 있다.

기후과학자 재클린 길Jacquelyn Gill은 「소행성과 양치류」*The Asteroid and the Fern*라는 제목의 글에서 2억 5,200만 년 전의 '대멸종'과 같은 지구 역사상 중대한 멸종 사건 이후 양치류와 같은 종들이 지구의 생명체를 복원하는 데 도움을 주었다고 썼다. 양치류의 회복력은 재난의 여파에도 생물이 지속되고, 심지어 번성할 수 있음을 보여주는 예다.

우리의 신경계에도 양치류와 같은 회복력이 있다. 끔찍한 사건 이후에도 신경계에는 오히려 더 많은 지혜와 연민으로 몸에 다시 생명을 불어넣을 능력이 있다.

양치류와 마찬가지로 가족, 공동체, 사회, 지구 차원에서 서로 연결된 우리의 신경계는 아무리 끔찍한 상황에서도 다시 회복할 수 있다. 현재의 위기를 위협으로만 볼 것이 아니라 도전으로 바라보자. 즉, 이는 세상을 더 많은 방향으로 재구성하고 재편할 수 있는 기회다.

지금 우리는 이전과는 전혀 다른 인류 역사의 한 장을 살아가고 있다. 당신이 예민한 사람이라면 이런 문제의 심각성에 압도당할 수도 있다. **나보다 훨씬 더 크고 복잡한 상황에 내가 얼마나 많은 변화를 가져올 수 있을지** 궁금할 수도 있다.

매우 예민한 사람인 당신은 세상이 절실히 필요로 하는 재능을 이미 가지고 있다. 당신에게는 독특하고 심층적인 공감력과 지각 능력이 있다. 당신의 신경계는 환경의 미묘한 변화를 감지하고, 정보를 깊이 처리하고, 감정을 강렬하게 느끼도록 미세하게 조정되어 있다. 이런 특성 덕분에 가장 시급한 과제가 무엇인지 더 예리하게 인식할 수 있다. 당신은 사회적, 환경적 책임감을 깊이 느끼는 사람이다.

하지만 세상의 고통에 더 예민하게 반응하게 하는 바로 그 특성 때문에 당신은 스트레스와 감정적 압도감에 더 취약하다. 대멸종 이후에도 번성했던 양치류처럼 매우 예민한 사람이라도 신경계가 유연하면 역경을 극복할 수 있음을 잊지 말자. 깊은 공감과 감정을 의미 있는 행동으로 전환해 세상에 대한 걱정을 변화의 촉매제로 바꾸자. 당신의 고유한 자질을 활용해 가장 큰 위기에서 살아남을 뿐 아니라 이를 도전으로 받아들이고 더 나은 세상을 만드는 데 공헌할 수도 있다. 당신은 양치류와 마찬가지로 다시 성장하고 재생시키고 더 나은 세상을 구상하는 사람이 될 수 있다.

신경계 조절에 성공하고 이를 상호연결된 세계라는 더 넓은 차원으로 확장하는 길은 장애물, 좌절, 불확실성으로 가득할지도 모른다. 올린공과대학의 교수이자 뉴스레터 『메타파운드리』*Metafoundry*의 저자인 뎁 차크라Deb Chachra는 이런 불확실성에 대처하는 법을 산악자전거라는 적절한 비유를 통해 설명한다. 산악자전거 타기에 익숙하다면 바위와 나무뿌리, 예측할 수 없는 구불구불한 길이 곳곳에 도사리고 있는 산길이 종종 벅차게 느껴진다는 사실을 알 것이다. 험한 길을 헤쳐 나가는 열쇠는 길에 놓인 바위가 아니라 당신이 가고자 하는 '길', 원하는 경로에 시선을 고정하는 것이다. 바위에 집중하는 순간 바위에 부딪혀버리고 만다.

극복할 수 없을 것 같은 장애물에 집착하면 두려움과 불확실성에 사로잡히기 쉽다. 젬 벤델의 책을 읽고 나서 처음 몇 달 동안 내 기분이 그랬다. 절망적인 허무주의에 사로잡혀 모든 것에 무관심해지고 싶은 유혹을 느꼈다. 하지만 신경계를 치유하기 위해 했던 노력이 나의 생명줄이 되었다. 기후 위기로 인한 정서적 고통을 받아들이느라 몸이 충격을 받은 후, 나는 '길'에 시선을 두고 그 길에만 집중했다. 앞으로 갈 길이 아무리 어렵고 예측할 수 없더라도 암울한 미래에 집중하지 않고 앞에 놓인 길에만 집중한다면 새로운 세상을 만드는 데 공헌할 수 있음을 알았기 때문이다.

차크라는 이렇게 말한다. "우리는 함께 길을 보는 법을 배울 수 있다. 모두를 위한 더 나은 미래, 지속 가능성과 회복력이 있으며 공평한 미래로 가는 길은 분명히 존재하기 때문이다. 하지만 우리는 그 길을 보는 법, 그 길에 집중하는 법을 배워야 한다."

계속 그 길에 집중하라. 신경계 치유를 통해 집중력을 키울 때 당신은 연민과 지혜를 가지고 역경에 맞서는 데 필요한 내적 도구를 확보하게 된다. 타인에 대한 감수성이 풍부한 당신이 신경계 조절 능력까지 갖추게 되면 길을 인도하는 위치에 서게 된다. 당신은 '길'을 볼 수 있을 뿐 아니라 다른 사람들도 그 길을 인식하고 따르도록 영감을 줄 능력도 갖추고 있다.

사람마다 다른 사람을 도울 고유한 재능이 있다. 세상은 당신의 특별한 자질을 절실히 필요로 하지만, 당신은 세상에서 당신만의 독특한 역할이 무엇인지 찾기 어려울 수도 있다. 그 역할은 머릿속으로 떠올릴 수 있는 것이 아니다. 그 대신 '길'을 따라가다 보면 드러난다. 마음을 열고 주변 환경에 주의를 기울이면서 삶에 몰두하다 보면 그 길이 반드시 나타날 것이다.

자연주의자인 리안다 린 하우프트Lyanda Lynn Haupt는 『루티드』*Rooted*에서 이렇게 말했다. "우리의 고유한 힘은 규정될 수도, 금지될 수도, 머릿속에서 생각해낼 수도 없다. 하지만 지구 자연과의 뿌리 깊고 지속적인 상호 대화, 즉 내면의 수용적 고요함과 외면의 창의적 행동의 순환에 귀를 기울이면 깨달을 수 있다."

하우프트의 말은 그림, 노래, 글 등 예술적 표현에서부터 환경운동, 정의 추구, 회복탄력성이 높은 자녀의 양육 같은 더 직접적인 형태의 집단 치유에 기여하기까지 우리가 참여할 수 있는 무한한 방법을 제시한다. 원예, 농사, 멘토링을 통해 주변 사람과 환경을 직접 돌보는 것부터 정치나 의미 있는 사업에 기여함으로써 상호 연결된 사람들로 구성된 대규모 커뮤니티를 돌보는 것까지 다양하다. 똑같은 길은 없다. 각 개인의 기여는 삶 자체만큼 다양하고 독특하다.

신경계를 치유함으로써 우리는 삶의 도전에 탄력적으로 대처할 수 있으며, 회복탄력성은 가족, 공동체, 사회, 지구의 더 큰 치유에 기여하는 열쇠다.

예민한 사람인 당신의 깊은 공감 능력과 예리한 지각력이 변화를 위한 강력한 힘이 된다는 사실을 항상 기억하라. 당신의 예민성은 골칫거리가 아니라 강점이다. 이 어려운 시기를 헤쳐 나가면서 용기와 신념을 가지고 예민함을 활용하라.

예민함으로 변화 이끌어내기

1. **실존적 위기를 수용하라:** 예민한 사람으로서 당신은 실존적 위협의 무게를 더 깊이 느낄 수 있다. 괜찮다. 특별한 감정의 강도를 활용해 희망, 경외심, 회복력을 불러일으켜라. 모든 위기는 성장의 기회라는 사실을 기억하라.

2. **능동적으로 대응하라:** 예민한 당신 안에는 사회적, 도덕적, 환경적 책임감이 뿌리 깊게 자리 잡고 있다. 이를 자신과 공동체의 피해를 막고 치유를 촉진하는 크고 작은 행동으로 전환하라.

3. **슬픔과 두려움을 느껴라:** 슬픔과 두려움은 상실을 대하는 자연스러운 반응이다. 당신은 슬픔과 두려움을 더 강하게 느낄 수도 있다. 이 책에서 소개한 방법이 신경계를 조절하고 스트레스 반응에서 안정을 얻는 데 도움이 될 것이다. 잘 활용하라.

4. **고정관념에 맞서라:** 사회는 때때로 예민성을 약점으로 볼 것이다. 그런 이야기를 믿지 마라. 당신의 예민성은 강점이다. 당신의 깊이 있는 공감력과 지각력을 높이 평가하는 '신경계 치유 커뮤니티'처럼 예민성을 지지해주는

커뮤니티를 찾아라.

5. **변화를 환영하라:** 예민한 당신은 엄청난 변화 능력을 지니고 있다. 치유 과정을 감정 반응을 재조정하고 회복력을 기를 기회로 받아들여라.

6. **생존 그 이상을 추구하라:** 번영은 단순히 폭풍우를 견뎌내는 것이 아니라 빗속에서 춤추는 법을 배우는 것이다. 난관을 연료 삼아 성장하고 삶과 더 깊고, 용기 있는 관계를 형성하라.

7. **상호연결성을 즐겨라:** 모든 생명체의 신성한 상호연결성을 기뻐하라. 당신의 감정적 깊이는 상호연결성을 드러내는 증거다. 상호연결성에 대한 깊은 이해를 바탕으로 치유와 회복, 의미 있는 변화를 촉진하라.

예민성을 찬양하라

우리는 이 책에서 많은 내용을 함께 다뤘다. 신경계 건강의 세계를 깊이 파고들어 모든 것을 조금 더 느끼고, 남들은 느끼지 못하는 것을 알아차리는 매우 예민한 사람들에게 초점을 맞췄다. 이런 예민함이 때때로 부담스럽게 느껴질 수도 있지만, 나는 그것이 당신의 가장 큰 강점이라고 믿는다.

여러 연구를 검토하고, 개인적 경험을 되돌아보고, 다양한 분야에서 전문가들의 지혜를 수용하고, 우리 신경계 치유 커뮤니티에서 공유된 경험을 살펴본 결과, 나는 예민성이 잠재적인 생물학적 비용에도 불구하고 여러 세대에 걸쳐 보존되어 온 이유는 우리 생존에 필수이기 때문이라고 믿게 되었다. 거창한 주장임을 알고 있다. 그럼에도 내가 왜 이런 주장을 하는지 한번 설명해보겠다.

진화론적 관점에서 볼 때 매우 예민한 우리 조상은 덤불 속 포식자가 바스락거리는 소리, 바람에 실려 온 폭풍의 냄새, 먹어도 되는 상태임을 알리는 식물의 미세한 변화 등 위험이나 환경 변화를 누구보다 먼저 발견하는 뛰어난 인식 능력이 있었을 것이다. 이는 본인의 생존 가능성을 높일 뿐 아니라 공동체 전체를 지키는 데도 도움이 되었다.

예민성은 단순히 생존 도구만이 아니라 관계 형성의 도구이기도

하다. 예민한 사람은 뛰어난 공감 능력으로 더 깊은 유대감을 형성하고 공동체의 결속력과 회복력을 강화한다. 그들은 자주 조정자와 중재자 역할을 하며 사회적 화합에 공헌한다. 타인의 감정과 관점을 이해하는 그들의 능력은 사회의 생존과 발전에 필수 요소인 집단 내의 공감, 이해, 협력을 촉진하는 데 매우 중요하다.

진화를 통해 예민한 사람들이 살아남아 이 특성을 후손에게 물려줄 수 있게 된 데에는 그럴 만한 이유가 있었다. 하지만 나는 예민성이 단지 생존뿐 아니라, 더 높은 목적에 도움이 된다고 믿는다.

효율성 중심의 현대사회에서 우리는 쉴 새 없이 '건강한 삶'을 추구한다. 하지만 진정한 건강은 단순히 생산성으로 측정되거나 식단과 운동의 완벽한 조합으로 만들어지는 게 아니다. 진정한 건강은 개개인을 초월하는 광범위한 삶의 그물망 안에서 **소속감**을 느끼면서 온전히 연결된 상태다.

뇌에서 활성화되는 신경망에서부터 우리 삶에 사랑과 의미, 깊이를 가져다주는 사회적 유대감까지 삶에서 중요한 것은 연결성이다. 이런 가시적 연결을 넘어 더 깊은 연결, 즉 모든 생물과 무생물을 하나로 묶어주고 모든 존재에 스며들어 있는 상호연결성이 있다. 이 연결성은 철학적인 개념이 아니라 우리의 웰빙과 건강에 깊은 영향을 미치는 기본 현실이다.

이 개념을 이해하려면 조망 효과overview effect, 즉 우주비행사가 우주에서 지구를 바라볼 때 경험하는 심오한 인지적·정서적 변화를 생각해보라. 많은 우주비행사가 우주에서 지구를 바라보면서 압도적인 일체감, 즉 우리 모두가 이 작고 푸른 행성에 함께 존재하고 심오한 방식으로 연결되어 있음을 깊이 이해하게 되었다고 말한다. 그러면서 자아감이 바뀌고, 통일되고 상호연결된 전체라는 완전히 새로운 시각으로 세상을 보게 되었다고 말한다.

우주비행사들은 조망 효과를 이야기하면서 종종 매혹적인 광경을 언급한다. 지구에 해가 지면서 지구의 소중한 대기, 지구의 생명체들을 지켜주는 보호막 위에 얇고 푸른 대기광airglow이 빛난다고 한다. 우주에서 보면 무한히 펼쳐진 우주를 배경으로 얇은 파란 띠가 지구의 곡면을 감싸고 있는 듯하다는 것이다.

인류 역사에서 발생한 모든 삶, 모든 이야기, 모든 사건은 이 좁은 대기권 안에 담겨 있다. 이 얇은 대기권은 우리의 집단적 과거와 미래를 품고 있으며, 우리의 취약성뿐 아니라 고유한 회복탄력성을 상징한다.

우주비행사들은 대기광을 보고서 대개 경외감, 취약함, 보호 의식을 강하게 느낀다고 한다. 그들이 바라보는 푸른 대기광의 경계는 단순한 선이 아니라 상상할 수 없을 만큼 광활하고 공허한 우주 속에서 생명을 보존하는 연약한 안식처인 우리 존재에 대한 증거이기도 하다.

예민한 당신은 이런 공유된 경험, 취약성, 소속감을 이해하는 능력을 타고났다. 당신은 우주선에서 바라보지 않아도 그런 상호연결성을 느낄 수 있다. 당신의 예민성은 이 진실을 직관적으로 이해할 수 있게 해준다. 그리고 다른 사람들도 우리의 상호연결성을 이해하도록 안내하는 가교이자 연결자 역할을 한다.

리더의 자리에서 당신의 공감 능력과 직관은 집단의 필요를 이해하도록 돕는 귀중한 도구가 된다. 당신은 개인주의보다 팀의 유대를 중시하는 비전으로 사람들을 이끌 수 있다. 부모로서 당신의 예민성은 자녀의 공감 능력과 인식 능력을 키워 우리는 상호연결된 존재임을 이해하고 이를 중시하는 세대를 길러낼 수 있다. 당신의 예민성은 사회 운동이나 정치, 비정부기구, 지역사회 같은 영역에서 중요한 쟁점에 관심을 끌어내는 변화의 촉매제가 된다. 창의적인 영역에서는 당신의 독특한 관점이 우리의 상호연결성을 조명하는 예술 작품을 탄생시킨다. 영적 공동체에서는 당신의 감수성이 더 큰 존재 안에서 우리의 위치가 어떠한지 알려줌으로써 단결을 촉진한다.

당신의 예민성은 당신만이 아니라 우리 모두를 위한 것이다. 인류가 정말 중요한 것, 우리의 상호연결성, 얇고 푸른 대기광 경계 안의 공동의 집 그리고 그것을 보호할 공동의 책임을 놓치지 않도록 한다. 이 재능에 수반되는 도전을 받아들여라. 삶의 모든 측면에서 계속 창조하고, 연결하고, 영감을 얻어라. 당신의 예민성은 더 큰 세계로 우리를 이어주는 가교라는 사실을 기억하라.

예민성을 포용하라.
예민성을 키워라.
예민성을 찬양하라.

책 한 권을 완성하고 보니 자신의 저작에 생명을 불어넣는 데 온 마을이 필요했다는 저자들의 감사 글이 깊이 이해가 된다. 표지에는 내 이름만 나오지만, 이 책은 많은 이들의 기여라는 씨앗에서 자란 숲과 같다.

나의 파트너이자 정신적 닻인 알레시오, 그의 변함없는 사랑과 지지는 이 책의 기반이 되었다. 그는 어떤 말보다 큰 힘을 발휘하는 행동으로 내내 헌신적인 모습을 보여주었다. 이 책을 쓰기 위해 평소보다 긴 시간 일해야 했던 몇 개월 동안 그는 아이들을 돌보고 나를 끝없이 참아주며 더 많은 책임을 짊어졌다. 책을 쓰는 동안은 모든 에너지가 고갈되어 주변 사람들에게 쓸 에너지가 남지 않는다는 것을 이번에 알게 되었다. 인내심을 발휘해준 그에게 감사할 따름이다. 우리 아이들에게 멋진 아빠, 최고의 아빠가 되어준 그에게 감사와 사랑을 전한다.

아나이스, 렐리아, 아말, 아리엘, 네 아이가 세상에 태어날 때마다 내 인생에 아름답고 신나는 새 장이 열렸다. 내 안전감이 아이들의 안전감과 어떻게 연결되는지 이해하게 되었고, 그 깨달음은 나를 뼛속까지 흔들었다. 아이들은 태어난 순간부터 나의 결정과 행동, 삶의 목적을 형성하는 길잡이 별이 되었다.

엄마가 되면서 감각 처리 예민성과 그로 인한 행동 특성의 세계에 뛰어들어야 했다. 5년도 채 안 되는 기간에 넷이 모두 태어난 까닭에 이것은 큰 도전이었다! 운 좋게도 작업치료사인 조지나 아렌스 같은 전문가들의 도움이 받을 수 있어서 정말 감사하게 생각한다. 아이들의 감각 처리 예민성을 발견한 것이 육아에만 도움이 된 것은 아니었다. 덕분에 나는 마치 거울을 보는 것처럼 내 몸과 신경계에 대한 새로운 시각을 갖게 되었고, 나 자신에 관해 생각지도 못한 통찰을 얻게 되었다.

부모님의 변함없는 지지와 격려 덕분에 나는 항상 앞으로 나아갈 수 있었다. 두 분의 영향으로 나는 탐구와 지식에 대한 호기심과 열정을 키울 수 있었다. 이에 대해 그리고 두 분이 내게 주신 모든 사랑에 진심으로 감사드린다.

여동생 가이아와 사촌 마리나, 에토레 삼촌, 멋진 보모 미라와 와얀을 포함한 가족 모두의 변함없는 사랑과 유대감은 항상 내 마음을 따뜻하게 해주었다. 그런 가족이 되어준 그들에게 고마움을 전한다.

나를 가족의 일원으로 받아준 알레시오의 가족에게도 특별한 감사를 전한다.

조부모님들, 난다 할머니와 피노 할아버지, 테레사 할머니와 지오반니 할아버지, 그리고 나보다 먼저 이 땅을 밟으셨던 모든 선조는 오늘날 내가 우뚝 설 수 있는 기반을 마련해주셨다. Grazie per avermi dato ali per volare, radici per tornare, e motivi per rimanere. 제게 날 수 있는 날개와 돌아올 수 있는 뿌리 그리고 머물러야 할 이유를 주셔서 감사합니다.

그분들의 유산은 이 책과 내 마음속에 살아 있다.

내 여정에 큰 영향을 미친 멘토들과 안내자들에게도 감사드린다.

조쉬 코다의 변함없는 지지와 솔직함, 따뜻한 애정은 나를 이끄는 빛이 되어주었다. 내 인생에 항상 함께해준 그에게 감사를 전한다.

제리 콜로나의 보물 같은 우정과 배려심은 내 삶에 큰 영향을 미쳤다. 그의 진심 어린 친절과 연민에 감사드린다.

로베르토 보난칭가의 멘토링과 진정한 우정은 나의 개인적 여정과 기업가의 길에 지주가 되었다. 그의 변함없는 지원은 게임 체인저였을 뿐만 아니라 내게 드물고 귀한 자신감을 심어주었다. 감사한 마음을 전한다.

내가 경력을 쌓아가던 초반에 살보 미치가 내게 보여준 믿음과 지지는 내게 꼭 필요한 자원이었다. 나를 믿어준 그에게 감사드린다.

아드리아노 팔라는 어려운 상황 속에서도 내 곁을 지켜주며 내가 혼자가 아니라는 확신을 주었다. 그의 변함없는 지지에 감사드린다.

알리 슐츠, 캐시 체리, 카라 딘리는 강인한 여성으로서의 리더십으로 내게 영감을 주었다. 그들의 우정과 멘토링은 내게 꼭 필요했던 지원 시스템을 제공해주었다. 그들을 친구로 둔 것은 내게 행운이었다. 그들에게도 감사 인사를 전한다.

나의 소중한 친구들, 마틸드 안젤루치, 엘레나 모롤로, 아니타 쉽덱, 론 엘바, 메르세데스 후르타도, 마리나 트리폴리, 파올라 레지나, 마르코 카스텔누오보, 알베르토 피치, 테즈폴 바티아, 알렉산드로 콜롬보, 루디 리치치, 루카 바비니, 모텐 라우크네스 외 여러 친구들은 내 인생의 성소와 같은 존재가 되어주었다. 그들은 평화, 안전, 배려, 무조건적 지지를 받으며 나 자신이 될 수 있는 공간을 마련해주었다. 우여곡절 속에서도 내 곁을 지켜준 그들에게 항상 감사한 마음을 갖고 있다.

이들 외에도 나를 지지해주고 내 인생에 큰 영향을 미친 멘토와 친구들이 많다. 여기에 일일이 이름을 거론하지 않더라도 그들을 매우 소중히 여기고 있다는 것을 알아주었으면 한다. 그들의 영향력은 언제나 내게 남아 있으며, 감사한 마음과 함께 가슴 깊이 간직하고 있다.

역동적이고 용기 있는 신경계 치유 커뮤니티의 전 세계 회원들이 저마다 치유를 위해 노력하며 변화의 여정을 걷는 모습에 나는 끊임없이 경외감을 느끼고 있다. 그들이 공유한 열정은 우리 커뮤니티뿐만 아니라 전 세계적인 변화를 촉발하고 있다. 나와 함께 이 길을 걸어가고 있는 그들에게 감사를 전한다.

신경계 치유 커뮤니티를 지원하는 뛰어난 팀원, 운영책임자 지나 존슨의 헌신과 능력은 놀라울 지경이다. 우리가 함께하는 여정이 어디로 이어질지 기대된다.

엘리자베스 스트래튼, 다니엘 수시우, 라라 헤메릭, 메리안 테일러, 모건 드 클레르크, 파브리시오 유타카, 라이언 벤틀리, 페데리카 투치 외 우리 팀원 모두는 독특한 재능과 열정, 패기로 우리의 사명에 활력을 불어넣었고 그 결과물을 보여주었다. 메르세데스 후르타도는 탁월한 창의력으로 우리의 아이디어를 매력적인 비주얼로 전환해 우리의 메시지를 전달하는 데 큰 역할을 해주었다. 소셜 미디어와 관련된 모든 문제에 귀중한 조언과 전문 지식을 제공해준 다니엘라 슈리텐로처에게도 감사드린다. 훌륭한 코치들, 카라 딘리, 캐시 체리, 조쉬 켈리에게도 깊은 감사를 표한다. 커뮤니티에 대한 그들의 헌신은 매일매일 눈에 띈다. 특히 이 책을 집필하는 동안 그들의 변함없는 지지는 큰 힘이 되었다.

내 친구이자 협력자인 조쉬 켈리를 시작으로 내 책을 맡은 팀에게도 진심으로 감사드린다. 내 아이디어를 이해하고 구체화하는 데 도움을 준 켈리의 조언들은 정말 소중했다. 뛰어난 편집자 역할뿐 아니라 코치 역할도 자주 해주면서 내가 최선을 다하도록 격려한 그의 손길이 안 간 페이지가 없다. 그 덕분에 책이 한층 좋아졌다. 그의 참여는 내게는 참으로 행운이었다. 그리고 그의 역할은 편집에만 국한되지 않았다. 그는 라라 헤메릭과 함께 이 책을 위해 엄청난 조사를 해주었다. 조쉬와 라라는 과학적 정확성에 대한 나의 열정을 그대로 반영하듯 모든 데이터의 수집, 면밀한 조사와 분석을 위해 쉬지 않고 노력해주었다. 그 점에 깊이 감사드린다.

질 알렉산더에게도 진심으로 감사드린다. 그녀는 내가 전혀 예상하지 못한 순간 이 책의 씨앗을 내 마음에 심어주고, 꽃을 피울 준비가 될 때까지 끈기 있게 가꿔주었다. 내가 온전히 전념하기 전부터 이 프로젝트에 믿음을 가졌던 그녀는 나를 이끄는 빛이 되어주었다.

내 에이전트인 스테파니 타데에게도 진심으로 감사드린다. 집필의 세계에 처음으로 발을 들인 나에게 그녀의 신뢰는 말로 표현할 수 있는 것 이상으로 의미가 있었다. 그녀의 신속한 개입, 탄탄한 전문성, 강력한 지원 덕분에 이 어려운 프로젝트가 가능한 일처럼 느껴졌다. 그녀가 내 팀에 있다는 사실은 나에게 필요했던 자신감을 심어주었다. 이 여정에서 내 곁을 지켜준 그녀에게 감사를 전한다.

이 원고의 편집 작업에 단호하고 끊임없는 노력을 기울여준 메리 카셀은 통찰력과 근면함, 언어 능력으로 이 책을 잘 다듬어주었다.

이 책의 출판을 맡아준 에릭 길에게도 감사를 전하고 싶다. 이 책의 잠재력에 대한 그의 변함없는 믿음과 지지는 이 책이 나오는 데 큰 역할을 했다. 이 놀라운 여정에 함께해준 그에게 감사드린다. 줄리아나 카라난테와 코드 콘리를 비롯한 콰르토의 모든 팀원들과 보이지 않는 곳에서 애써주신 모든 분께도 감사 인사를 크게 외치고 싶다. 여러분의 지칠 줄 모르는 노력으로 이 책이 아이디어에 머물지 않고 현실이 되었다. 여러분의 노력을 잘 알고 있으며 진심으로 감사드린다. 모두에게 고마움을 전한다.

마지막으로 전 세계에서 열심히 일하고 있는 모든 과학자, 의사, 연구원들께도 큰 감사를 전하고 싶다. 나는 여러분들에게 영감을 받아 어려서부터 과학과 의학을 사랑하게 되었다. 이 책에서 여러분의 업적을 기리기 위해 최선을 다했다. 이 광활한 우주에서 우리의 나침반 역할을 해주는 그들께 감사드린다.

1장 신경계가 제대로 조절되지 않으면

Corina U. Greven et al., "Sensory Processing Sensitivity in the Context of Environmental Sensitivity: A Critical Review and Development of Research Agenda," *Neuroscience & Biobehavioral Reviews* 98 (March 1, 2019): 287-305, https://doi.org/10.1016/j.neubiorev.2019.01.009.

Kathy Smolewska, Scott McCabe, and Erik Z. Woody, "A Psychometric Evaluation of the Highly Sensitive Person Scale: The Components of Sensory-Processing Sensitivity and Their Relation to the BIS/BAS and 'Big Five,'" *Personality and Individual Differences* 40, no. 6 (April 1, 2006): 1269-79, https://www.sciencedirect.com/science/article/abs/pii/S0191886905003909.

Liming Pei and Douglas C. Wallace, "Mitochondrial Etiology of Neuropsychiatric Disorders," *Biological Psychiatry* 83, no. 9 (May 1, 2018): 722-30, https://doi.org/10.1016/j.biopsych.2017.11.018.

Martin Picard et al., "A Mitochondrial Health Index Sensitive to Mood and Caregiving Stress," *Biological Psychiatry* 84, no. 1 (July 1, 2018): 9-17, https://doi.org/10.1016/j.biopsych.2018.01.012.

National Institute of Environmental Health Sciences. "Inflammation." *National Institute of Environmental Health Sciences*, (April 28, 2021), https://www.niehs.nih.gov/health/topics/conditions/inflammation/index.cfm.

Pedro Norat et al., "Mitochondrial Dysfunction in Neurological Disorders: Exploring Mitochondrial Transplantation," *NPJ Regenerative Medicine* 5, no. 22 (November 23, 2020), https://doi.org/10.1038/s41536-020-00107-x.

Roberto Guidotti et al., "Neuroplasticity within and between Functional Brain Networks in Mental Training Based on Long-Term Meditation," *Brain Sciences* 11, no. 8 (August 18, 2021): 1086, https://pubmed.ncbi.nlm.nih.gov/34439705/.

Ruth F. McCann and David Ross, "So Happy Together: The Storied Marriage Between Mitochondria and the Mind," *Biological Psychiatry* 83, no. 9 (May 1, 2018), https://doi.org/10.1016/j.biopsych.2018.03.006.

W. Thomas Boyce and Bruce J. Ellis, "Biological Sensitivity to Context: I. An Evolutionary-Developmental Theory of the Origins and Functions of Stress Reactivity," *Development and Psychopathology* 17, no. 2 (May 12, 2005), https://doi.org/10.1017/s0954579405050145.

2장 신경계 건강을 지탱하는 네 가지 기둥

Albert Farre and Tim Rapley, "The New Old (and Old New) Medical Model: Four Decades Navigating the Biomedical and Psychosocial Understandings of Health and Illness," *Healthcare* 5, no. 4 (November 18, 2017): 88, https://doi.org/10.3390/healthcare5040088.

Aliya Alimujiang et al., "Association Between Life Purpose and Mortality Among US Adults Older Than 50 Years," *JAMA Network Open* 2, no. 5 (May 3, 2019): e194270, https://pubmed.ncbi.nlm.nih.gov/31125099/.

Derek Bolton and Grant Gillett, *The Biopsychosocial Model of Health and Disease*, Springer eBooks, 2019, https://doi.org/10.1007/978-3-030-11899-0.

George L. Engel, "A Unified Concept of Health and Disease," *Perspectives in Biology and Medicine* 3, no. 4 (June 1, 1960): 459-85, https://doi.org/10.1353/pbm.1960.0020.

George L. Engel, "Correspondence," *Psychosomatic Medicine* 23, no. 5 (September 1961): 427-29, https://journals.lww.com/psychosomaticmedicine/Citation/1961/09000/Correspondence.10.aspx.

George L. Engel, "The Biopsychosocial Model and the Education of Health Professionals," *Annals of the New Xork Academy of Sciences* 310, no. 1 (June 1, 1978): 169-81, https://doi.org/10.1111/j-1749-6632.1978.tb22070.x.

George L. Engel, "The Care of the Patient: Art or Science?" *Johns Hopkins Medical Journal* (May 1, 1977): 222-32, https://pubmed.ncbi.nlm.nih.gov/859230.

George L. Engel, "The Clinical Application of the Biopsychosocial Model," *American Journal of Psychiatry* 137, no. 5 (May 1, 1980): 535-44, https://doi.org/10.1176/ajp.137.5.535.

George L. Engel, "The Need for a New Medical Model: A Challenge for Biomedicine," *Science* 196, no. 4286 (April 8, 1977): 129-36, https://doi.org/10.1126/science.847460.

Hari Kusnanto, Dwi Agustian, and Dany Hilmanto, "Biopsychosocial Model of Illnesses in

Primary Care: A Hermeneutic Literature Review," *Journal of Family Medicine and Primary Care* 7, no. 3 (May-June, 2018): 497-500, https://doi.org/10.4103/jfmpc.jfmpc_145_17.

Harold G. Koenig, "Religion, Spirituality, and Health: The Research and Clinical Implications," *ISRN Psychiatry* (December 16, 2012): 1-33, https://pubmed.ncbi.nlm.nih.gov/23762764/.

Jessica Van Denend et al., "The Body, the Mind, and the Spirit: Including the Spiritual Domain in Mental Health Care," *Journal of Religion & Health* 61, no. 5 (July 19, 2022): 3571-88, https://doi.org/10.1007/s10943-022-01609-2.

Lisa A. Miller et al., "Neuroanatomical Correlates of Religiosity and Spirituality," *JAMA Psychiatry* 71, no. 2 (February 1, 2014): 128, https://doi.org/10.1001/jamapsychiatry.2013.3067.

Marcelo Saad, Roberta De Medeiros, and Amanda Cristina Mosini, "Are We Ready for a True Biopsychosocial-Spiritual Model? The Many Meanings of 'Spiritual,'" *Medicines* 4, no. 4 (October 31, 2017): 79, https://doi.org/10.3390/medicines4040079.

Patrick L. Hill, "Chronic Pain: A Consequence of Dysregulated Protective Action," *British Journal of Pain* 13, no. 1 (September 10. 2018): 13-21, https://doi.org/10.1177/2049463718799784.

Randy Cohen, Chirag Bavishi, and Alan Rozanski, "Purpose in Life and Its Relationship to All-Cause Mortality and Cardiovascular Events," *Psychosomatic Medicine* 78, no. 2 (February-March, 2016): 122-33, https://doi.org/10.1097/psy.0000000000000274.

Tyler J. VanderWeele et al., "Association Between Religious Service Attendance and Lower Suicide Rates Among US Women," *JAMA Psychiatry* 73, no. 8 (August 1, 2016): 845-851, https://doi.org/10.1001/jamapsychiatry.2016.1243.

3장 '매우 예민한 사람'의 신경계는 무엇이 다를까

A. J. Ayres, "The Development of Perceptual-Motor Abilities: A Theoretical Basis for Treatment of Dysfunction," *American Journal of Occupational Therapy* 17 (November-December 1963): 221-25, https://pubmed.ncbi. nlm.nih.gov/14072429.

Aino K. Mattila et al., "Taxometric Analysis of Alexithymia in a General Population Sample from Finland," *Personality and Individual Differences* 49, no. 3 (August 1, 2010): 216-21, https://doi.org/10.1016/j.paid.2010.03.038.

Alexia E. Metz et al., "Dunn's Model of Sensory Processing: An Investigation of the Axes of the Four-Quadrant Model in Healthy Adults," *Brain Sciences* 9, no. 2 (February 7, 2019): 35, https://doi.org/10.3390/brainsci9020035.

Amanda L. Stone and Anna C. Wilson, "Transmission of Risk from Parents with Chronic Pain to Offspring: An Integrative Conceptual Model," *Journal of the International Association for the Study of Pain* 157, no. 12 (December 2016): 2628-39, https://doi.org/10.1097/j.pain.0000000000000637.

Amanda M. McQuarrie, Stephen D. Smith, and Lorna S. Jakobson, "Alexithymia and Sensory Processing Sensitivity Account for Unique Variance in the Prediction of Emotional Contagion and Empathy," *Frontiers in Psychology* 14 (April 20, 2023), https://doi.org/10.3389/fpsyg.2023.1072783.

Andrew Sih, Alison M. Bell, and Jeffrey C. Johnson, "Behavioral Syndromes: An Ecological and Evolutionary Overview," *Trends in Ecology and Evolution* 19, no. 7 (July 1, 2004): 372-78, https://doi.org/10.1016/j.tree.2004.04.009.

Bernadette de Villiers, Francesca Lionetti, and Michael Pluess, "Vantage Sensitivity: A Framework for Individual Differences in Response to Psychological Intervention," *Social Psychiatry and Psychiatric Epidemiology* 53, no. 6 (January 4, 2018): 545-54, https://doi.org/10.1007/s00127-017-1471-0.

Bianca P. Acevedo, *The Highly Sensitive Brain: Research, Assessment, and Treatment of Sensory Processing Sensitivity* (Cambridge, MA: Academic Press, 2020).

Bruce J. Ellis et al., "Differential Susceptibility to the Environment: An Evolutionary-Neurodevelopmental Theory," *Development and Psychopathology* 23, no. 1 (February 1, 2011): 7-28, https://doi.org/10.1017/s0954579410000611.

Caroline M. Coppens, Sietse F. de Boer, and Jaap M. Koolhaas, "Coping Styles and Behavioural Flexibility: Towards Underlying Mechanisms," *Philosophical Transactions of the Royal Society B* 365, no. 1560 (December 27, 2010): 4021-28, https://doi.org/10.1098/rstb.2010.0217.

Chieko Kibe et al., "Sensory Processing Sensitivity and Culturally Modified Resilience Education: Differential Susceptibility in Japanese Adolescents," *PLOS One* 15, no. 9 (September 14, 2020): e0239002, https://doi.org/10.1371/journal.pone.0239002.

Corina U. Greven et al., "Sensory Processing Sensitivity in the Context of Environmental Sensitivity: A Critical Review and Development of Research Agenda," *Neuroscience & Biobehavioral Reviews* 98 (March 1, 2019): 287-305, https://doi.org/10.1016/j.neubiorev.2019.01.009.

David Lyons, Edward Price, and Gary P. Moberg, "Social Modulation of Pituitary-Adrenal

Responsiveness and Individual Differences in Behavior of Young Domestic Goats," *Physiology & Behavior* 43, no. 4 (January 1, 1988): 451-58, https://www.sciencedirect.com/science/article/abs/pii/0031938488901199?via%3Dihub.

Elaine N. Aron and Arthur Aron, "Sensory-Processing Sensitivity and Its Relation to Introversion and Emotionality," *Journal of Personality and Social Psychology* 73, no. 2 (August 1, 1997): 345-68, https://pubmed.ncbi.nlm.nih.gov/9248053/.

Elaine N. Aron, Arthur Aron, and Jadzia Jagiellowicz, "Sensory Processing Sensitivity: A Review in the Light of the Evolution of Biological Responsivity," *Personality and Social Psychology Review* 16, no. 3 (January 30, 2012): 262-82, https://doi.org/10.1177/1088868311434213.

Francesca Lionetti et al., "Dandelions, Tulips and Orchids: Evidence for the Existence of Low-Sensitive, Medium-Sensitive and High-Sensitive Individuals," *Translational Psychiatry* 8, no. 24 (January 22, 2018), https://doi.org/10.1038/s41398-017-0090-6.

Francesca Lionetti et al., "Sensory Processing Sensitivity and Its Association with Personality Traits and Affect: A Meta-Analysis," *Journal of Research in Personality* 81 (August 1, 2019): 138-52, https://www.sciencedirect.com/science/article/abs/pii/s0092656619300583?via%3Dihub.

Frank Van Den Boogert et al., "Sensory Processing, Perceived Stress and Burnout Symptoms in a Working Population during the COVID-19 Crisis," *International Journal of Environmental Research and Public Health* 19, no. 4 (February 11, 2022): 2043, https://doi.org/10.3390/ijerph19042043.

Hadas Grouper et al., "Increased Functional Connectivity between Limbic Brain Areas in Healthy Individuals with High versus Low Sensitivity to Cold Pain: A Resting State fMRI Study." *PLOS One* 17, no. 4 (April 20, 2022): e0267170, https://doi.org/10.1371/journal.pone.0267170.

Jadzia Jagiellowicz, Arthur Aron, and Elaine N. Aron, "Relationship Between the Temperament Trait of Sensory Processing Sensitivity and Emotional Reactivity." *Social Behavior and Personality* 44, no. 2 (January 1, 2016): 185-99, https://doi.org/10.2224/sbp.2016.44.2.185.

Jay Belsky and Michael Pluess, "Beyond Diathesis Stress: Differential Susceptibility to Environmental Influences." *Psychological Bulletin* 135, no. 6 (November 1, 2009): 885-908, https://www.hsperson.com/pdf/Belsky_and_Pluess_2009_Beyond_Diathesis_Stress_-_%20Differential_Susceptibility_to_Environmental Influences.pdf.

Jessie Poquérusse et al., "Alexithymia and Autism Spectrum Disorder: A Complex Relationship,"

Frontiers in Psychology 9 (July 17, 2018), https://doi.org/10.3389/fpsyg.2018.01196.

Joachim Schjolden and Svante Winberg, "Genetically Determined Variation in Stress Responsiveness in Rainbow Trout: Behavior and Neurobiology," *Brain Behavior and Evolution* 70, no. 4 (September 1, 2007): 227-38, https://doi.org/10.1159/000105486.

Joseph Meyerson et al., "Burnout and Professional Quality of Life among Israeli Dentists: The Role of Sensory Processing Sensitivity," *International Dental Journal* 70, no. 1 (February 1, 2020): 29-37, https://doi.org/10.1111/idj.12523.

Julie Ermer and Winnie Dunn, "The Sensory Profile: A Discriminant Analysis of Children with and without Disabilities." *American Journal of Occupational Therapy* 52, no. 4 (April 1, 1998): 283-90, https://research.aota.org/ajot/article-abstract/52/4/283/4192/The-Sensory-Profile-A-Discriminant-Analysis-of?redirectedFrom=fulltext.

Kathy Smolewska, Scott McCabe, and Erik Z. Woody, "A Psychometric Evaluation of the Highly Sensitive Person Scale: The Components of Sensory-Processing Sensitivity and Their Relation to the BIS/BAS and 'Big Five,'" *Personality and Individual Differences* 40, no. 6 (April 1, 2006): 1269-79, https://doi.org/10.1016/j.paid.2005.09.022.

Klara Malinakova et al., "Sensory Processing Sensitivity Questionnaire: A Psychometric Evaluation and Associations with Experiencing the COVID-19 Pandemic," *International Journal of Environmental Research and Public Health* 18, no. 24 (December 8, 2021): 12962, https://doi.org/10.3390/ijerph182412962.

Kristjana Cameron, John S. Ogrodniczuk, and George Hadjipavlou, "Changes in Alexithymia Following Psychological Intervention." *Harvard Review of Psychiatry* 22, no. 3 (May-June, 2014): 162-78, https://journals.lww.com/hrpjournal/Abstract/2014/05000/Changes_in_Alexithymia_Following_Psychological.3.aspx.

Laura Harrison et al., "The Importance of Sensory Processing in Mental Health: A Proposed Addition to the Research Domain Criteria (RDoC) and Suggestions for RDoC 2.0," *Frontiers in Psychology* 10 (February 5, 2019), https://doi.org/10.3389/fpsyg.2019.00103.

Lorna S. Jakobson and Sarah N. Rigby, "Alexithymia and Sensory Processing Sensitivity: Areas of Overlap and Links to Sensory Processing Styles," *Frontiers in Psychology* 12 (May 24, 2021), https://www.sciencedirect.com/science/article/abs/pii/0031938494900078?via%3Dihub.

Lucia Ricciardi et al., "Alexithymia in Neurological Disease: A Review," *Journal of Neuropsychiatry and Clinical Neurosciences* 27, no. 3 (February 6, 2015): 179-87, https://doi.org/10.1176/appi.neuropsych.14070169.

Manfred J. C. Hessing et al., "Individual Behavioral and Physiological Strategies in Pigs," *Physiology & Behavior* 55, no. 1 (January 1, 1994): 39-46, https://www.sciencedirect.com/science/article/abs/pii/0031938494900078?via%Dihub.

Michael Pluess and Ilona Boniwell, "Sensory-Processing Sensitivity Predicts Treatment Response to a School-Based Depression Prevention Program: Evidence of Vantage Sensitivity," *Personality and Individual Differences* 82 (August 1, 2015): 40-45, https://doi.org/10.1016/j.paid.2015.03.011.

Michael Pluess et al., "Environmental Sensitivity in Children: Development of the Highly Sensitive Child Scale and Identification of Sensitivity Groups," *Developmental Psychology* 54, no. 1 (January 1, 2018): 51-70, https://doi.org/10.1037/dev0000406.

Olivier Luminet, Kristy A. Nielson, and Nathan Ridout, "Cognitive-Emotional Processing in Alexithymia: An Integrative Review," *Cognition and Emotion* 35, no. 3 (March 31, 2021): 449-87, https://doi.org/10.1080/02699931.2021.1908231.

P. Acevedo et al., "The Highly Sensitive Brain: An fMRI Study of Sensory Processing Sensitivity and Response to Others' Emotions," *Brain and Behavior* 4, no. 4 (June 23, 2014): 580-94, https://doi.org/10.1002/brb3.242.

Sharell Bas et al., "Experiences of Adults High in the Personality Trait Sensory Processing Sensitivity: A Qualitative Study," *Journal of Clinical Medicine* 10, no. 21 (October 24, 2021): 4912, https://doi.org/10.3390/jcm10214912.

Shelly J. Lane et al., "Neural Foundations of Ayres Sensory Integration®," *Brain Sciences* 9, no. 7 (June 28, 2019): 153, https://doi.org/10.3390/brainsci9070153.

Shuhei Iimura, "Sensory-Processing Sensitivity and COVID-19 Stress in a Young Population: The Mediating Role of Resilience." *Personality and Individual Differences* 184 (January 1, 2022): 111183, https://doi.org/10.1016/j.paid.2021.111183.

Stephen J. Suomi, "Risk, Resilience, and Gene x Environment Interactions in Rhesus Monkeys," *Annals of the New York Academy of Sciences* 1094, no. 1 (December 1, 2006): 52-62, https://doi.org/10.1196/annals.1376.006.

Taraneh Attary and Ali Ghazizadeh, "Localizing Sensory Processing Sensitivity and Its Subdomains within Its Relevant Trait Space: A Data-Driven Approach," *Scientific Reports* 11, no. 20343 (October 13, 2021), https://doi.org/10.1038/s41598-021-99686-y.

Véronique De Gucht, Dion H A Woestenburg, and Tom F. Wilderjans, "The Different Faces of (High) Sensitivity, Toward a More Comprehensive Measurement Instrument. Development and Validation of the Sensory Processing Sensitivity Questionnaire (SPSQ)," *Journal of Personality Assessment* 104, no. 6 (February 17, 2022): 784-99, https://doi.org/10.1080/00223891.2022.2032101.

W. Thomas Boyce and Bruce J. Ellis, "Biological Sensitivity to Context: I. An Evolutionary-Developmental Theory of the Origins and Functions of Stress Reactivity." *Development and Psychopathology* 17, no. 2 (May 12, 2005), https://doi.org/10.1017/S0954579405050145.

Winnie Dunn, "Supporting Children to Participate Successfully in Everyday Life by Using Sensory Processing Knowledge." *Infants and Young Children* 20, no. 2 (April 1, 2007): 84-101, https://journals.lww.com/iycjournal/fulltext/2007/04000/supporting_children_to_participate_successfully_in.2.aspx.

Yaara Turjeman-Levi and Avraham N. Kluger, "Sensory-Processing Sensitivity versus the Sensory-Processing Theory: Convergence and Divergence," *Frontiers in Psychology* 13 (December 1, 2022), https://doi.org/10.3389/fpsyg.2022.1010836.

Yuta Ujiie and Kohske Takahashi, "Subjective Sensitivity to Exteroceptive and Interceptive Processing in Highly Sensitive Person," *Psychological Reports*, August 12, 2022, https://doi.org/10.1177/00332941221119403.

4장 스트레스와 공포는 잘못이 없다

Ali Jawaid, Katherina-Lynn Jehle, and Isabelle M. Mansuy, "Impact of Parental Exposure on Offspring Health in Humans," *Trends in Genetics* 37, no. 4 (April 1, 2021): 373-88, https://doi.org/10.1016/j.tig.2020.10.006.

Andrea L. Roberts et al., "The Stressor Criterion for Posttraumatic Stress Disorder: Does It Matter?" *Journal of Clinical Psychiatry* 73, no. 2 (February 15, 2012): e264-70, https://pubmed.ncbi.nlm.nih.gov/22401487/.

Anthony S. Zannas et al., "Epigenetic Aging and PTSD Outcomes in the Immediate Aftermath of Trauma," *Psychological Medicine* (March 23, 2023): 1-10, https://doi.org/10.1017/0033291723000636.

Bessel A. van der Kolk, "Trauma and Memory," *Psychiatry and Clinical Neurosciences* 52, no. Si (September 1, 1998): S52-64, https://doi.org/10.1046/j.1440-1819.1998.0520s5s97.x.

Bianca P. Acevedo et al., "The Functional Highly Sensitive Brain: A Review of the Brain Circuits Underlying Sensory Processing Sensitivity and Seemingly Related Disorders," *Philosophical Transactions of the Royal Society B* 373, no. 1744 (April 19, 2018): 20170161, https://doi.org/10.1098/rstb.2017.0161.

Caitlyn O. Hood and Christal L. Badour, "The Effects of Posttraumatic Stress and Trauma-Focused Disclosure on Experimental Pain Sensitivity Among Trauma-Exposed Women," *Journal of Traumatic Stress* 33, no. 6 (August 13, 2020): 1071-81, https://doi.org/10.1002/jts.22571.

Carol S. North et al., "The Evolution of PTSD Criteria across Editions of DSM," *Annuals of Clinical Psychiatry* 28, no. 3 (August 1, 2016): 197-208, https://pubmed.ncbi.nlm.nih.gov/27490836.

Caroline M. Nievergelt et al., "International Meta-Analysis of PTSD Genome-Wide Association Studies Identifies Sex-and Ancestry-Specific Genetic Risk Loci," *Nature Communications* 10, no. 1 (October 8, 2019), https://doi.org/10.1038/s41467-019-12576-w.

Center for Substance Abuse Treatment (US), "Exhibit 1.3-4, DSM-5 Diagnostic Criteria for PTSD—Trauma-Informed Care in Behavioral Health Services—NCBI Bookshelf," n.d., https://www.ncbi.nlm.nih.gov/books/NBK207191/box/part1_ch3.box16.

Christian H. Vinkers et al., "An Integrated Approach to Understand Biological Stress System Dysregulation across Depressive and Anxiety Disorders," *Journal of Affective Disorders* 283 (March 15, 2021): 139-46, https://doi.org/10.1016/j.jad.2021.01.051.

Christine Gimpel et al., "Changes and Interactions of Flourishing, Mindfulness, Sense of Coherence, and Quality of Life in Patients of a Mind-Body Medicine Outpatient Clinic," *Complementary Medicine Research* 21, no. 3 (June 18, 2014): 154-62, https://doi.org/10.1159/000363784.

David C. Knight, "Neurocognitive Profiles Predict Susceptibility and Resilience to Posttraumatic Stress," *American Journal of Psychiatry* 178, no. 11 (November 4, 2021): 991-93, https://ajp.psychiatryonline.org/doi/10.1176/appi.ajp.2021.21090890.

Eleonora Marzilli et al., "Internet Addiction among Young Adult University Students during the COVID-19 Pandemic: The Role of Peritraumatic Distress, Attachment, and Alexithymia," *International Journal of Environmental Research and Public Health* 19, no. 23 (November 24, 2022): 15582, https://doi.org/10.3390/ijerph192315582.

Emily R. Hunt et al., "Using Massage to Combat Fear-Avoidance and the Pain Tension Cycle," *International Journal of Athletic Therapy and Training* 24, no. 5 (September 1, 2019): 198-201, https://doi.org/10.1123/ijatt.2018-0097.

Franziska Köhler-Dauner et al., "Maternal Sensitivity Modulates Child's Parasympathetic Mode and Buffers Sympathetic Activity in a Free Play Situation," *Frontiers in Psychology* 13 (April 19, 2022), https://doi.org/10.3389/fpsyg.2022.868848.

Gavin E. Morris et al., "Mitigating Contemporary Trauma Impacts Using Ancient Applications," *Frontiers in Psychology* 13 (August 2, 2022), https://doi.org/10.3389/fpsyg.2022.645397.

Georgia E. Hodes and C. Neill Epperson, "Sex Differences in Vulnerability and Resilience to Stress Across the Life-span," *Biological Psychiatry* 86, no. 6 (September 15, 2019): 421-32, https://www.biologicalpsychiatry journal.com/article/Soo06-3223(19)31325-3/fulltext.

Ghazi I. Al Jowf et al., "A Public Health Perspective of Post-Traumatic Stress Disorder," *International Journal of Environmental Research and Public Health* 19, no. 11 (May 26, 2022): 6474, https://www.mdpi.com/1660-4601/19/11/6474.

Ghazi I. Al Jowf et al., "The Molecular Biology of Susceptibility to Post-Traumatic Stress Disorder: Highlights of Epigenetics and Epigenomics," *International Journal of Molecular Sciences* 22, no. 19 (October 4, 2021): 10743, https://doi.org/10.3390/ijms221910743.

J. Douglas Bremner and Matthew T. Wittbrodt, "Chapter One—Stress, the Brain, and Trauma Spectrum Disorders," in *International Review of Neurobiology* 152 (2020), 1-22, https://www.sciencedirect.com/science/article/abs/pii/s0074774220300040?via%3Dihub.

J. Douglas Bremner et al., "Diet, Stress and Mental Health," *Nutrients* 12, no. 8 (August 13, 2020): 2428, https://doi.org/10.3390/nu12082428.

Jacquelyn S. Christensen et al., "Diverse Autonomic Nervous System Stress Response Patterns in Childhood Sensory Modulation," *Frontiers in Integrative Neuroscience* 14 (February 18, 2020), https://www.frontiersin.org/articles/10.3389/fnint.2020.00006/full.

Jennifer S. Stevens et al., "Brain-Based Biotypes of Psychiatric Vulnerability in the Acute Aftermath of Trauma," *American Journal of Psychiatry* 178, no. 11 (October 14, 2021): 1037-49, https://ajp.psychiatryonline.org/doi/10.1176/appi.ajp.2021.20101526.

Jonathan DePierro et al., "Beyond PTSD: Client Presentations of Developmental Trauma Disorder from a National Survey of Clinicians," *Psychological Trauma: Theory, Research, Practice, and Policy* 14, no. 7 (December 19, 2019): 1167-74, https://doi.org/10.1037/tra0000532.

Joseph Spinazzola, Bessel A. van der Kolk, and Julian D. Ford, "Developmental Trauma Disorder: A Legacy of Attachment Trauma in Victimized Children," *Journal of Traumatic Stress* 34, no. 4 (May 28, 2021): 711-20, https://doi.org/10.1002/jts.22697.

Judith R. Schore and Allan N. Schore, "Modern Attachment Theory: The Central Role of Affect

Regulation in Development and Treatment," *Clinical Social Work Journal* 36, no. 1 (March 1, 2008): 9-20, https://link.springer.com/article/10.1007/s10615-007-0111-7#citeas.

Julia Anna Glombiewski et al., "Do Patients with Chronic Pain Show Autonomic Arousal When Confronted with Feared Movements? An Experimental Investigation of the Fear-Avoidance Model," *Journal of the International Association for the Study of Pain* 156, no. 3 (March 1, 2015): 547-54, https://doi.org/10.1097/01.j.pain.0000460329.48633.ce.

Julian D. Ford et al., "Can Developmental Trauma Disorder Be Distinguished from Posttraumatic Stress Disorder? A Symptom-Level Person-Centred Empirical Approach," *European Journal of Psychotraumatology* 13, no. 2 (November 2, 2022), https://doi.org/10.1080/20008066.2022.2133488.

Kevin J. Clancy et al., "Intrinsic Sensory Disinhibition Contributes to Intrusive Re-Experiencing in Combat Veterans," *Scientific Reports* 10, no. 936 (January 22, 2020), https://doi.org/10.1038/S41598-020-57963-2.

Khushbu Shah et al., "Mind-Body Treatments of Irritable Bowel Syndrome Symptoms: An Updated Meta-Analysis," *Behaviour Research and Therapy* 128 (May 1, 2020): 103462, https://www.ciencedirect.com/science/article/abs/pii/Soo05796719301482?via%3Dihub.

Kristina M. Thumfart et al., "Epigenetics of Childhood Trauma: Long Term Sequelae and Potential for Treatment," *Neuroscience & Biobehavioral Reviews* 132 (January 1, 2022): 1049-66, https://www.sciencedirect.com/science/article/pii/s014976342100484X?via%3Dihub.

Lisa Hancock and Richard A. Bryant, "Posttraumatic Stress, Stressor Controllability, and Avoidance," *Behaviour Research and Therapy* 128 (February 19, 2020): 103591, https://doi.org/10.1016/j.brat.2020.103591.

Lisa J. M. van den Berg et al., "A New Perspective on PTSD Symptoms after Traumatic vs Stressful Life Events and the Role of Gender," *European Journal of Psychotraumatology* 8, no. 1 (November 13, 2017), https://doi.org/10.1080/20008198.2017.1380470.

Marco Del Giudice, "Attachment in Middle Childhood: An Evolutionary-Developmental Perspective," *New Directions for Child and Adolescent Development* 2015, no. 148 (June 18, 2015): 15-30, https://doi.org/10.1002/cad.20101.

Marco Del Giudice, "Differential Susceptibility to the Environment: Are Developmental Models Compatible with the Evidence from Twin Studies?" *Developmental Psychology* 52, no. 8 (June 16, 2016): 1330-39, https://doi.org/10.1037/dev0000153.

Marco Del Giudice, Bruce J. Ellis, and Elizabeth A. Shirtcliff, "The Adaptive Calibration Model of Stress Responsivity," *Neuroscience & Biobehavioral Reviews* 35, no. 7 (June 1, 2011): https://www.sciencedirect.com/science/article/abs/pii/s014976341000196X?via%3 Dihub.

Marielle Wathelet et al., "Posttraumatic Stress Disorder in Time of COVID-19: Trauma or Not Trauma, Is That the Question?" *Acta Psychiatrica Scandinavica* 144, no. 3 (June 9, 2021): 310-11, https://doi.org/10.1111/acps.13336.

Martin C. S. Wong et al., "Resilience Level and Its Association with Maladaptive Coping Behaviours in the COVID-19 Pandemic: A Global Survey of the General Populations," *Globalization and Health* 19, no. 1 (January 3, 2023), https://doi.org/10.1186/s12992-022-00903-8.

Michael Notaras and Maarten van den Buuse, "Neurobiology of BDNF in Fear Memory, Sensitivity to Stress, and Stress-Related Disorders," *Molecular Psychiatry* 25, no. 10 (January 3, 2020): 2251-74, https://pubmed.ncbi.nlm.nih.gov/31900428/.

Mirko Lehmann et al., "Insights into the Molecular Genetic Basis of Individual Differences in Metacognition," *Physiology & Behavior* 264 (May 15, 2023): 114139, https://doi.org/10.1016/j.physbeh.2023.114139.

Ned H. Kalin, "Trauma, Resilience, Anxiety Disorders, and PTSD," *American Journal of Psychiatry* 178, no. 2 (February 1, 2021): 103-5, https://doi.org/10.1176/appi.ajp.2020.20121738.

Payton J. Jones and Richard J. McNally, "Does Broadening One's Concept of Trauma Undermine Resilience?" *Psychological Trauma: Theory, Research, Practice, and Policy* 14, no. S1 (April 1, 2022): S131-39, https://pubmed.ncbi.nlm.nih.gov/34197173/.

Payton J. Jones et al., "Exposure to Descriptions of Traumatic Events Narrows One's Concept of Trauma," *Journal of Experimental Psychology: Applied* 29, no. 1 (March 2022): 179-87, https://pubmed.ncbi.nlm.nih.gov/35025575/.

Pelin Karaca-Dinç, Seda Oktay, and Ayşegül Durak Batigün, "Mediation Role of Alexithymia, Sensory Processing Sensitivity and Emotional-Mental Processes between Childhood Trauma and Adult Psychopathology: A Self-Report Study," *BMC Psychiatry* 21, no. 508 (October 15, 2021), https://doi.org/10.1186/S12888-021-03532-4.

Robyn Fivush et al., "The Making of Autobiographical Memory: Intersections of Culture, Narratives and Identity," *International Journal of Psychology* 46, no. 5 (October 6, 2011): 321-45, https://doi.org/10.1080/00207594.2011.596541.

Rodrigo G. Arzate-Mejía and Isabelle M. Mansuy, "Epigenetic Inheritance: Impact for Biology and Society-Recent Progress, Current Questions and Future Challenges," *Environmental*

Epigenetics 8, no. 1 (November 5, 2022), https://doi.org/10.1093/eep/dvac021.

Samantha A. Wong et al., "Internal Capsule Microstructure Mediates the Relationship between Childhood Maltreatment and PTSD Following Adulthood Trauma Exposure," *Molecular Psychiatry* (March 17, 2023), https://doi.org/10.1038/s41380-023-02012-3.

Todd M. Everson et al., "Epigenetic Differences in Stress Response Gene *FKBP5* among Children with Abusive vs Accidental Injuries," *Pediatric Research* 94 (January 9, 2023): 193-9, https://doi.org/10.1038/s41390-022-02441-w.

Vasiliki Michopoulos et al., "Inflammation in Fear-and Anxiety-Based Disorders: PTSD, GAD, and Beyond," *Neuropsychopharmacology* 42, no. 1 (January 1, 2017): 254-70, https://doi.org/10.1038/npp.2016.146.

Yann Auxéméry, "L'état de Stress Post-Traumatique Comme Conséquence de l'interaction Entre Une Susceptibilité Génétique Individuelle, Un Évènement Traumatogène et Un Contexte Social," *L'Encéphale* 38, no. 5 (October 1, 2012): 373-80, https://doi.org/10.1016/j.encep.2011.12.003.

5장 유연하고 탄력적인 신경계를 만드는 5단계 계획

Aliya Alimujiang et al., "Association Between Life Purpose and Mortality Among US Adults Older Than 50 Years," *JAMA Network Open* 2, no. 5 (May 24, 2019): e194270, https://doi.org/10.1001/jamanetworkopen.2019.4270.

Braden Kuo et al., "Genomic and Clinical Effects Associated with a Relaxation Response Mind-Body Intervention in Patients with Irritable Bowel Syndrome and Inflammatory Bowel Disease," *PLOS One* 10, no. 4 (April 30, 2015): e0123861, https://doi.org/10.1371/journal.pone.0123861.

Donald C. Goff et al., "Tardive Dyskinesia and Substrates of Energy Metabolism in GSF," *American Journal of Psychiatry* 152, no. 12 (December 1, 1995): 1730-36, https://doi.org/10.1176/ajp.152.12.1730.

Ian W. Listopad et al., "Bio-Psycho-Socio-Spirito-Cultural Factors of Burnout: A Systematic Narrative Review of the Literature," *Frontiers in Psychology* 12 (December 1, 2021), https://doi.org/10.3389/fpsyg.2021.722862.

Jeffery A. Dusek et al., "Genomic Counter-Stress Changes Induced by the Relaxation Response," *PLOS One* 3, no. 7 (July 2, 2008): e2576, https://doi.org/10.1371/journal.pone.0002576.

Jeffrey J. Goldberger et al., "Autonomic Nervous System Dysfunction: A JACC Focus Seminar," *Journal of the American College of Cardiology* 73, no. 10 (March 19, 2019): 1189-1206, https://doi.org/10.1016/j.jacc.2018.12.064.

Juan C. Sánchez-Manso et al., *Autonomic Dysfunction* (Treasure Island, FL: StatPearls Publishing, 2022), https://pubmed.ncbi.nlm.nih.gov/28613638.

Lisa A. Miller et al., "Neuroanatomical Correlates of Religiosity and Spirituality: A Study in Adults at High and Low Familial Risk for Depression," *JAMA Psychiatry* 71, NO. 2 (February 1, 2014): 135, https://doi.org/10.1001/jamapsychiatry.2013.3067.

Manoj K. Bhasin et al., "Relaxation Response Induces Temporal Transcriptome Changes in Energy Metabolism, Insulin Secretion and Inflammatory Pathways," *PLOS One* 12, no. 25 (May 1, 2013): e0172873, https://journals.plos.org/plosone/article?id=10.1371/journal.pone.0062817.

Manoj K. Bhasin et al., "Specific Transcriptome Changes Associated with Blood Pressure Reduction in Hypertensive Patients After Relaxation Response Training," *Journal of Alternative and Complementary Medicine* 24, no. 5 (May 1, 2018): 486-504, https://doi.org/10.1089/acm.2017.0053.

Minmin Hu et al., "Resveratrol Prevents Haloperidol-Induced Mitochondria Dysfunction through the Induction of Autophagy in SH-SYSY Cells," *Neuro Toxicology* 87 (October 22, 2021): 231-42, https://doi.org/10.1016/j.neuro.2021.10.007.

Randy Cohen, Chirag Bavishi, and Alan Rozanski, "Purpose in Life and Its Relationship to All-Cause Mortality and Cardiovascular Events, A Meta Analysis," *Psychosomatic Medicine* 78, no. 2 (February-March, 2016): 122-33, https://journals.lww.com/psychosomaticmedicine/abstract/2016/02000/purpose_in life_and its_ relationship_to_all_cause.2.aspx.

6장 신경계를 지원하는 기본 루틴

"Brain Basics: Understanding Sleep," *National Institute of Neurological Disorders and Stroke* (March 17, 2023), https://www.ninds.nih.gov/health-information/public-education/brain-basics/brain-basics-understanding-sleep.

2019), https://doi.org/10.23880/ijbp-16000169.

Agata Chudzik et al., "Probiotics, Prebiotics and Postbiotics on Mitigation of Depression Symptoms: Modulation of the Brain-Gut-Microbiome Axis," *Biomolecules* 11, no. 7 (July 7, 2021): 1000, https://www.mdpi.com/2218-273x/11/7/1000.

Alejandro Déniz-García et al., "Impact of Anxiety, Depression and Disease-Related Distress on Long-Term Glycaemic Variability among Subjects with Type 1 Diabetes Mellitus," *BMC Endocrine Disorders* 22, NO. 122 (May 11, 2022), https://doi.org/10.1186/s12902-022-01013-7.

Andrew Huberman, "Dr. Satchin Panda: Intermittent Fasting to Improve Health, Cognition, & Longevity," *Huberman Lab* (March 18, 2023), https://hubermanlab.com/dr-satchin-panda-intermittent-fasting-to-improve-health-cognition-and-longevity/.

Andrew J. K. Phillips et al., "High Sensitivity and Interindividual Variability in the Response of the Human Circadian System to Evening Light," *Proceedings of the National Academy of Sciences of the United States of America* 116, no. 24 (May 28, 2019): 12019-24, https://doi.org/10.1073/pnas.1901824116.

Anja Hilbert et al., "Meta-Analysis on the Long Term Effectiveness of Psychological and Medical Treatments for Binge-Eating Disorder," *International Journal of Eating Disorders* 53, no. 9 (June 25, 2020): 1353-76, https://doi.org/10.1002/eat.23297.

Annelise Madison and Janice K. Kiecolt-Glaser, "Stress, Depression, Diet, and the Gut Microbiota: Human-Bacteria Interactions at the Core of psychoneuroimmunology and Nutrition," *Current Opinion in Behavioral Sciences* 28 (March 25, 2019): 105-10, https://doi.org/10.1016/j.cobeha.2019.01.01.

Atsukazu Kuwahara et al., "Microbiota-Gut-Brain Axis: Enteroendocrine Cells and the Enteric Nervous System Form an Interface between the Microbiota and the Central Nervous System," *Biomedical Research* 41, no. 5 (October 16, 2020): 199-216, https://doi.org/10.2220/biomedres.41.199.

Catia Scassellati et al., "The Complex Molecular Picture of Gut and Oral Microbiota-Brain-Depression System: What We Know and What We Need to Know," *Frontiers in Psychiatry* 12 (November 2, 2021), https://doi.org/10.3389/fpsyt.2021.722335.

Chao Song et al., "The Influence of Occupational Therapy on College Students' Home Physical Exercise Behavior and Mental Health Status under the Artificial Intelligence Technology," *Occupational Therapy International* 2022, no.20 (September 9, 2022): 1-13, https://doaj.org/article/7cfcd5e1932c4b8e9b9c594721 ca8fe7.

Christian Franz Josef Woll and Felix D. Schönbrodt, "A Series of Meta-Analytic Tests of the Efficacy of Long-Term Psychoanalytic Psychotherapy," *European Psychologist* 25, no. 1 (January 1, 2020): 51-72, https://econtent.hogrefe.com/doi/10.1027/1016-9040/a000385.

Elisa Menardo et al., "Nature and Mindfulness to Cope with Work-Related Stress: A Narrative Review," *International Journal of Environmental Research and Public Health* 19, no. 10 (May 13, 2022): 5948, https://www.mdpi.com/1660-4601/19/10/5948.

Ellen R. Stothard et al., "Circadian Entrainment to the Natural Light-Dark Cycle across Seasons and the Weekend," *Current Biology* 27, no. 4 (February 20, 2017): 508-13, https://doi.org/10.1016/j.cub.2016.12.041.

Fivos Borbolis, Eirini Mytilinaiou, and Konstantinos Palikaras, "The Crosstalk between Microbiome and Mitochondrial Homeostasis in Neurodegeneration," *Cells* 12, no. 3 (January 28, 2023): 429, https://www.mdpi.com/2073-4409/12/3/429.

Garen V. Vartanian et al., "Melatonin Suppression by Light in Humans Is More Sensitive Than Previously Reported," *Journal of Biological Rhythms* 30, no. 4 (May 27, 2015): 351-54, https://doi.org/10.1177/0748730415585413.

Gaspard Kerner, Jeremy Choin, and Lluis Quintana-Murci, "Ancient DNA as a Tool for Medical Research," *Nature Meaicine* 29 (March 15, 2023): 1048-51, https://doi.org/10.1038/s41591-023-02244-4.

Hidenori Yoshii et al., "The Importance of Continuous Glucose Monitoring-Derived Metrics Beyond HbAic for Optimal Individualized Glycemic Control," *Journal of Clinical Endocrinology and Metabolism* 107, no. 10 (July 31, 2022): e3990-4003, https://doi.org/10.1210/clinem/dgac459.

Hiroshi Kunugi, "Gut Microbiota and Pathophysiology of Depressive Disorder," *Annals of Nutrition and Metabolism* 77, no. Suppl. 2 (January 1, 2021): 11-20, https://doi.org/10.1159/000518274.

Jane A. Foster, Glen B. Baker, and Serdar M. Dursun, "The Relationship Between the Gut Microbiome-Immune System-Brain Axis and Major Depressive Disorder," *Frontiers in Neurology* 12 (September 28, 2021), https://doi.org/10.3389/fneur.2021.721126.

Jiezhong Chen and Luis Vitetta, "Mitochondria Could Be a Potential Key Mediator Linking the Intestinal Microbiota to Depression," *Journal of Cellular Biochemistry* 121, no. 1 (January 1, 2020): 17-24, https://onlinelibrary.wiley.com/doi/10.1002/jcb.29311.

Jing Zhang and Natasha Slesnick, "The Effects of a Family Systems Intervention on Co-Occurring Internalizing and Externalizing Behaviors of Children with Substance Abusing Mothers: A Latent Transition Analysis," *Journal of Marital and Family Therapy* 44, no. 4 (October 3, 2017): 687-701, https://doi.org/10.1111/jmft.12277.

Joseph R. Ferrari and Catherine A. Roster, "Delaying Disposing: Examining the Relationship between Procrastination and Clutter across Generations," *Current Psychology* 37, no. 2 (June 1, 2018): 426-31, http://doi.org/10.1007/s12144-017-9679-4.

Joseph R. Rausch, "Measures of Glycemic Variability and Links with Psychological Functioning," *Current Diabetes Reports* 10, no. 6 (October 5, 2010): 415-21, https://doi.org/10.1007/s11892-010-0152-0.

Katherine Semenkovich et al., "Depression in Type 2 Diabetes Mellitus: Prevalence, Impact, and Treatment," *Drugs* 75, no. 6 (April 8, 2015): 577-87, https://doi.org/10.1007/s40265-015-0347-4.

Kathleen T. Watson et al., "Incident Major Depressive Disorder Predicted by Three Measures of Insulin Resistance: A Dutch Cohort Study," *American Journal of Psychiatry* 178, no. 10 (September 23, 2021): 914-20, https://doi.org/10.1176/appi.ajp.2021.20101479.

Katja Oomen-Welke et al., "Spending Time in the Forest or the Field: Investigations on Stress Perception and Psychological Well-Being—A Randomized Cross-Over Trial in Highly Sensitive Persons," *International Journal of Environmental Research and Public Health* 19, NO. 22 (November 19, 2022): 15322, https://www.mdpi.com/1660-4601/19/22/15322.

Kirsten Berding et al., "Feed Your Microbes to Deal with Stress: A Psychobiotic Diet Impacts Microbial Stability and Perceived Stress in a Healthy Adult Population," *Molecular Psychiatry* 28, no. 2 (October 27, 2022): 601-10, https://doi.org/10.1038/s41380-022-01817-y.

Laura R. Dowling et al., "Enteric Nervous System and Intestinal Epithelial Regulation of the Gut-Brain Axis," *Journal of Allergy and Clinical Immunology* 150, no. 3 (September 1, 2022): 513-22, https://doi.org/10.1016/j.jaci.2022.07.015.

Lauren E. Hartstein et al., "High Sensitivity of Melatonin Suppression Response to Evening Light in Preschool-Aged Children," *Journal of Pineal Research* 72, no. 2 (January 8, 2022): e12780, https://onlinelibrary.wiley.com/doi/10.1111/jpi.12780.

Marsha C. Wibowo et al., "Reconstruction of Ancient Microbial Genomes from the Human Gut," *Nature* 594, no. 7862 (May 12, 2021): 234-39, https://doi.org/10.1038/s41586-021-03532-0.

Pengfei Han et al., "Sensitivity to Sweetness Correlates to Elevated Reward Brain Responses to Sweet and High-Fat Food Odors in Young Healthy Volunteers," *NeuroImage* 208 (March 1, 2020): 116413, https://www.sciencedirect.com/science/article/pii/S1053811919310043?via%3Dihub.

Roman Holzer, Wilhelm Bloch, and Christian Brinkmann, "Continuous Glucose Monitoring in Healthy Adults-Possible Applications in Health Care, Wellness, and Sports," *Sensors* 22, no. 5 (March 5, 2022): 2030, https://doi.org/10.3390/s22052030.

Sai Sailesh Kumar Goothy et al., "Effect of Selected Vestibular Exercises on Depression, Anxiety and Stress in Elderly Women with Type 2 Diabetes," *International Journal of Biochemistry & Physiology* (November 20,

Sarah A. McCormick, Kirby Deater-Deckard, and Claire Hughes, "Household Clutter and Crowding Constrain Associations between Maternal Sensitivity and Child Theory of Mind," *British Journal of Developmental Psychology* 40, no. 2 (February 17, 2022): 271-86, https://doi.org/10.1111/bjdp.12406.

Sik Yu So and Tor C. Savidge, "Gut Feelings: The Microbiota-Gut-Brain Axis on Steroids," *American Journal of Physiology-Gastrointestinal and Liver Physiology* 322, no. 1 (December 16, 2021): G1-20, https://journals.physiology.org/doi/full/10.1152/ajpgi.00294.2021.

Sujana Reddy et al., *Physiology, Circadian Rhythm* (Treasure Island, FL: StatPearls Publishing, 2022), https://www.ncbi.nlm.nih.gov/books/NBK519507.

Teris Cheung et al., "The Effectiveness of Electrical Vestibular Stimulation (VeNS) on Symptoms of Anxiety: Study Protocol of a Randomized, Double-Blinded, Sham-Controlled Trial," *International Journal of Environmental Research and Public Health* 20, no. 5 (February 27, 2023): 4218, https://doi.org/10.3390/ijerph20054218.

Victoria A. Acosta-Rodríguez et al., "Circadian Alignment of Early Onset Caloric Restriction Promotes Longevity in Male C57BL/6J Mice," *Science* 376, no. 6598 (May 5, 2022): 1192-1202, https://doi.org/10.1126/science.abko297.

Walid Kamal Abdelbasset et al., "Therapeutic Effects of Proprioceptive Exercise on Functional Capacity, Anxiety, and Depression in Patients with Diabetic Neuropathy: A 2-Month Prospective Study," *Clinical Rheumatology* 39, no. 10 (April 16, 2020): 3091-97, https://doi.org/10.1007/s10067-020-05086-4.

7장 1단계 '인식': 신경계가 보내는 신호 알아차리기

Hani M. Elwafi et al., "Mindfulness Training for Smoking Cessation: Moderation of the Relationship between Craving and Cigarette Use," *Drug and Alcohol Dependence* 130, nos. 1-3 (June 1, 2013): 222-29, https://www.sciencedirect.com/science/article/abs/pii/S0376871612004565?via%3Dihub.

J. De Jonckheere et al., "Heart Rate Variability Analysis as an Index of Emotion Regulation Processes: Interest of the Analgesia Nociception Index (ANI)," *2012 Annual International Conference of the IEEE Engineering in Medicine and Biology Society* (2012), https://doi.org/10.1109/embc.2012.6346703.

Kaitlyn Bakker and Richard Moulding, "Sensory-Processing Sensitivity, Dispositional Mindfulness and Negative Psychological Symptoms," *Personality and Individual Differences* 53, no. 3 (August 1, 2012): 341-46, https://doi.org/10.1016/j.paid.2012.04.006.

Kieran C. R. Fox et al., "Functional Neuroanatomy of Meditation: A Review and Meta-Analysis of 78 Functional Neuroimaging Investigations," *Neuroscience & Biobehavioral Reviews* 65 (June 1, 2016): 208-28, https://doi.org/10.1016/j.neubiorev.2016.03.021.

Kieran C. R. Fox et al., "Is Meditation Associated with Altered Brain Structure? A Systematic Review and Meta-Analysis of Morphometric Neuroimaging in Meditation Practitioners," *Neuroscience & Biobehavioral Reviews* 43 (June 1, 2014): 48-73, https://doi.org/10.1016/j.neubiorev.2014.03.016.

Mara Mather and Julian F. Thayer, "How Heart Rate Variability Affects Emotion Regulation Brain Networks," *Current Opinion in Behavioral Sciences* 19 (February 1, 2018): 98-104, https://www.sciencedirect.com/science/article/abs/pii/S2352154617300621?via%3Dihub.

Peter Sedlmeier et al., "The Psychological Effects of Meditation: A Meta-Analysis," *Psychological Bulletin* 138, no. 6 (May 14, 2012): 1139-71, https://doi.org/10.1037/a0028168.

Roberto Guidotti et al., "Neuroplasticity within and between Functional Brain Networks in Mental Training Based on Long-Term Meditation," *Brain Sciences* 11, no. 8 (August 18, 2021): 1086, https://www.mdpi.com/2076-3425/11/8/1086.

Sean Dae Houlihan and Judson A. Brewer, "The Emerging Science of Mindfulness as a Treatment for Addiction," *Advances in Mental Health and Addiction* (New York: Springer, 2016), 191-210, https://link.springer.com/chapter/10.1007/978-3-319-22255-4_9.

Toru Takahashi et al., "Dispositional Mindfulness Mediates the Relationship Between Sensory-Processing Sensitivity and Trait Anxiety, Well-Being, and Psychosomatic Symptoms," *Psychological Reports* 123, no. 4 (August 1, 2020): 1083-98, https://doi.org/10.1177/0033294119841848.

8장 2단계 '조절': 당신에게는 감정을 조절할 능력이 있다

Andrew Huberman, "Dr. David Spiegel: Using Hypnosis to Enhance Mental & Physical Health

& Performance," *Huberman Lab* (July 17, 2022), https://hubermanlab.com/dr-david-spiegel-using-hypnosis-to-enhance-mental-and-physical-health-and-performance/.

Andrew Huberman, "Dr. Elissa Epel: Control Stress for Healthy Eating, Metabolism & Aging," *Huberman Lab* (April 4, 2023), https://hubermanlab.com/dr-elissa-epel-control-stress-for-healthy-eating-metabolism-and-aging.

Breanne E. Kearney and Ruth A. Lanius, "The Brain-Body Disconnect: A Somatic Sensory Basis for Trauma-Related Disorders," *Frontiers in Neuroscience* 16 (November 21, 2022), https://www.frontiersin.org/articles/10.3389/fnins.2022.1015749/full.

Brian Hsueh et al., "Cardiogenic Control of Affective Behavioural State," *Nature* 615, no. 7951 (March 1, 2023): 292-99, https://doi.org/10.1038/s41586-023-05748-8.

Carolyn M. Schmitt and Sarah A. Schoen, "Interception: A Multi-Sensory Foundation of Participation in Daily Life," *Frontiers in Neuroscience* 16 (June 9, 2022), https://doi.org/10.3389/fnins.2022.875200.

Elissa S. Epel et al., "Meditation and Vacation Effects Have an Impact on Disease-Associated Molecular Phenotypes," Translational Psychiatry (August 30, 2016): e880, https://doi.org/10.1038/tp.2016.164.

Esther T. Beierl et al., "Cognitive Paths from Trauma to Posttraumatic Stress Disorder: A Prospective Study of Ehlers and Clark's Model in Survivors of Assaults or Road Traffic Collisions," *Psychological Medicine* 50, no. 13 (September 11, 2019): 2172-81, https://doi.org/10.1017/S0033291719002253.

Francie Moehring et al., "Uncovering the Cells and Circuits of Touch in Normal and Pathological Settings," *Neuron* 100, no. 2 (October 24, 2018): 349-60, https://doi.org/10.1016/j.neuron.2018.10.019.

Lisa Feldman Barrett. 2017. *How Emotions Are Made: The Secret Life of the Brain*. London, England: Macmillan. 『이토록 뜻밖의 뇌과학』(더퀘스트)

Marta Alda et al., "Zen Meditation, Length of Telomeres, and the Role of Experiential Avoidance and Compassion," *Mindfulness* 7, (February 22, 2016): 651-59, https://doi.org/10.1007/s12671-016-0500-5.

Martin Picard et al., "A Mitochondrial Health Index Sensitive to Mood and Caregiving Stress," *Biological Psychiatry* 84, no. 1 (July 1, 2018): 9-17, https://doi.org/10.1016/j.biopsych.2018.01.012.

Melis Yilmaz Balban et al., "Brief Structured Respiration Practices Enhance Mood and Reduce

Physiological Arousal," *Cell Reports Medicine* 4, no. 1 (January 17, 2023): 100895, https://doi.org/10.1016/j.xcrm.2022.100895.

Mount Sinai Health System, "Systems Biology Research Study Reveals Benefits of Vacation and Meditation," (August 30, 2016), https://www.mountsinai.org/about/newsroom/2016/systems-biology-research-study-reveals-benefits-of-vacation-and-meditation.

Natalia Bobba-Alves, Robert-Paul Juster, and Martin Picard, "The Energetic Cost of Allostasis and Allostatic Load," *Psychoneuroendocrinology* 146 (December 1, 2022): 105951, https://doi.org/10.1016/j.psyneuen.2022.105951.

Ning-Cen Li et al., "The Anti-Inflammatory Actions and Mechanisms of Acupuncture from Acupoint to Target Organs via Neuro-Immune Regulation," *Journal of Inflammation Research* 2021, no. 14 (December 21, 2021): 7191-224, https://doi.org/10.2147/jir.s341581.

Qiufu Ma, "Somato-Autonomic Reflexes of Acupuncture," *Medical Acupuncture* 32, no. 6 (December 16, 2020): 362-66, https://doi.org/10.1089/acu.2020.1488.

9장 3단계 '회복': 신경계의 회복탄력성 되찾기

Anne Kever et al., "Interceptive Sensitivity Facilitates Both Antecedent-and Response-Focused Emotion Regulation Strategies," *Personality and Individual Differences* 87 (December 1, 2015): 20-23, https://www.sciencedirect.com/science/article/abs/pii/S0191886915004584?via%3Dihub.

Anthony Wing Kosner, "The Mind at Work: Lisa Feldman Barrett on the Metabolism of Emotion," *The Mind at Work* (February 10, 2021), https://blog.dropbox.com/topics/work-culture/the-mind-at-work--lisa-feldman-barrett-on-the-metabolism-of-emot.

Clay Skipper, "Your Brain Doesn't Work the Way You Think It Does," *GQ*, (November 30, 2020), https://www.gq.com/story/lisa-feldman-barrett-interview.

Daniel P. Brown and David S. Elliot, *Attachment Disturbances in Adults: Treatment for Comprehensive Repair* (New York: W. W. Norton and Company, 2016).

Echo, "Echo Training," May 15, 2023, https://www.echotraining.org.

Everett Waters, Brian E. Vaughn, and Harriet S. Waters, *Measuring Attachment: Developmental Assessment across the Lifespan* (New York: Guilford Press, 2021), https://www.guilford.com/books/Measuring-Attachment/Waters-Vaughn-Waters/9781462546473.

F.H. Norris, "Epidemiology of Trauma: Frequency and Impact of Different Potentially

Traumatic Events on Different Demographic Groups," *Journal of Consulting and Clinical Psychology* 60, no. 3 (June 1, 1992): 409-18, https://doi.org/10.1037/0022-006x.60.3.409.

Federico Parra et al., "Ideal Parent Figure Method in the Treatment of Complex Posttraumatic Stress Disorder Related to Childhood Trauma: A Pilot Study," *European Journal of Psychotraumatology* 8, no. 1 (November 16, 2017), https://doi.org/10.1080/20008198.2017.1400879.

G. I. Roismanet et al., "The Adult Attachment Interview and Self-Reports of Attachment Style: An Empirical Rapprochement," *Journal of Personality and Social Psychology* 92, no. 4 (April 2007): 678-97, https://pubmed.ncbi.nlm.nih.gov/17469952/.

George A. Bonanno, *The End of Trauma: How the New Science of Resilience Is Changing How We Think About PTSD* (London: Hachette UK, 2021).

Holly G. Prigerson et al., "Enhancing & Mobilizing the POtential for Wellness & Emotional Resilience (EMPOWER) among Surrogate Decision-Makers of ICU Patients: Study Protocol for a Randomized Controlled Trial," *Trials* 20, no. 1 (July 9, 2019): 408, https://doi.org/10.1186/s13063-019-3515-0.

Isaac R. Galatzer-Levy, Sandy H. Huang, and George A. Bonanno, "Trajectories of Resilience and Dysfunction Following Potential Trauma: A Review and Statistical Evaluation," *Clinical Psychology Review* 63 (July 1, 2018): 41-55, https://doi.org/10.1016/j.cpr.2018.05.008.

Jay Belsky and Michael Pluess, "Beyond Diathesis Stress: Differential Susceptibility to Environmental Influences," *Psychological Bulletin* 135, no. 6 (November 1, 2009): 885-908, https://doi.org/10.1037/a0017376.

Jessica E. Cooke et al., "Parent-Child Attachment and Children's Experience and Regulation of Emotion: A Meta-Analytic Review," *Emotion* 19, no. 6 (September 1, 2019): 1103-26, https://doi.org/10.1037/emo0000504.

Jude Cassidy, Jason D. Jones, and Phillip R. Shaver, "Contributions of Attachment Theory and Research: A Framework for Future Research, Translation, and Policy," *Development and Psychopathology* 25, no. 4, pt. 2 (December 17, 2013): 1415-34, https://doi.org/10.1017/s0954579413000692.

Lachlan J. Kerley, Pamela J. Meredith, and Paul H. Harnett, "The Relationship Between Sensory Processing and Attachment Patterns: A Scoping Review," *Canadian Journal of Occupational Therapy* 90, no. 1 (May 24, 2022): 79-91, https://doi.org/10.1177/00084174221102726.

Lisa Quadt et al., "Interoceptive Training to Target Anxiety in Autistic Adults (ADIE): A Single-

Center, Superiority Randomized Controlled Trial," *EClinicalMedicine* 39 (September 1, 2021): 101042, https://www.thelancet.com/journals/eclinm/article/PIIS2589-5370(21)00322-9/fulltext.

Louis F. Damis, "The Role of Implicit Memory in the Development and Recovery from Trauma-Related Disorders," *NeuroSci* 3, no. 1 (January 18, 2022): 63-88, https://doi.org/10.3390/neurosci3010005.

Mariska Klein Velderman et al., "Effects of Attachment-Based Interventions on Maternal Sensitivity and Infant Attachment: Differential Susceptibility of Highly Reactive Infants," *Journal of Family Psychology* 20, no. 2 (June 29, 2005): 266-74, https://doi.org/10.1037/0893-3200.20.2.266.

Myeong-Gu Seo and Lisa Feldman Barrett, "Being Emotional During Decision Making-Good or Bad? An Empirical Investigation," *Academy of Management Journal* 50, no. 4 (August 1, 2007): 923-40, https://journals.aom.org/doi/10.5465/amj.2007.26279217.

Olga Pollatos, Ellen Matthias, and Johannes Keller, "When Interception Helps to Overcome Negative Feelings Caused by Social Exclusion," *Frontiers in Psychology* 6 (June 15, 2015), https://www.frontiersin.org/articles/10.3389/fpsyg.2015.00786/full.

Pernille Darling Rasmussen et al., "Attachment as a Core Feature of Resilience: A Systematic Review and Meta-Analysis," *Psychological Reports* 122, no. 4 (August 1, 2019): 1259-96, https://doi.org/10.1177/0033294118785577.

R. Chris Fraley, Niels G. Waller, and Kelly Brennan, "An Item Response Theory Analysis of Self-Report Measures of Adult Attachment," *Journal of Personality and Social Psychology* 78, no. 2 (January 1, 2000): 350-65, https://doi.org/10.1037/0022-3514.78.2.350.

R.M. Pasco Fearon and Glenn I. Roisman, "Attachment Theory: Progress and Future Directions," *Current Opinion in Psychology* 15 (June 1, 2017): 131-36, https://doi.org/10.1016/j.copsyc.2017.03.002.

Richard A. Bryant and Rachael Foord, "Activating Attachments Reduces Memories of Traumatic Images," *PLOS One* 11, no. 9 (September 15, 2016): e0162550, https://doi.org/10.1371/journal.pone.0162550.

Sahib S. Khalsa et al., "Interception and Mental Health: A Roadmap," *Biological Psychiatry: Cognitive Neuroscience and Neuroimaging* 3, no. 6 (June 1, 2018): 501-13, https://doi.org/10.1016/j.bpsc.2017.12.004.

Sarah N. Garfinkel et al., "Knowing Your Own Heart: Distinguishing Interceptive Accuracy from Interceptive Awareness," *Biological Psychology* 104 (January 1, 2015): 65-74, https://doi.org/10.1016/j.biopsycho.2014.11.004.

Sarah Woodhouse, Susan Ayers, and Andy P. Field, "The Relationship between Adult Attachment Style and Post-Traumatic Stress Symptoms: A Meta-Analysis," *Journal of Anxiety Disorders* 35 (October 1, 2015): 103-17, https://doi.org/10.1016/j.janxdis.2015.07.002.

Susan S. Woodhouse et al., "Secure Base Provision: A New Approach to Examining Links Between Maternal Caregiving and Infant Attachment," *Child Development* 91, no. 1 (January-February, 2020), https://srcd.onlinelibrary.wiley.com/doi/10.1111/cdev.13224.

Susanna Pallini et al., "Attachment and Attention Problems: A Meta-Analysis," *Clinical Psychology Review* 74 (October 31, 2019): 101772, https://doi.org/10.1016/j.cpr.2019.101772.

Susanna Pallini et al., "The Relation of Attachment Security Status to Effortful Self-Regulation: A Meta-Analysis," *Psychological Bulletin* 144, no. 5 (March 8, 2018): 501-31, https://doi.org/10.1037/bul0000134.

Thomas L. Webb, Eleanor Miles, and Paschal Sheeran, "Dealing with Feeling: A Meta-Analysis of the Effectiveness of Strategies Derived from the Process Model of Emotion Regulation," *Psychological Bulletin* 138, no. 4 (May 14, 2012): 775-808, https://doi.org/10.1037/a0027600.

"Trauma-Informed Care and Practice," in *Trauma-Informed Toolkit*, 2nd ed. (Winnipeg: Klinic Community Health Centre, 2013), 15-21, https://makingsenseoftrauma.com/wp-content/uploads/2016/01/1rauma-Informed-Care-and-Practice.pdf.

10장 4단계 '관계': 관계는 신경계를 튼튼하게 만든다

Alison E. Pritchard et al., "The Relationship Between Nature Connectedness and Eudaimonic Well-Being: A Meta-Analysis," *Journal of Happiness Studies* 21, no. 3 (April 30, 20190): 1145-67, https://doi.org/10.1007/s10902-019-00118-6.

Aliya Alimujiang et al., "Association Between Life Purpose and Mortality Among US Adults Older Than 50 Years," *JAMA Network Open* 2, no. 5 (May 24, 2019): e194270, https://jamanetwork.com/journals/jamanetwork open/fullarticle/2734064.

Annette W. M. Spithoven et al., "Genetic Contributions to Loneliness and Their Relevance to the Evolutionary Theory of Loneliness," *Perspectives on Psychological Science* 14, no. 3 (March 7, 2019): https://journals.sagepub.com/doi/10.1177/1745691618812684.

Awel Vaughan-Evans et al., "Implicit Detection of Poetic Harmony by the Naive Brain," *Frontiers in Psychology* 7 (November 25, 2016), https://doi.org/10.3389/fpsyg.2016.01859.

Barna Konkolÿ Thege, Róbert Urbán, and Mária S Kopp, "Four-Year Prospective Evaluation of the Relationship between Meaning in Life and Smoking Status," *Substance Abuse Treatment, Prevention, and Policy* 8, no. 8 (2013): 89-100, https://doi.org/10.1186/1747-597X-8-8.

Bronnie Ware, *Top Five Regrets of the Dying: A Life Transformed by the Dearly Departing* (Carlsbad, CA: Hay House, 2019). 『내가 원하는 삶을 살았더라면』(피플트리)

Caoimhe Twohig-Bennett and Andy Jones, "The Health Benefits of the Great Outdoors: A Systematic Review and Meta-Analysis of Greenspace Exposure and Health Outcomes," *Environmental Research* 166 (October 1, 2018): 628-37, https://doi.org/10.1016/j.envres.2018.06.030.

Christopher M. Masi et al., "A Meta-Analysis of Interventions to Reduce Loneliness," *Personality and Social Psychology Review* 15, no. 3 (August 17, 2011): 219-66, https://doi.org/10.1177/1088868310377394.

Clara Strauss et al., "What Is Compassion and How Can We Measure It? A Review of Definitions and Measures," *Clinical Psychology Review* 47 (July 1, 2016): 15-27, https://doi.org/10.1016/j.cpr.2016.05.004.

David A. Fryburg, "Kindness as a Stress Reduction-Health Promotion Intervention: A Review of the Psychobiology of Caring," *American Journal of Lifestyle Medicine* 16, no. 1 (January 29, 2021): 89-100, https://doi.org/10.1177/1559827620988268.

David D. Zhang et al., "Earliest Parietal Art: Hominin Hand and Foot Traces from the Middle Pleistocene of Tibet," *Science Bulletin* 66, no. 24 (December 30, 2021): 2506-15, https://doi.org/10.1016/j.scib.2021.09.001.

E. Tronick, L. B. Adamson, and T. B. Brazelton, "Infant Emotions in Normal and Pertubated Interactions," paper presented at the biennial meeting of the Society for Research in Child Development, Denver, CO, April 1975.

Ed Tronick and Marjorie Beeghly, "Infants' Meaning-Making and the Development of Mental Health Problems," *American Psychologist* 66, no. 2 (February-March, 2011): 107-19, https://doi.org/10.1037/a0021631.

Elizabeth Finnis, "Canticle of the Creatures: Francis of Assisi-Praised Be You My Lord, with All Your Creatures," FranciscanSeculars.com (February 28, 2019), http://franciscanseculars.com/the-canticle-of-the-creatures.

Ellen Galinsky, "PBS's "This Emotional Life: The Magic of Relationships," *HuffPost* (November 17, 2011), https://www.huffpost.com/entry/pbss-this-emotional-life_b_568178.

Evren Erzen and Özkan ikrikci, "The Effect of Loneliness on Depression: A Meta-Analysis," *International Journal of Social Psychiatry* 64, no. 5 (May 23, 2018): 427-35, https://doi.org/10.1177/0020764018776349.

F. Stephan Mayer and Cynthia McPherson Frantz, "The Connectedness to Nature Scale: A Measure of Individuals' Feeling in Community with Nature," *Journal of Environmental Psychology* 24, no. 4 (December 1, 2004): 503-15, https://doi.org/10.1016/j.jenvp.2004.10.001.

Girija Kaimal et al., "Functional Near-Infrared Spectroscopy Assessment of Reward Perception Based on Visual Self-Expression: Coloring, Doodling, and Free Drawing," *Arts in Psychotherapy* 55 (September 1, 2017): 85-92, https://doi.org/10.1016/j.aip.2017.05.004.

Girija Kaimal, Kendra Ray, and Juan Muniz, "Reduction of Cortisol Levels and Participants' Responses Following Art Making," *Art Therapy* 33, no. 2 (May 23, 2016): 74-80, https://doi.org/10.1080/07421656.2016.1166832.

Homa Pourriyahi et al., "Loneliness: An Immunometabolic Syndrome," *International Journal of Environmental Research and Public Health* 18, no. 22 (November 19, 2021): 12162, https://doi.org/10.3390/ijerph182212162.

James W. Pennebaker, "Expressive Writing in Psychological Science," *Perspectives on Psychological Science* 13, no. 2 (October 9, 2017): 226-29, https://doi.org/10.1177/1745691617707315.

Janneke E. P. van Leeuwen et al., "More Than Meets the Eye: Art Engages the Social Brain," *Frontiers in Neuroscience* 16 (February 25, 2022), https://doi.org/10.3389/fnins.2022.738865.

Jason G. Goldman, "Ed Tronick and the Still Face Experiment,' Scientific American Blog Network (October 18, 2010), https://blogs.scientificamerican.com/thoughtful-animal/ed-tronick-and-the-8220-still-face-experiment-8221.

Julia F. Christensen et al., "Dance Expertise Modulates Behavioral and Psychophysiological Responses to Affective Body Movement," *Journal of Experimental Psychology: Human Perception and Performance* 42, no. 8 (August 1, 2016): 1139-47, https://doi.org/10.1037/xhp0000176.

Julia F. Christensen, Ruben T. Azevedo, and Manos Tsakiris, "Emotion Matters: Different Psychophysiological Responses to Expressive and Non-Expressive Full-Body Movements," *Acta Psychologica* 212 (January 1, 2021): 103215, https://doi.org/10.1016/j.actpsy.2020.103215.

Julianne Holt-Lunstad et al., "Loneliness and Social Isolation as Risk Factors for Mortality," *Perspectives on Psychological Science* 10, no. 2 (March 11, 2015): 227-37, https://doi.org/10.1177/1745691614568352.

Julianne Holt-Lunstad, "Loneliness and Social Isolation as Risk Factors: The Power of Social Connection in Prevention," *American Journal of Lifestyle Medicine* 15, no. 5 (May 6, 2021): 567-73, https://doi.org/10.1177/15598276211009454.

Julianne Holt-Lunstad, Timothy B. Smith, and J. Bradley Layton, "Social Relationships and Mortality Risk: A Meta-Analytic Review," *PLOS Medicine* 7, no. 7 (July 27, 2010): e1000316, https://journals.plos.org/plosmedicine/article?id=10.1371/journal.pmed.1000316.

Kaho Akimoto et al., "Effect of 528 Hz Music on the Endocrine System and Autonomic Nervous System," *Health* 10, no. 9 (January 1, 2018): 1159-70, https://doi.org/10.4236/health.2018.109088.

Kilian Abellaneda-Pérez et al., "Purpose in Life Promotes Resilience to Age-Related Brain Burden in Middle-Aged Adults," *Alzheimer's Research & Therapy* 15, no. 1 (March 8, 2023), https://www.frontiersin.org/articles/10.3389/fpsyt.2023.1134865/full.

Laura Alejandra Rico-Uribe et al., "Association of Loneliness with All-Cause Mortality: A Meta-Analysis," *PLOS One* 13, no. 1 (January 4, 2018): e0190033, https://doi.org/10.1371/journal.pone.0190033.

Louise C. Hawkley and John T. Cacioppo, "Loneliness Matters: A Theoretical and Empirical Review of Consequences and Mechanisms," *Annals of Behavioral Medicine* 40, no. 2 (October 1, 2010): 218-27, https://doi.org/10.1007/s12160-010-9210-8.

Lyanda Lynn Haupt, *Rooted: Life at the Crossroads of Science, Nature, and Spirit* (New York: Little, Brown Spark, 2021).

Malcolm Koo, Hsuan-Pin Chen, and Yueh-Chiao Yeh, "Coloring Activities for Anxiety Reduction and Mood Improvement in Taiwanese Community-Dwelling Older Adults: A Randomized Controlled Study," *Evidence-Based Complementary and Alternative Medicine* 2020 (January 21, 2020): https://pubmed.ncbi.nlm.nih.gov/32063986/.

Margaret M. Hansen, Reo J. F. Jones, and Kirsten Tocchini, "Shinin-Yoku (Forest Bathing) and Nature Therapy: A State-of-the-Art Review," *International Journal of Environmental Research and Public Health* 14, no. 8 (July 28, 2017): 851, https://doi.org/10.3390/ijerph14080851.

Megan E. Beerse et al., "Biobehavioral Utility of Mindfulness-Based Art Therapy: Neurobiological

Underpinnings and Mental Health Impacts," *Experimental Biology and Medicine* 245, no. 2 (October 21, 2019): 122-30, https://doi.org/10.1177/1535370219883634.

Melissa Madeson, "Logotherapy: Viktor Frankl's Theory of Meaning," PositivePsychology.com (August 30, 2023), https://positivepsychology.com/viktor-frankl-logotherapy.

Minhal Ahmed et al., "Breaking the Vicious Cycle: The Interplay between Loneliness, Metabolic Illness, and Mental Health," *Frontiers in Psychiatry* 14 (March 8, 2023), https://doi.org/10.3389/fpsyt.2023.1134865.

Patrik Lindenfors, Andreas Wartel, and Johan Lind, "Dunbar's Number' Deconstructed," *Biology Letters* 17, no. 5 (May 5, 2021), https://doi.org/10.1098/rsbl.2021.0158.

Robert A. Emmons, *The Psychology of Ultimate Concerns: Motivation and Spirituality in Personality* (New York: Guilford Press, 1999).

Robin Dunbar, "Why Drink Is the Secret to Humanity's Success," *Financial Times* (August 10, 2018), https://www.ft.com/content/c5ce0834-9a64-11e8-9702-5946bae86e6d.

Robin I. M. Dunbar, "Coevolution of Neocortical Size, Group Size and Language in Humans," *Behavioral and Brain Sciences* 16, no. 4 (December 1, 1993): 681-94, https://doi.org/10.1017/S0140525X00032325.

Robin I. M. Dunbar, *Friends: Understanding the Power of Our Most Important Relationships* (New York: Little, Brown Book Group, 2021). 『프렌즈』(어크로스)

Robyn Gobbel, "What to Do After We Mess Up," RobynGobbel.com (May 17, 2022), https://robyngobbel.com/ rupturerepair.

Roger S. Ulrich et al., "A Review of the Research Literature on Evidence-Based Healthcare Design," *HERD: Health Environments Research & Design Journal* 1, no. 3 (April 1, 2008): 61-125, https://doi.org/10.1177/193758670800100306.

Roger S. Ulrich, "View Through a Window May Influence Recovery from Surgery," *Science* 224, no. 4647 (April 27, 1984): 420-21, https://doi.org/10.1126/science.6143402.

Siri Jakobsson Store and Niklas Jakobsson, "The Effect of Mandala Coloring on State Anxiety: A Systematic Review and Meta-Analysis," *Art Therapy* 39, no. 4 (January 4, 2022): 173-81, https://www.tandfonline.com/doi/full/10.1080/07421656.2021.2003144.

T. Babayi Daylari et al., "Influence of Various Intensities of 528 Hz Sound-Wave in Production of Testosterone in Rat's Brain and Analysis of Behavioral Changes," *Genes & Genomics* 41, no. 2 (November 9, 2018): 201-11, https://doi.org/10.1007/S13258-018-0753-6.

Tania Singer and Olga Klimecki, "Empathy and Compassion," Current Biology 24, no. 18 (September 22, 2014): PR875-78, https://doi.org/10.1016/j.cub.2014.06.054.

Toshimasa Sone et al., "Sense of Life Worth Living (Ikigai) and Mortality in Japan: Ohsaki Study," *Psychosomatic Medicine* 70, no. 6 (July 1, 2008): 709-15, https://doi.org/10.1097/psy.0b013e31817e7e64.

Victor Kaufman et al., "Unique Ways in Which the Quality of Friendships Matter for Life Satisfaction," *Journal of Happiness Studies* 23, no. 6 (March 5, 2022): 2563-80, https://doi.org/10.1007/S10902-022-00502-9.

Wenfei Yao et al., "Impact of Exposure to Natural and Built Environments on Positive and Negative Affect: A Systematic Review and Meta-Analysis," *Frontiers in Public Health* 9 (November 25, 2021), https://doi.org/10.3389/fpubh.2021.758457.

Xiaofeng Zhang et al., "A Systematic Review of the Anxiety-Alleviation Benefits of Exposure to the Natural Environment," *Reviews on Environmental Health* 38, no. 2 (March 24, 2022): 281-93, https://www.degruyter.com/document/doi/10.1515/reveh-2021-0157/html.

Yongju Yu, "Thwarted Belongingness Hindered Successful Aging in Chinese Older Adults: Roles of Positive Mental Health and Meaning in Life," *Frontiers in Psychology* 13 (February 24, 2022), https://www.frontiersin.org/articles/10.3389/fpsyg.2022.839125/full.

11장 5단계 '확장': 더 큰 도전을 위한 역량 키우기

Ala Yankouskaya et al., "Short-Term Head-Out Whole-Body Cold-Water Immersion Facilitates Positive Affect and Increases Interaction between Large-Scale Brain Networks," *Biology* 12, no. 2 (January 29, 2023): 211, https://doi.org/10.3390/biology12020211.

Alessia Costa et al., "Doing Nothing? An Ethnography of Patients' (In)Activity on an Acute Stroke Unit," Health 26, no. 4 (January 9, 2021): 457-74, https://doi.org/10.1177/1363459320969784.

Alia J. Crum, Jeremy P. Jamieson, and Modupe Akinola, "Optimizing Stress: An Integrated Intervention for Regulating Stress Responses," *Emotion* 20, no. 1 (February 1, 2020): 120-25, https://doi.org/10.1037/emo0000670.

Alia J. Crum, Peter Salovey, and Shawn Achor, "Rethinking Stress: The Role of Mindsets in Determining the Stress Response," *Journal of Personality and Social Psychology* 104, no. 4 (February 25, 2013): 716-33, https://psycnet.apa.org/doiLanding?doi=10.1037%2Femo0000670.

Aliya Alimujiang et al., "Association Between Life Purpose and Mortality Among US Adults Older Than 50 Years," *JAMA Network Open* 2, no. 5 (May 24, 2019): e194270, https://jamanetwork.com/journals/jamanetwork open/fullarticle/2734064.

Andrew Huberman, "Dr. Alia Crum: Science of Mindsets for Health & Performance," *Huberman Lab* (April 22, 2023), https://hubermanlab.com/dr-alia-crum-science-of-mindsets-for-health-performance.

Andrew Huberman, "Dr. Elissa Epel: Control Stress for Healthy Eating, Metabolism & Aging," *Huberman Lab* (April 4, 2023), https://hubermanlab.com/dr-elissa-epel-control-stress-for-healthy-eating-metabolism-and-aging.

Anne Cleary et al., "Exploring Potential Mechanisms Involved in the Relationship between Eudaimonic Wellbeing and Nature Connection," *Landscape and Urban Planning* 158 (February 1, 2017): 119-28, https://doi.org/10.1016/j.landurbplan.2016.10.003.

Annie Britton and Martin J. Shipley, "Bored to Death?" *International Journal of Epidemiology* 39, no. 2 (February 1, 2010): 370-71, https://doi.org/10.1093/ije/dyp404.

Astrid T. Groot and Marcel Dicke, "Insect-Resistant Transgenic Plants in a Multi-Trophic Context," *Plant Journal* 31, no. 4 (August 16, 2002): 387-406, https://doi.org/10.1046/j.1365-313x.2002.01366.x.

Cassandra Vieten et al., "The Mindful Moms Training: Development of a Mindfulness-Based Intervention to Reduce Stress and Overeating during Pregnancy," *BMC Pregnancy and Childbirth* 18, no. 1 (June 1, 2018): 201, https://doi.org/10.1186/s12884-018-1757-6.

Christina Daskalopoulou et al., "Physical Activity and Healthy Ageing: A Systematic Review and Meta-Analysis of Longitudinal Cohort Studies," *Ageing Research Reviews* 38 (June 23, 2017): 6-17, https://doi.org/10.1016/j.arr.2017.06.003.

Colin A. Capaldi, Raelyne L. Dopko, and John M. Zelenski, "The Relationship between Nature Connectedness and Happiness: A Meta-Analysis," *Frontiers in Psychology* 5 (September 8, 2014), https://www.frontiersin.org/articles/10.3389/fpsyg.2014.00976/full.

Dacher Keltner and Jonathan Haidt, "Approaching Awe, a Moral, Spiritual, and Aesthetic Emotion," *Cognition and Emotion* 17, no. 2 (March 1, 2003): 297-314, https://doi.org/10.1080/02699930302297.

David D. Zhang et al., "Earliest Parietal Art: Hominin Hand and Foot Traces from the Middle Pleistocene of Tibet," *Science Bulletin* 66, no. 24 (December 30, 2021): 2506-15, https://doi.org/10.1016/j.scib.2021.09.001.

David Heber, "Vegetables, Fruits and Phytoestrogens in the Prevention of Diseases," *Journal of Postgraduate Medicine* 5, no. 2 (April-June 2004): 145-49, https://www.jpgmonline.com/text.asp?2004/50/2/145/8259.

Ekaterina R. Stepanova, Denise Quesnel, and Bernhard E. Riecke, "Understanding AWE: Can a Virtual Journey, Inspired by the Overview Effect, Lead to an Increased Sense of Interconnectedness?" *Frontiers in Digital Humanities* 6 (May 22, 2019), https://doi.org/10.3389/fdigh.2019.00009.

Ekin Secinti et al., "The Relationship between Acceptance of Cancer and Distress: A Meta-Analytic Review," *Clinical Psychology Review* 71 (July 1, 2019): 27-38, https://doi.org/10.1016/j.Cpr.2019.05.001.

Elissa S. Epel et al., "Can Meditation Slow Rate of Cellular Aging? Cognitive Stress, Mindfulness, and Telomeres," *Annals of the New York Academy of Sciences* 1172, no. 1 (August 28, 2009): 34-53, https://doi.org/10.1111/j.1749-6632.2009.04414.x.

Elissa S. Epel et al., "Effects of a Mindfulness-Based Intervention on Distress, Weight Gain, and Glucose Control for Pregnant Low-Income Women: A Quasi-Experimental Trial Using the ORBIT Model," *International Journal of Behavioral Medicine* 26, no. 5 (October 1, 2019): 461-73, https://doi.org/10.1007/S12529-019-09779-2.

Elissa S. Epel, "The Geroscience Agenda: Toxic Stress, Hormetic Stress, and the Rate of Aging," *Ageing Research Reviews* 63 (September 28, 2020): 101167, https://doi.org/10.1016/j.arr.2020.101167.

Elissa S. Epel, Bruce S. McEwen, and Jeannette R. Ickovics, "Embodying Psychological Thriving: Physical Thriving in Response to Stress," *Journal of Social Issues* 54, no. 2 (April 9, 2010): 301-22, https://spssi.onlinelibrary.wiley.com/doi/10.1111/j.1540-4560.1998.tb01220.x.

Elissa S. Epel, *The Stress Prescription: Seven Days to More Joy and Ease* (New York: Penguin Life, 2022). 『7일 만에 끝내는 스트레스 처방전』(앤의서재)

Emilia Bunea, "'Grace Under Pressure': How CEOs Use Serious Leisure to Cope with the Demands of Their Job," *Frontiers in Psychology* 11 (July 3, 2020), https://doi.org/10.3389/fpsyg.2020.01453.

Florence Williams, *The Nature Fix: Why Nature Makes Us Happier, Healthier, and More Creative* (New York: W. W. Norton & Company, 2017). 『자연이 마음을 살린다』(더퀘스트)

Gabriel Sahlgren, "Work Longer, Live Healthier: The Relationship between Economic Activity,

Health and Government Policy," *Institute of Economic Affairs* (May 16, 2013), https://iea.org.uk/publications/research/work-longer-live-healthier-the-relationship-between-economic-activity-health-a.

Geoffrey L. Cohen and David K. Sherman, "The Psychology of Change: Self-Affirmation and Social Psychological Intervention," *Annual Review of Psychology* 65, no. 1 (January 3, 2014): 333-71, https://doi.org/10.1146/annurev-psych-010213-115137.

Gregory M. Walton et al., "Two Brief Interventions to Mitigate a 'Chilly Climate' Transform Women's Experience, Relationships, and Achievement in Engineering," *Journal of Educational Psychology* 107, no. 2 (May 1, 2014): 468-85, https://doi.org/10.1037/ao037461.

Jennifer Daubenmier et al., "Changes in Stress, Eating, and Metabolic Factors Are Related to Changes in Telomerase Activity in a Randomized Mindfulness Intervention Pilot Study," *Psychoneuroendocrinology* 37, no. 7 (July 1, 2012): 917-28, https://doi.org/10.1016/j.psyneuen.2011.10.00.

John M. Zelenski and Elizabeth K. Nisbet, "Happiness and Feeling Connected: The Distinct Role of Nature Relatedness," *Environment and Behavior* 46, no. 1 (January 1, 2014): 3-23, https://doi.org/10.1177/0013916512451901.

Joshua D. Perlin and Leon Li, "Why Does Awe Have Prosocial Effects? New Perspectives on Awe and the Small Self," *Perspectives on Psychological Science* 15, no. 2 (January 13, 2020): 291-308, https://doi.org/10.1177/1745691619886006.

Jun Lin and Elissa S. Epel, "Stress and Telomere Shortening: Insights from Cellular Mechanisms," *Ageing Research Reviews* 73 (January 1, 2022): 101507, https://doi.org/10.1016/j.arr.2021.101507.

Kelly McGonigal, *The Upside of Stress: Why Stress Is Good for You (and How to Get Good at It)* (New York: Avery, 2016). 『스트레스의 힘』(21세기북스)

Konrad T. Howitz et al., "Small Molecule Activators of Sirtuins Extend Saccharomyces Cerevisiae Lifespan," *Nature* 425, no. 6954 (August 24, 2003): 191-96, https://doi.org/10.1038/nature01960.

Leo Pruimboom et al., "Influence of a 10-Day Mimic of Our Ancient Lifestyle on Anthropometrics and Parameters of Metabolism and Inflammation: The 'Study of Origin,'" *BioMed Research International* 2016, no. 6935123 (June 6, 2016): 1-9, https://doi.org/10.1155/2016/6935123.

M. N. Shiota, D. Keltner, and O. P. John, "Positive Emotion Dispositions Differentially

Associated with Big Five Personality and Attachment Style," *Journal of Positive Psychology* 1, no. 2 (February 18, 2007): 61-71, https://doi.org/10.1080/17439760500510833.

Margaret M. Hansen, Reo J. F. Jones, and Kirsten Tocchini, "Shinin-Yoku (Forest Bathing) and Nature Therapy: A State-of-the-Art Review," *International Journal of Environmental Research and Public Health* 14, no. 8 (July 28, 2017): 851, https://doi.org/10.3390/ijerph14080851.

Maria Monroy and Dacher Keltner, "Awe as a Pathway to Mental and Physical Health," *Perspectives on Psychological Science* 18, no. 2 (August 22, 2022): 309-20, https://doi.org/10.1177/17456916221094856.

Mark P. Mattson, "Hormesis and Disease Resistance: Activation of Cellular Stress Response Pathways," *Human & Experimental Toxicology* 27, no. 2 (February 1, 2008): 155-62, https://doi.org/10.1177/0960327107083417.

Martin Picard et al., "A Mitochondrial Health Index Sensitive to Mood and Caregiving Stress," *Biological Psychiatry* 84, no. 1 (July 1, 2018): 9-17, https://doi.org/10.1016/j.biopsych.2018.01.012.

Matthijs Kox et al., "Voluntary Activation of the Sympathetic Nervous System and Attenuation of the Innate Immune Response in Humans," *Proceedings of the National Academy of Sciences* 111, no. 20 (May 20, 2014): 7379-84, https://doi.org/10.1073/pnas.1322174111.

Megan E. Beerse et al., "Biobehavioral Utility of Mindfulness-Based Art Therapy: Neurobiological Underpinnings and Mental Health Impacts," *Experimental Biology and Medicine* 245, nO. 2 (October 21, 2019): 122-30, https://doi.org/10.1177/1535370219883634.

Melis Yilmaz Balban et al., "Brief Structured Respiration Practices Enhance Mood and Reduce Physiological Arousal," *Cell Reports Medicine* 4, no. 1 (January 17, 2023): 100895, https://doi.org/10.1016/j.xcrm.2022.100895.

Muhammed Mustafa Atakan, Şükran Nazan Kogar, and Hüseyin Hüsrev Turnagöl, "Six Sessions of Low-Volume High-Intensity Interval Exercise Improves Resting Fat Oxidation," *International Journal of Sports Medicine* 43, no. 14 (September 23, 2022): 1206-13, https://doi.org/10.1055/a-1905-7985.

Omid Fotuhi, "Implicit Processes in Smoking Interventions," UWSpace.com (September 19, 2013), https://www.uwspace.uwaterloo.ca/handle/10012/7885?show=full.

P. Blardi et al., "Stimulation of Endogenous Adenosine Release by Oral Administration of Quercetin and Resveratrol in Man," *Drugs Under Experimental and Clinical Research 25*, nos.

2-3 (1999): 105-10, https://pubmed.ncbi.nlm.nih.gov/10370871.

P. Šrámek et al., "Human Physiological Responses to Immersion into Water of Different Temperatures," *European Journal of Applied Physiology* 81, no. 5 (March 1, 2000): 436-42, https://link.springer.com/article/10.1007/S004210050065.

Patricia A. Boyle et al., "Purpose in Life Is Associated with Mortality Among Community-Dwelling Older Persons," *Psychosomatic Medicine* 71, no. 5 (June 2009): 574-79, https://journals.lww.com/psychosomaticmedicine/abstract/2009/06000/purpose_inlife_is_associated_with_mortality_among.13.aspx.

Rhonda P. Patrick and Teresa L. Johnson, "Sauna Use as a Lifestyle Practice to Extend Healthspan," *Experimental Gerontology* 154 (October 15, 2021): 111509, https://doi.org/10.1016/j.exger.2021.111509.

Roy F. Baumeister et al., "Some Key Differences between a Happy Life and a Meaningful Life," *The Journal of Positive Psychology* 8, no. 6 (August 22, 2013): 505-16, https://doi.org/10.1080/17439760.2013.830764.

Ruth Ann Atchley, David L. Strayer, and Paul Atchley, "Creativity in the Wild: Improving Creative Reasoning through Immersion in Natural Settings," *PLOS One* 7, no. 12 (December 12, 2012): e51474, https://doi.org/10.1371/journal.pone.0051474.

Stefan E. Schulenberg, "Empirical Research and Logotherapy," *Psychological Reports* 93, no. 1 (August 1, 2003): 307-19, https://doi.org/10.2466/pr0.2003.93.1.307.

Summer Allen, "The Science of Awe," *The Greater Good Science Center* Berkeley.edu (September 2018), https://ggsc.berkeley.edu/images/uploads/GGSC-JTF_White_Paper-Awe_FINAL.pdf.

"The Burden of Stress in America," *Robert Wood Johnson Foundation* (July 7, 2014), https://www.rwjf.org/en/insights/our-research/2014/07/the-burden-of-stress-in-america.html.

Toshimasa Sone et al., "Sense of Life Worth Living (Ikigai) and Mortality in Japan: Ohsaki Study," *Psychosomatic Medicine* 70, no. 6 (July 1, 2008): 709-15, https://doi.org/10.1097/psy.0b013e31817e7e64.

12장 치유의 여정은 거대한 서사다

Ann Gibbons, "Mitochondrial Eve: Wounded, But Not Dead Yet," *Science* 257, no. 5072 (August 14. 1992): 873-75, https://www.science.org/doi/10.1126/science.1502551.

Barna Konkolÿ Thege, Carla Petroll, Carlos Rivas, and Salome Scholtens. "The Effectiveness of

Family Constellation Therapy in Improving Mental Health: A Systematic Review," *Family Process* 60, no. 2 (February 2, 2021): 409-23, https://pubmed.ncbi.nlm.nih.gov/33528854.

Ingebor Stiefel, Poppy Harris, and Andreas W. F. Zollman, "Family Constellation-A Therapy Beyond Words," *Australian & New Zealand Journal of Family Therapy* 23, no. 1 (March 2002): 38-44, https://onlinelibrary.wiley.com/doi/10.1002/j.1467-8438.2002.tb00484.x.

Jasmine R. Connell et al., "Evaluating the Suitability of Current Mitochondrial DNA Interpretation Guidelines for Multigenerational Whole Mitochondrial Genome Comparisons," *Journal of Forensic Sciences* 67, no. 5 (September 2022): 1766-75, https://pubmed.ncbi.nlm.nih.gov/35855536.

Michael F. Hammer, "A Recent Common Ancestry for Human Y Chromosomes," *Nature* 378, no. 6555 (November 23, 1995): 376-78, https://www.nature.com/articles/378376a0.

Rebecca L. Cann, Mark Stoneking, and Allan C. Wilson, "Mitochondrial DNA and Human Evolution," *Nature* 325, no. 6099 (January 1, 1987): 31-36, https://www.nature.com/articles/325031a0.

Richard Dawkins, *River Out of Eden: A Darwinian View of Life* (New York: Basic Books, 1996). 『에덴의 강』(사이언스북스)

13장 다른 사람에게 영감을 불어넣어라

Alice Chirico et al., "Standing Up for Earth Rights': Awe-Inspiring Virtual Nature for Promoting Pro-Environmental Behaviors," *Cyberpsychology, Behavior, and Social Networking* 26, no. 4 (April 4, 2023), https://doi.org/10.1089/cyber.2022.0260.

Amy Isham, Patrick Elf, and Tim Jackson, "Self-Transcendent Experiences as Promoters of Ecological Wellbeing? Exploration of the Evidence and Hypotheses to Be Tested," *Frontiers in Psychology* 13 (November 14, 2022), https://doi.org/10.3389/fpsyg.2022.1051478.

Bailey Burns, "Thin Blue Line Stories," A Space Story, https://aspacestory.com/thin-blue-line-stories.

John M. Zelenski and Jessica E. Desrochers, "Can Positive and Self-Transcendent Emotions Promote Pro-Environmental Behavior?" *Current Opinion in Psychology* 42 (March 4, 2021): 31-35, https://doi.org/10.1016/j.copsyc.2021.02.009.

Karen O'Brien, *You Matter More Than You Think: Quantum Social Change for a Thriving World* (Oslo: CHANGE press, 2021).

Lyanda Lynn Haupt, *Rooted: Life at the Crossroads of Science, Nature, and Spirit* (New York: Little,

Brown Spark, 2021).

Rebecca Solnit and Thelma Young Lutunatabua, *Not Too Late: Changing the Climate Story from Despair to Possibility* (Chicago: Haymarket Books, 2023).

William R. Miller, "The Phenomenon of Quantum Change," *Journal of Clinical Psychology* 60, no. 5 (May 1, 2004): 453-60, https://doi.org/10.1002/jclp.20000.

쓸모 있는 뇌과학 • 6

예민해서 힘들 땐 뇌과학

1판 1쇄 발행 2025년 1월 24일

지은이 린네아 파살러
옮긴이 김미정
발행인 박명곤 **CEO** 박지성 **CFO** 김영은
기획편집1팀 채대광, 이승미, 김윤아, 백환희, 이상지
기획편집2팀 박일귀, 이은빈, 강민형, 이지은, 박고은
디자인팀 구경표, 유채민, 윤신혜, 임지선
마케팅팀 임우열, 김은지, 전상미, 이호, 최고은

펴낸곳 (주)현대지성
출판등록 제406-2014-000124호
전화 070-7791-2136 **팩스** 0303-3444-2136
주소 서울시 강서구 마곡중앙6로 40, 장흥빌딩 10층
홈페이지 www.hdjisung.com **이메일** support@hdjisung.com
제작처 영신사

"Curious and Creative people make Inspiring Contents"
현대지성은 여러분의 의견 하나하나를 소중히 받고 있습니다.
원고 투고, 오탈자 제보, 제휴 제안은 support@hdjisung.com으로 보내 주세요.

현대지성 홈페이지

이 책을 만든 사람들
기획 박일귀 **편집** 이은빈 **디자인** 유채민